普通高等教育"十二五"规划教材

计算机辅助绘图实用教程

主　编　杨建伟　李　捷
副主编　任志锋　杜艳平
参　编　宋　华　秦建军　王晓军
　　　　蔡志宇　温敏健
主　审　杨义勇

机械工业出版社

本书系统地介绍了利用 AutoCAD 2012 和 Pro/E 进行计算机绘图的方法。全书共分 13 章，包括两个部分：第 1 部分（第 1 章~第 7 章）主要介绍了 AutoCAD 二维绘图的相关知识，其主要内容包括计算机绘图基础知识、基本绘图和编辑工具、快速精确绘图工具、图层图块的控制与使用、尺寸标注、图形的布局与打印；第 2 部分（第 8 章~第 13 章）主要介绍了 Pro/E 参数化二维和三维绘图的基本知识，其主要内容包括 Pro/E 界面简介与基本操作、参数化二维操作、零件设计、装配设计、工程图以及建模实例。本书主要侧重于机械图的绘制，注重实用和学生的学习效果，书中大多数图样来源于生产实际。

本书是作者多年计算机绘图课程教学的经验总结，努力向读者展示快速而高效的学习方法，在突出实用性和可操作性的同时，也力求满足卓越工程师培养应掌握的知识量。

本书可作为大专院校工科学生的"计算机绘图"与"计算机辅助设计"课程的教材，也可作为计算机绘图培训教材和工程技术人员的参考用书。

图书在版编目（CIP）数据

计算机辅助绘图实用教程/杨建伟，李捷主编. —北京：机械工业出版社，2013.2（2017.1 重印）
普通高等教育"十二五"规划教材
ISBN 978-7-111-41136-9

Ⅰ.①计… Ⅱ.①杨…②李… Ⅲ.①计算机辅助设计 – 高等学校 – 教材 Ⅳ.①TP391.72

中国版本图书馆 CIP 数据核字（2013）第 008986 号

机械工业出版社（北京市百万庄大街 22 号 邮政编码 100037）
策划编辑：舒 恬 责任编辑：舒 恬 程足芬 任正一
版式设计：霍永明 责任校对：陈立辉 纪 敬
封面设计：张 静 责任印制：李 昂
中国农业出版社印刷厂印刷
2017 年 1 月第 1 版第 2 次印刷
184mm×260mm · 21.75 印张 · 609 千字
标准书号：ISBN 978-7-111-41136-9
定价：39.80 元

前　　言

AutoCAD 是美国 Autodesk 公司开发的计算机绘图软件，该软件具有强大的绘图功能，易学易用，适用面广，是国内外广大设计人员喜爱的 CAD 基础软件之一。现在，它已广泛应用于机械设计制造、车辆工程、模具设计、建筑、工业设计、航天、电子等工程设计领域，极大地提高了设计人员的工作效率。

Pro/Engineer（简称 Pro/E）操作软件是美国参数技术公司（PTC）旗下的 CAD/CAM/CAE 一体化的三维软件。Pro/E 软件以参数化著称，是参数化技术的最早应用者，在目前的三维造型软件领域中占有重要的地位。Pro/E 作为当今世界机械 CAD/CAE/CAM 领域的新标准而得到业界的认可和推广，是现今主流的 CAD/CAM/CAE 软件之一，特别是在国内产品设计领域占据重要位置。

本书较简洁地介绍了 AutoCAD 与 Pro/E 中最常用的功能及使用方法，目的是希望在有限的课时内，让读者可以迅速掌握常规的计算机二维、三维绘图使用方法、绘图技巧并能灵活运用。

近年来，工程教育专业认证开始推行，卓越工程师的培养应当成为工科院校教育的主要方向。本书作者更注重于通过计算机绘图这一门课程的教育，力求让学生熟练掌握绘图、编辑、标注、出图和打印等未来工程师所应具备的基础技能，同时也注意到在有限的 32 或 48 学时内，为学生提供足够的信息量。

一般高校的"计算机绘图"课程安排共计 32 学时，其中 8～12 学时上机，性质为考查课，采用多媒体授课。本书前 7 章为 AutoCAD 二维绘图的基本内容，规划了 12 学时的课堂学习，10 学时的上机操作实践。后 6 章为 Pro/E 三维造型设计的内容，规划了 8～10 学时的课堂学习，与之配套的 8～12 学时上机操作训练需要学生在课外完成。

一些学校的教学计划将"计算机绘图"课程设置为 48 学时。这种情况下，建议将课堂讲授和上机训练的学时数均设为 24 学时，其中 AutoCAD 与 Pro/E 各占一半或略侧重于 Pro/E。

本书适用面广，既可作为大专院校相关工科专业的教学用书，也适合工程技术人员学习参考。

参加本书编写的有：北京建筑工程学院杨建伟（第 1 章、第 2 章、第 13 章），太原科技大学王晓军（第 3 章），北京建筑工程学院秦建军（第 4 章），辽宁科技大学宋华（第 5 章），北京印刷学院杜艳平（第 6 章），太原科技大学李捷（第 7 章、第 8 章、第 12 章及第 1 章至第 6 章的习题及上机实训题），太原科技大学任志峰（第 9 章、第 10 章、第 11 章及第 8 章～第 12 章的上机实训题），并由杨建伟、李捷担任主编，任志峰、杜艳平担任副主编，太原科技大学研究生蔡志宇和北京建筑工程学院研究生温敏健参与了文字处理和绘图工作。全书由杨建伟、李捷统稿。

本书承蒙中国地质大学博士生导师杨义勇教授担任主审，他提出了很多宝贵的意见和建议，在此编者表示衷心的感谢。

本书由于编写时间仓促、编者水平有限，难免有疏漏之处，欢迎广大读者和专家对我们的工作提出宝贵建议。主编电子邮箱为 railyjw@ 163. com。使用本书作为教材的教师可访问机械工业出版社教育服务网（www. cmpedu. com），教师身份注册后，可免费下载本书配套课件。

编　者

目　　录

第 1 章

:::::::: AutoCAD 2012 基础知识 ::::::::

【学习要点】
1）AutoCAD 2012 的工作空间。
2）AutoCAD 2012 工作空间的基本组成。
3）图形文件操作。
4）设置基本绘图。
5）设置系统环境。

　　AutoCAD 是由美国 Autodesk 公司开发的通用计算机辅助绘图与设计软件包，具有功能强大、易于掌握、使用方便、体系结构开放等特点，能够绘制平面图形与三维图形、渲染图形、标注图形尺寸以及打印输出图样，深受广大工程技术人员的欢迎。AutoCAD 自 1982 年推出第一个版本以来，已经进行了多次升级，功能日趋完善，已成为工程设计领域应用较为广泛的计算机辅助绘图与设计软件之一。

1.1　AutoCAD 2012 的工作空间

　　工作空间是由分组组织的菜单、工具栏、选项板和功能区控制面板组成的集合，使用户可以在专门的、面向任务的绘图环境中工作。

　　AutoCAD 2012 提供了"草图与注释""三维基础""三维建模"和"AutoCAD 经典"4 种工作空间模式。

1.1.1　选择工作空间

　　如果用户需要在 4 种工作空间模式中进行切换，只需单击"工具"→"工作空间"中的子命令，如图 1-1 所示，或在状态栏中单击"切换工作空间"按钮，在弹出的图 1-2 所示的菜单中选择相应的工作空间即可。

　　提示：在状态栏中单击 按钮，在弹出的菜单中选择"工作空间设置"命令，将打开"工作空间设置"对话框，可以设置 4 种工作空间模式在菜单是否显示及顺

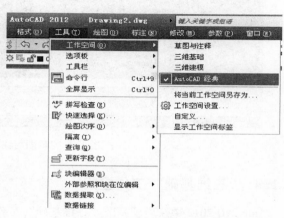

图 1-1　"工作空间"菜单

序，如图 1-3 所示。

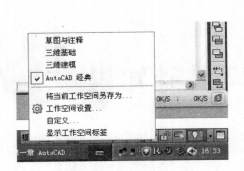

图 1-2 "切换工作空间"按钮菜单   图 1-3 "工作空间设置"对话框

1.1.2 "草图与注释"工作空间

默认状态下，打开"草图与注释"工作空间，其界面主要由"菜单浏览器"按钮、"功能区"选项板、"快速访问"工具栏、文本窗口与命令行、状态栏等元素组成，如图 1-4 所示。

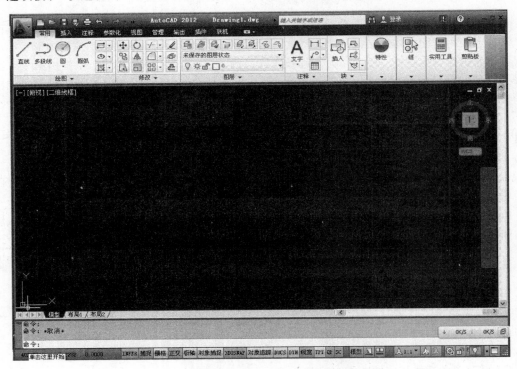

图 1-4 "草图与注释"工作空间

1.1.3 "三维基础"工作空间

AutoCAD 2012 中新增了一个"三维基础"工作空间，在这个工作空间中可以进行一些简单的三维操作，如图 1-5 所示。

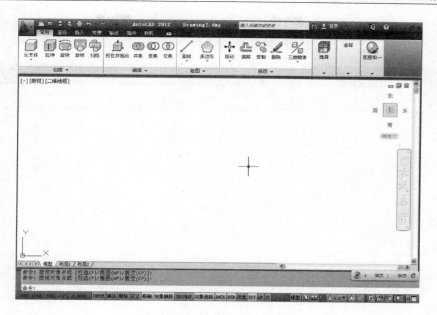

图 1-5　"三维基础"工作空间

1.1.4　"三维建模"工作空间

使用"三维建模"工作空间，可以更加方便地在三维空间中绘制图形。在"功能区"选项板中集成了"建模""网格""实体编辑"和"绘图"等面板，从而为绘制三维图形、观察图形、创建动画、设置光源、给三维对象附加材质等操作提供了非常方便的工作环境，如图 1-6 所示。

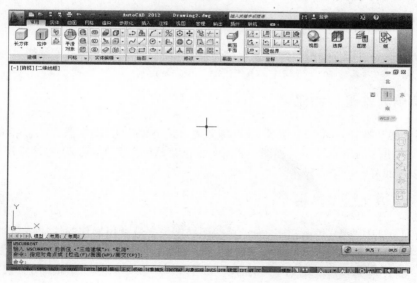

图 1-6　"三维建模"工作空间

1.1.5　"AutoCAD 经典"工作空间

对于习惯于 AutoCAD 传统界面的用户来说，可以使用"AutoCAD 经典"工作空间，其主要由"菜单浏览器"按钮、"快速访问"工具栏、菜单栏、工具栏、文本窗口与命令行、状态栏等组成，如图 1-7 所示。本书将以"AutoCAD 经典"工作空间作绘图、编辑的窗口界面讲解各项功能的使用，若无特殊说明，将不再赘述。

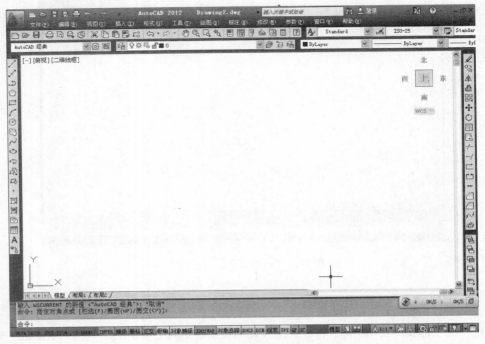

图 1-7　"AutoCAD 经典"工作空间

1.2　AutoCAD 工作空间的基本组成

AutoCAD 的各个工作空间都包含"菜单浏览器"按钮、"快速访问"工具栏、标题栏、绘图窗口、"功能区"选项板、命令行与文本窗口和状态栏等元素。

1.2.1　"菜单浏览器"按钮

"菜单浏览器"按钮 位于工作界面的左上角，是 AutoCAD 2009 版以后新增的功能按钮。单击该按钮，弹出 AutoCAD 菜单，如图 1-8 所示，该菜单包含了 AutoCAD 文件操作的全部功能，用户选择命令后即可运行相应操作。

1.2.2　"快速访问"工具栏

"快速访问"工具栏 包含最常用操作的快捷按钮，方便用户使用。该工具栏可以自定义，其中包含由工作空间定义的命令集。在默认状态下，"快速访问"工具栏中包含"新建""打开""保存""另存为""打印""放弃"和"重做"7 个快捷按钮。

如果用户需要在"快速访问"工具栏添加、删除和重新定位命令按钮，可以右键单击"快速访问"工具栏，在弹出的快捷菜单中选择"自定义快速访问工具栏"命令，在弹出的"自定义用户界面"对话框中进行设置即可。单击"快速访问"工具栏右边的下拉按钮也可增减该工具栏的项目。

1.2.3　标题栏

与多数 Windows 应用程序一样，AutoCAD 的标题栏位于界面的顶端，用于显示当前正在运行

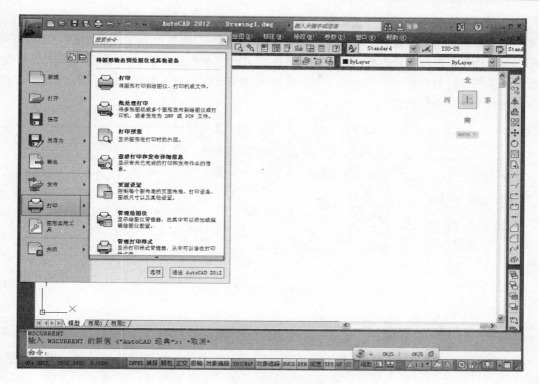

图 1-8　"菜单浏览器"菜单

的程序名称及文件名称等信息。

　　在标题栏中提供了多种信息来源。单击标题栏右端的 ▬ ☐ ✕ 按钮，分别可以最小化、最大化（或还原）和关闭界面。

1.2.4　绘图窗口

　　绘图窗口是用户绘图的工作区域，它相当于桌面上的图纸，所有的操作都反映在该窗口内。用户可以根据需要关闭其周围和里面的各个工具栏，以增大绘图空间。如果图纸较大的话，可以通过单击窗口右边与下边滚动条上的箭头按钮，或拖动滚动条滑块来移动图纸，从而显示图纸的各个部分。

　　在绘图窗口中还显示了当前使用的坐标系类型以及坐标原点、X、Y、Z 轴的方向等。默认情况下，坐标系为世界坐标系（WCS）。

1.2.5　"功能区"选项板

　　"功能区"位于绘图窗口的上方，用于显示与基本任务的工作空间关联的控件和按钮。默认情况下，在"草图和注释"工作空间中，"功能区"选项板有 9 个选项卡：常用、插入、注释、参数化、视图、管理、输出、插件、联机，如图 1-9 所示。

图 1-9　"功能区"选项板

在"功能区"选项板的各个面板中，如果某个按钮后带有下三角形按钮，表示该按钮下还有其他相关功能按钮没有展开。如果某个面板中没有足够的空间显示所有的工具按钮，单击右下角的三角形按钮，即可展开折叠区域，显示其他相关的命令按钮，图 1-10 所示为单击"修改"面板工具条按钮后的效果。若单击图 1-10b 中按钮🔲变成图 1-10c 中按钮🔘，则"修改"面板在绘图时将不会自动折叠。

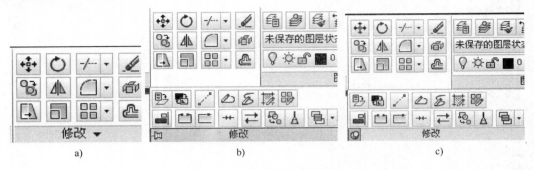

a)   b)   c)

图 1-10 展开"修改"面板

1.2.6 命令行与文本窗口

命令行窗口位于绘图窗口的底部，它是 AutoCAD 与用户进行交互对话的地方，用于显示系统的提示信息以及用户输入信息。在实际操作中应该仔细观察命令行所给提示。在 AutoCAD 2012 中，命令行窗口可以拖动为浮动窗口，如图 1-11 所示。

```
命令:
自动保存到 C:\Documents and Settings\Administrator\local
settings\temp\Drawing1_1_1_9240.sv$ ...
命令:
命令:
```

图 1-11 AutoCAD 2012 的命令行窗口

在 AutoCAD 2012 中，按【F2】键或在命令行中执行 TEXTSCR 命令来打开 AutoCAD 2012 的文本窗口，如图 1-12 所示。

1.2.7 状态栏

状态栏位于 AutoCAD 主窗口的底部，用于显示当前的绘图环境、光标位置、命令和功能按钮的帮助说明等信息，如图 1-13 所示。鼠标右键单击状态栏中的任何一个标签，从弹出菜单中选择"使用图标"，状态栏将显示成文字。如果选中"使用图标"，则显示成图标。值得注意的是，右键

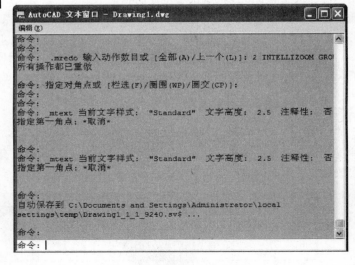

图 1-12 AutoCAD 文本窗口

单击的标签不同，弹出的菜单内容不尽相同，但都有"使用图标"项。再次右键单击这些标签，选择"使用图标"，将使这些标签显示成图标。

a)　　　　　　　　　　　　　　　　　　　　　　　　　b)

图 1-13　状态栏

　　状态栏的左边是"坐标"区域，将动态地显示当前坐标值。坐标显示取决于所选择的模式和程序中运行的命令，共有"相对""绝对"和"无"3 种模式。

　　状态栏中包括"INFER""捕捉""栅格""正交""极轴""对象捕捉""3DOSNAP""对象追踪""DUCS""DYN""线宽""TPY""QP""SC""模型或图纸空间""快速查看布局""快速查看图形""切换工作空间""工具栏/窗口位置锁定开关""硬件加速开关"和"全屏显示开关""全屏显示"等按钮。

1.3　图形文件操作

　　AutoCAD 启动时，会自动创建一个未命名的新图形。用户可以在该空白图形上进行设计或打开现有图形文件。打开现有图形时，将恢复上一次绘图使用的环境和系统变量设置，因为这些信息是与图形文件一起保存的。在开始绘图之前，必须了解 AutoCAD 的一些基本操作命令，例如：图形文件的新建、打开和保存等命令。

1.3.1　创建新图形文件

　　在"快速访问"工具栏中单击"新建"🗋按钮，或单击"文件"菜单选择"新建"命令，打开"选择样板"对话框，可以创建新图形文件，如图 1-14 所示。

图 1-14　"选择样板"对话框

在"选择样板"对话框中，用户可以在样板列表框中选择某一个样板文件，这时右边的"预览"框中将显示该样板的预览图像，单击"打开"按钮，可以打开所选中的样板来作图。样板文件通常包含与绘图相关的一些通用设置，如线型、文字、图层、样式等，利用样板创建图形不仅能提高绘图的效率，而且还保证了图形的一致性。

1.3.2 打开图形文件

在"快速访问"工具栏中单击"打开" 📂 按钮，也可单击常用工具条的 📂 按钮，在弹出的菜单中选择"文件"→"打开"命令，可以打开已经存在的图形文件，此时将弹出"选择文件"对话框，如图 1-15 所示。

在"选择文件"对话框的文件列表中，选择需要打开的图形文件。用户可以通过"打开"按钮右侧的 ▼ 按钮来选择打开图形的方式。图 1-16 所示有 4 种打开图形文件的方式，每种方式都对图形文件进行了不同的限制。如果以"打开"和"局部打开"方式打开图形，可以对图形文件进行编辑；如果以"以只读方式打开"和"以只读方式局部打开"方式打开图形；则无法对图形文件进行编辑。

打开(O)
以只读方式打开(R)
局部打开(P)
以只读方式局部打开(T)

图 1-15 "选择文件"对话框　　　　　图 1-16 "打开"按钮选择项

1.3.3 保存图形文件

在"快速访问"工具栏中单击"保存" 💾 按钮，或单击"文件"菜单，选择"保存"命令，可以以当前使用的文件名保存图形；也可以单击"文件"菜单，选择"另存为"命令，将当前图形以新的名字保存。

当第一次保存图形时，系统将打开"图形另存为"对话框，如图 1-17 所示。默认情况下，文件以"AutoCAD 2010 图形（*.dwg）"格式保存，用户也可以在"文件类型"下拉列表框中选择其他格式以及存储为 AutoCAD 低版本格式，以便在低版本软件中打开。

要设置自动存储为非 2010 版的某一低版本格式，单击"工具"→"格式"→"打开和保存"→"文件保存"→"另存为"，在下拉列表框中选择要统一存储的版本或格式即可。

在绘制 AutoCAD 图形时，最好统一存放在某个文件夹里，以方便查找。单击"工具"→"格式"→"文件"→"自动保存文件位置"，指定一个已存在的文件夹即可。

图 1-17　"图形另存为"对话框

1.3.4　加密保护绘图数据

　　在 AutoCAD 2012 中，保存文件时可以使用密码保护功能，对文件进行加密保存。单击"文件"→"另存为"，打开"图形另存为"对话框。在该对话框中单击"工具"按钮，在弹出的下拉菜单中选择"安全选项"命令，打开"安全选项"对话框，如图 1-18 所示。

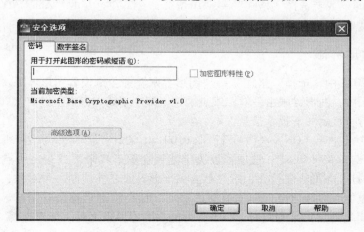

图 1-18　"安全选项"对话框

　　在"密码"选项卡的"用于打开此图形的密码或短语"文件框输入密码，然后单击"确定"按钮，打开"确认密码"对话框，并在"再次输入用于打开此图形的密码"文件框中再次输入密码加以确认，如图 1-19 所示。

　　在进行加密设置时，可以在此选择 40 位、128 位等多种加密长度。可以在"密码"选项卡是中单击"高级选项"按钮，在打开的"高级选项"对话框中进行设置，如图 1-20 所示。

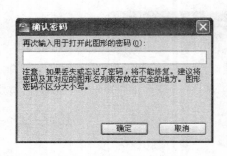

图 1-19　"确认密码"对话框　　　　　　　　　　图 1-20　"高级选项"对话框

1.4　设置基本绘图

　　AutoCAD 软件提供的自定义样板文件，可以保存一系列用户自己的预先设置。用户可以按照自己的风格，设置绘图环境的各个元素，例如，绘图单元、绘图界限、绘图图层、各种样式等。

　　使用样板文件就可以不用每次都设置绘图环境参数，能达到事半功倍的效果。下面对如何设置绘图单元、绘图图层进行详细说明。

1.4.1　图形单位设置

　　在 AutoCAD 2012 中，以"AutoCAD 经典"工作空间为例，可在菜单浏览器里选择"Drawing Utilities"→"Uints"或者选择"格式"→"单位"命令，在打开的"AutoCAD 文本框"中设置绘图时使用的长度单位、角度单位以及单位的显示格式和精度等参数。

1.4.2　设置图形界限

　　在 AutoCAD 2012 中，选择"格式"→"图形界限"命令来设置图形界限。

　　在世界坐标系中，图形界限由一对二维点确定，即左下角点和右上角点。在发出 Limits 命令时，在命令提示行将显示如下提示信息：

　　指定左下角点或［开（ON）/关（OFF）］<0.00，0.00>：

　　选择"开（ON）/关（OFF）"选项可以决定能否在图形界限之外指定一点。如果选择"开（ON）"选项，将打开图形界限检查，用户不能在图形界限之外绘制一个对象，也不能使用"复制"命令将图形复制在界限之外，但能使用"移动"命令将图形移动到图形界限之外。指定两个点（中心和圆周上的点）来画圆时，一部分可能在图形界限之外。如果选择"关（OFF）"选项时，AutoCAD 禁止界限检查，可以在图形界限之外画对象或指定点。

1.5　设置系统环境

　　选择下拉菜单"工具"→"绘图设置"，打开"草图设置"对话框，单击"选项"按钮。在弹出的"选项"对话框中包含"文件""显示""打开和保存""打印和发布""系统""用户系统配置""绘图""三维建模""选择集"和"配置" 10 个选项卡，如图 1-21 所示。

1.5.1　"文件"选项卡

　　"文件"选项卡是用来对 AutoCAD 软件系统所需文件的路径进行设置的。在"文件"选项卡

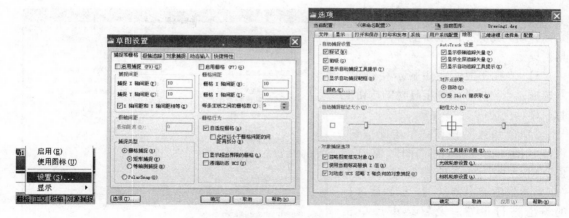

图 1-21　"草图设置"对话框及"选项"对话框

中可指定菜单文件、字体文件、线型和填充图案等的存放位置。

　　系统的默认目录是 AutoCAD 的安装目录，用户可通过对"文件"选项卡的配置重新指定存放位置。其中各按钮所实现的功能如下：

　　（1）"浏览"按钮　单击"支持文件搜索路径"的按钮，将弹出图 1-22 所示的树状列表，用户可浏览文件，选择所需的文件。

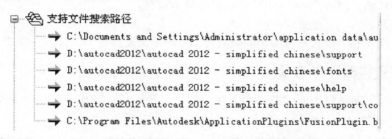

图 1-22　"支持文件搜索路径"的树状列表

　　（2）"添加"按钮　向树状列表框中添加新的路径或名称。

　　（3）"删除"按钮　删除在树状列表中选中的选项。

　　（4）"上移"按钮　调整树状列表选项中文件的位置。

　　（5）"下移"按钮　调整树状列表选项中文件的位置。

　　（6）"置为当前"按钮　将选定结果或拼写字典设置为当前值。

1.5.2　"显示"选项卡

　　"显示"选项卡包括"窗口元素""布局元素""显示精度""显示性能""十字光标大小"和"淡入度控制"六个部分，如图 1-23 所示。各个部分的含义及功能如下：

　　（1）窗口元素

　　1）"图形窗口中显示滚动条"复选框：指定是否在绘图区域底部和右侧显示滚动条。

　　2）"显示图形状态栏"复选框：图形状态栏打开后，将显示在绘图区域的底部。图形状态栏关闭后，显示在图形状态栏中的工具将移到应用程序状态栏。

　　3）"在工具栏中使用大按钮"复选框：以 32×30 像素的显示尺寸显示图标。默认显示尺寸为 15×16 像素。

4）"显示工具提示"复选框：当光标移动到工具栏的按钮上时，显示工具栏提示。

5）"在工具提示中显示快捷键"复选框：当光标移动到工具栏的按钮上时，显示快捷键。

6）"颜色"按钮：单击此按钮，将打开图1-24所示的"图形窗口颜色"对话框，对"模型"选项卡与"布局"选项卡中背景、光标和命令行的颜色进行设置。设置结束后单击"应用并关闭"按钮，完成此设置。

7）"字体"按钮：单击此按钮，将打开"命令行窗口字体"对话框，用它来设置命令行文字的字体。

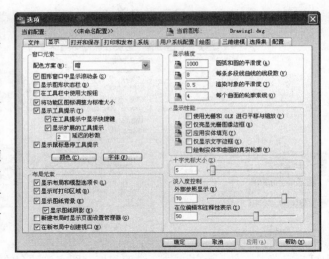

图1-23 "显示"选项卡

（2）布局元素 设置在绘图区域底部是否显示"布局"和"模型"选项卡等。

（3）显示精度 设置对象的显示精度。

（4）显示性能 指定AutoCAD 2012性能的显示设置。

（5）十字光标大小 设置光标的大小。

（6）淡入度控制 设置参考编辑的衰减度，一般不需要调整，保持默认值即可。

1.5.3 "打开和保存"选项卡

单击"选项"对话框中的"打开和保存"标签，打开AutoCAD 2012中"选项"对话框，如图1-25所示。

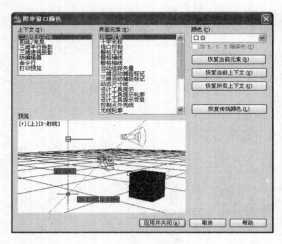

图1-24 "窗口图形颜色"对话框

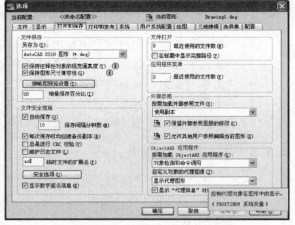

图1-25 "打开和保存"选项卡

1. "文件保存"选项组中各项的意义

（1）"另存为"文本框 设置AutoCAD 2012保存文件的默认格式为AutoCAD 2010版图形。

（2）"缩略图预览设置"按钮 设置是否打开文件之前浏览文件的缩略图像。

（3）"增量保存百分比"文本框 设置保存图形时增加的空间百分数及设定保存图形文件可

能浪费的百分数。

2."文件安全措施"选项组中各项的意义

（1）"自动保存"复选框　设置系统自动保存文件。

（2）"保存间隔分钟数"文本框　设置文件自动保存的时间间隔数。建议时间间隔调小一些，这样一旦有突然断电或突发事件，损失的工作量就不会很多。

（3）"每次保存时均创建备份副本"复选框　设置文件每次保存时都创建备份文件。

除以上设置外，其他选项一般都按默认值进行设置。

3."文件打开"选项组中各项的意义

（1）"最近使用的文件数"文本框　设置在快速浏览最近打开的文件数目。

（2）"在标题中显示完整路径"复选框　设置在标题栏中是否显示出文件的完整路径。

"外部参照"选项组和"ObjectARX 应用程序"选项组中各项一般按默认值进行设置。

1.5.4　"打印和发布"选项卡

单击"选项"对话框中的"打印和发布"标签，弹出的 AutoCAD 2012 中"选项"对话框如图 1-26 所示。

"打印和发布"选项卡中可对输出设备进行设置，其中各项的意义如下：

（1）"用作默认输出设备"单选按钮　设置新绘图形的默认输出设置。

（2）"使用上次的可用打印设置"单选按钮　设置是否使用最近效果良好的输出设置。

（3）"添加或配置绘图仪"按钮　单击该按钮，将弹出图 1-27 所示的"Plotters"对话框，通过该对话框可以添加或者配置打印机。

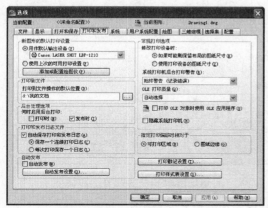
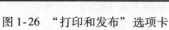

图 1-26　"打印和发布"选项卡

图 1-27　"Plotters"对话框

（4）"如果可能则保留布局的图纸尺寸"单选按钮　设置尽可能保持图纸版面的大小。

（5）"使用打印设备的图纸尺寸"单选按钮　设置是否使用已设置好的设备的图纸尺寸。

（6）"系统打印机后台打印警告"文本框　设置系统打印机脱机警告方式。

（7）"OLE 打印质量"文本框　设置选择 OLE 输出质量。

（8）"打印 OLE 对象时使用 OLE 应用程序"复选框　设置输出 OLE 对象时，是否使用 OLE 应用程序。

（9）"打印样式表设置"按钮　单击该按钮，将弹出图 1-28 所示的"打印样式表设置"对话框。通过该对话框可添加或编辑输出样式表。

1.5.5 "系统"选项卡

单击"选项"对话框中的"系统"标签，弹出的"系统"选项卡如图 1-29 所示。

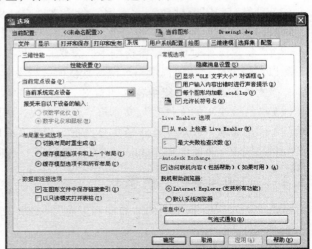

图 1-28 "打印样式表设置"对话框   图 1-29 "系统"选项卡

使用"系统"选项卡，可对整个 AutoCAD 2012 软件的系统环境进行设置。其中各个选项意义如下：

（1）"性能设置"按钮 控制三维显示性能。单击该按钮将弹出图 1-30 所示的"自适应降级和性能调节"对话框，通过该对话框可设置三维图形的显示属性。

（2）"当前定点设备"下拉列表设置当前的输入设备。

（3）"布局重生成选项"选项组设置布局重新生成时的方式，一般按图 1-29 所示的默认选项设置。

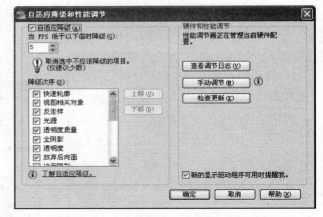

图 1-30 "自适应降级和性能调节"对话框

（4）"数据库连接选项"复选框 设置是否在绘图文件中保存链接索引。

（5）"以只读模式打开表格"复选框 设置是否以只读方式打开数据库表。

（6）"显示大小'OLE 文字'对话框"复选框 设置是否显示 OLE 特性对话框。

（7）"用户输入内容出错时进行声音提示"复选框 设置当用户输入有误时是否发出报错警告。

（8）"每个图形均加载 acad. lsp"复选框 设置每幅图形中都装入 AutoLISP 文件。

（9）"允许长符号名"复选框 设置是否允许使用长文件名。

（10）"Live Enabler 选项"选项组 设置检查实时更新 Autodesk Point A 的方式，以及最大的失败检查次数。

1.5.6 "用户系统配置"选项卡

单击"选项"对话框中的"用户系统配置"标签，弹出图1-31所示的"用户系统配置"选项卡，用于设置是否使用快捷菜单和对象的排序方式。

1.5.7 "绘图"选项卡

单击"选项"对话框中的"草图"标签，弹出图1-32所示的"绘图"选项卡。

通过"绘图"选项卡可对需要的工具进行设置，其中包括"自动捕捉设置""自动捕捉标记大小""对象捕捉选项""Auto-Track 设置""对齐点获取"和"靶框大小"六个部分。

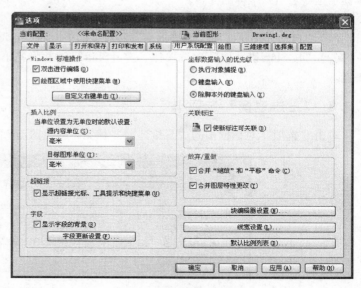

图 1-31　"用户系统配置"选项卡

1. "自动捕捉设置"选项组中各项的意义

（1）"标记"复选框　控制自动捕捉标记的显示。该标记是当十字光标移动到捕捉点上时显示的几何符号。

（2）"磁吸"复选框　打开或关闭自动捕捉磁吸。打开"磁吸"时，十字光标会自动移动并锁定到最近的捕捉点上。

（3）"显示自动捕捉工具提示"复选框　控制自动捕捉工具提示的显示。工具提示是一个标签，用来描述捕捉到的对象部分。

（4）"显示自动捕捉靶框"复选框　控制自动捕捉靶框的显示。靶框是捕捉对象时出现在十字光标内部的方框。

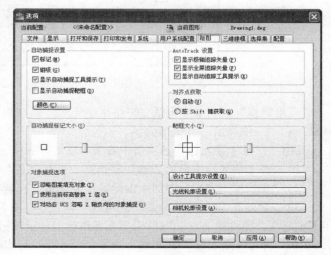

图 1-32　"绘图"选项卡

（5）"颜色"按钮　设置自动捕捉标记框的颜色。

"自动捕捉标记大小"选项框中拖动滑块可以设置自动捕捉标记的大小；"靶框大小"选项框中拖动滑块可以设置靶框的大小。

2. "AutoTrack 设置"选项组中各项的意义

（1）"显示极轴追踪矢量"复选框　当极轴追踪打开时，将沿指定角度显示一个矢量。使用极轴追踪，可以沿角度绘制直线。极轴角是90°的约数，如45°、30°和15°。

（2）"显示全屏追踪矢量"复选框　控制追踪矢量的显示。追踪矢量是辅助用户按特定角度或与其他对象按特定关系绘制对象的构造线。如果选择此项，对齐矢量将显示为无限长的线。

（3）"显示自动追踪工具提示"复选框　控制自动追踪工具提示和正交工具提示的显示。工具提示是显示追踪坐标的标签。

3. "对齐点获取"选项组中各项的意义

（1）"自动"单选按钮　当靶框移动到对象捕捉上时，自动显示追踪矢量。

（2）"按 Shift 键获取"单选按钮　按【Shift】键并将靶框移到对象捕捉上时，将显示追踪矢量。

1.5.8 "三维建模"选项卡

单击"选项"对话框中的"三维建模"标签，弹出图 1-33 所示的"三维建模"选项卡。

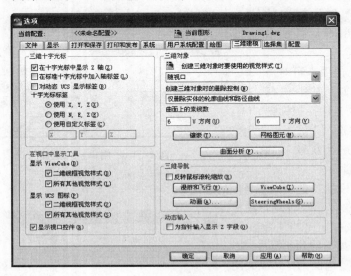

图 1-33 "三维建模"选项卡

"三维建模"选项卡中包括"三维十字光标"、"在视口中显示工具"、"动态输入"、"三维对象"和"三维导航"五个部分。

其中"三维十字光标"选项组中各项的意义如下：

（1）"在十字光标中显示 Z 轴"复选框　控制十字光标指针是否显示 Z 轴。

（2）"在标准十字光标中加入轴标签"复选框　控制轴标签是否与十字光标指针一起显示。

（3）"对动态 UCS 显示标签"复选框　即使在"标准十字光标中加入轴标签"复选框中关闭了轴标签，仍将在动态 UCS 的十字光标指针上显示轴标签。

（4）"十字光标标签"选项组　选择要与十字光标指针一起显示的标签，包括"使用 X，Y，Z"、"使用 N，E，Z"和"使用自定义标签"三个单选按钮。

"显示 ViewCube 或 UCS 图标"选项组中各项的意义如下：

"显示 ViewCube"：在启用了 ViewCube 的视口中显示 ViewCube。

"显示 UCS 图标"：在启用了 UCS 图标的视口中显示 UCS 图标。

1.5.9 "选择集"选项卡

单击"选项"对话框中的"选择"标签，弹出图 1-34 所示的"选择集"选项卡。

"选择集"选项卡中包括"拾取框大小""选择集模式""选择集预览""功能区选项""夹点尺寸"和"夹点"六个部分。

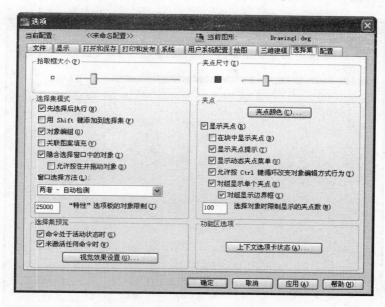

图 1-34 "选择集"选项卡

（1）"选择集模式"中各选项的意义

1）"先选择后执行"复选框：允许在启动命令之前选择对象。被调用的命令对之前选择的对象产生影响。

2）"用 Shift 键添加到选择集"复选框：按【Shift】键选择对象时，可以向选择集中添加对象或从选择集中删除对象。要快速清除选择集，应在图形的空白区域绘制一个选择窗口。

3）"允许按住并拖动对象"：通过选择一点然后将定点设备拖动至第二点来绘制选择窗口。如果未选择此项，则可以用定点设备选择两个单独的点来绘制选择窗口，即矩形窗选功能。

4）"隐含选择窗口中的对象"复选框：在对象外选择了一点时，初始化选择窗口中的图形。

5）"对象编组"：设置是否可以选择编组中的一个对象就选择了编组中的所有对象。

6）"关联图案填充"：设置是否使用剖面线关联选择。

（2）"夹点"选项组中各项的意义

1）"在块中显示夹点"：控制块中夹点的显示。

2）"显示夹点提示"：当光标悬停在支持夹点提示的自定义对象的夹点上时，显示夹点的特定提示。此选项对标准对象上无效。

3）"显示动态夹点菜单"：控制在将鼠标悬停在多功能夹点上时动态菜单的显示。

4）"允许按 Ctrl 键循环改变对象编辑方式行为"：允许多功能夹点的按【Ctrl】键循环改变对象编辑方式行为。

5）"对组显示单个夹点："显示对象组的单个夹点。

"拾取框大小"及"夹点尺寸"选项中的滑块可以调节拾取框和夹点的大小。

1.5.10 "配置"选项卡

单击"选项"对话框中的"配置"标签，将显示图 1-35 所示的"配置"选项卡。

在"配置"选项卡中，可以对系统配置文件进行相应的操作。AutoCAD 2012 的"配置"选项卡中各按钮的意义如下：

（1）"置为当前"按钮　将选中的配置文件设置为当前配置文件。

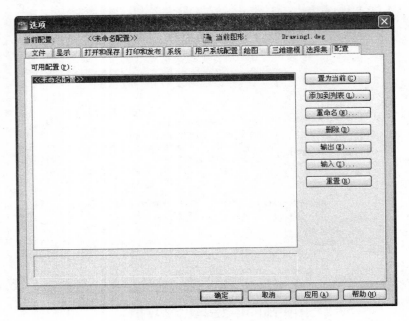

图 1-35 "配置"选项卡

(2) "添加到列表"按钮　将所选的配置文件保存到配置文件列表。

(3) "重命名"按钮　修改选中的配置文件的文件名。

(4) "删除"按钮　将选中的配置文件删除。

(5) "输出"按钮　单击该按钮，可输出选中的配置文件。

(6) "输入"按钮　单击该按钮可输入系统配置文件。

(7) "重置"按钮　恢复为系统默认的配置文件。

小结

本章主要介绍了 AutoCAD 2012 的工作空间、AutoCAD 2012 工作空间的基本组成、如何对图形文件进行操作，使用户基本掌握新建、保存、打开文件等方法；同时还详细介绍了如何设置绘图单位、图形界限，以及 AutoCAD 2012 中的系统配置功能。使用户熟练掌握绘图前基本环境的设置步骤和方法，做好绘图的准备工作。

习题

1-1　选择题

1）在 AutoCAD 2012 中，可以使用（　　）命令来设置绘图单位。

　　A. TEXTSCR　　　　　　　　B. CIRCLE　　　　　　　　C. POINGON　　　　　　　　D. UNITS

2）在 AutoCAD 中，若菜单中某一命令后有…，则表示该命令（　　）。

　　A. 已开始执行　　　　　　B. 有下级菜单　　　　　　C. 有对话框　　　　　　D. 处于设定状态

3）可以用以下的（　　）方法调用命令。

　　A. 选择下拉菜单的菜单项　　　　　　　　　　B. 在命令窗口输入命令

　　C. 单击工具栏的按钮　　　　　　　　　　　　D. A～C 项的方法都行

4）下列（　　）功能键能进入命令文本窗口。

A.【F1】　　　　　B.【F2】　　　　　C.【F3】　　　　　D.【F4】

1-2　填空题

1）中文版 AutoCAD 2012 为用户提供了_____、_____、_____和_____4 种工作空间模式。

2）在"选择文件"对话框中，用户可以_____、_____、_____或_____4 种方式打开文件。

3）在绘图窗口中使用"模型"和"布局"选项卡，可以在_____或_____之间切换。

1-3　简答题

1）如何将文件自动保存的时间间隔设置为 5min？该时间间隔设置的长与短有何利弊？

2）简述状态栏中各个功能按钮的作用。

3）AutoCAD 2012 用户界面包括哪几部分？

上机实训题

1）如何使用"AutoCAD 文本窗口"？

2）新建一个"∗.dwg"文件，样板文件为"acadiso.dwt"；Limits 设置图形界限为 297×210，Units 设置绘图单位为 mm，长度单位为 1 位小数点，插入时的缩放单位为 mm，角度为十进制，精度为 0，逆时针为角度正方向；用 Zoom 命令设置图形显示比例为 all；用 Line 命令，从坐标原点开始绘制 210×297 的方框，并将此文件存储为"A4.dwt"样板文件。

3）将 AutoCAD 2012 工作空间设置为经典界面；绘图窗口的背景设置为白色或黑色；状态栏设置成为汉显标签。

4）在"AutoCAD 经典"工作空间绘图窗口中，在工具栏上任何位置，单击鼠标右键，增加"标注""修改""特性""图层""绘图"工具栏。

5）新建一个名为"myfile.dwg"的图形文件，其中包含一个直径为 200mm 的圆，利用"另存为"保存文件时，设置保存和读取密码，密码由自己确定。关闭后重新打开这个图形文件。

第2章

二维基本图形的绘制

【学习要点】

1）基本输入操作。

2）缩放和平移图形。

3）线类图形的绘制。

4）圆类图形的绘制。

5）多边形的绘制。

6）点类图形的绘制。

7）面域。

8）图案的填充与渐变色。

　　本章主要介绍 AutoCAD 的基本绘图方法，无论是 AutoCAD 2000 还是 AutoCAD 2012，基本的绘图及编辑命令用法是一致的，因此在后述内容中，如无特殊要求，将不再提及 AutoCAD 软件的版本。

2.1　基本输入操作

2.1.1　命令的输入方法

　　在 AutoCAD 中，有一些基本的输入操作方法，这些基本方法是进行 AutoCAD 绘图的必备知识基础，也是深入学习 AutoCAD 功能的前提。

　　AutoCAD 交互绘图必须输入必要的指令和参数。有多种 AutoCAD 命令输入方式，下面以画直线为例进行说明。

　　（1）在命令窗口输入命令名　命令字符不区分大小写。例如，命令：LINE 回车。执行命令时，在命令行提示中经常会出现命令选项。如输入绘制直线命令"LINE"后，命令行中的提示信息为：

　　命令：LINE 回车

　　指定第一点：（在屏幕上指定一点或输入一个点的坐标）

　　指定下一点或［放弃（U）］：

　　选项中不带括号的提示为默认选项，因此可以直接输入直线段的起点坐标或在屏幕上指定一点，如果要选择其他选项，则应该首先输入该选项的标识字符，如"放弃"选项的标识字符"U"，然后按系统提示输入数据即可。在命令选项的后面有时候还带有尖括号，尖括号内的数值为默认数值。

（2）在命令窗口输入命令的缩写　命令的缩写如 L（Line）、C（Circle）、A（Arc）、Z（Zoom）、R（Redraw）、M（Move）、Co（Copy）、PL（Pline）、E（Erase）等。

（3）选取绘图菜单选项　选取该选项后，在状态栏中可以看到对应的命令说明及命令名。

（4）选取工具栏中的对应图标　选取该图标后，在状态栏中也可以看到对应的命令说明及命令名。

（5）在命令行打开右键快捷菜单　如果在前面刚使用过要输入的命令，可以在命令行打开右键快捷菜单，在"近期使用的命令"子菜单中选择需要的命令，如图 2-1 所示。"近期使用的命令"子菜单中储存最近使用的命令，如果经常重复使用某几个操作的命令，这种方法就比较快速简洁。如果用户要重复使用上次使用的命令，可以直接在绘图区单击鼠标右键，如图 2-2 所示，从快捷菜单中，可以立即重复执行上次使用的命令。

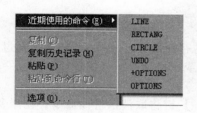

图 2-1　命令行右键快捷菜单

图 2-2　多重放弃或重做

（6）在绘图区单击鼠标右键　如果用户要重复上次使用的命令，可以直接在绘图区单击鼠标右键，从快捷菜单中可以立即重复执行上次使用的命令。

2.1.2　执行命令

1. 启动命令

在 AutoCAD 中，启动绘图命令有三种方式，一种方式是直接单击各个工具栏上的图标按钮，例如单击绘图工具栏上的 按钮将启动"矩形"命令绘制矩形。

另一种方式是选择菜单→子菜单的输入方式。例如，单击"绘图"→"直线"。

还有一种方式是直接在命令行或 DYN 工具栏输入命令，然后按【Enter】键，执行命令。输入命令时字母不分大小写，在以后的章节中不再重复提示。例如：CIRCLE 或 circle 均可。

2. 执行命令

执行"绘图"栏下某个命令后，命令行将提示输入三类信息：

（1）坐标位置　这时可直接在命令行输入 X 轴、Y 轴的坐标确定位置，也可通过光标在绘图窗口上指定一个点。

（2）数值　需要通过键盘在命令行输入具体数值，也可利用光标指定一个点，该点与上一个点的距离被当成数值执行。

（3）数字字母　通过输入对应字母进入命令的其他选项或设置命令的执行方式。

例如，单击绘图工具栏上的 按钮启动"圆"命令后，命令行提示信息如下：

命令：Circle

指定圆的圆心或［三点（3P）/（2P）/相切、相切、半径（T）］：

要求输入坐标位置；用鼠标指定绘图窗口上的点或者直接输入一对坐标值，则该点就是圆心位置，这时命令行会接着提示：

指定圆的半径或［直径（D)]:

要求输入数值：用键盘在命令行输入具体数值确定半径，或者用鼠标确定一个点。该点和圆心的距离就是半径，圆也就确定了。

上面指令提示方括号内表示绘制圆的其他方式或位置，当输入小括号内的数字字母并按下【Enter】键，表示选择对应的命令执行方式。例如，当提示如下信息时：

指定圆的圆心或［三点（3P)/(2P)/相切、相切、半径（T)]:

要求输入数字字母；这时从键盘输入"3P"，则命令行提示输入 3 个点来确定一个圆，而不再是利用圆心、半径来确定。

3. 终止命令

在 AutoCAD 中，终止命令有三种情况：

1）正常完成命令。

2）在执行命令的过程中按【Esc】键。

3）在执行命令的过程中启动其他命令。

4. 命令的重复、撤消与重做

（1）重复命令　当执行完一个命令后，需要重复执行该命令时，用户无需再次通过工具栏、菜单或执行命令行执行该命令。只需要按【Enter】键或空格键，系统就自动调用上一个命令。即使上一个命令并没有完成，系统也照样调用该命令。

（2）撤消命令　在命令执行过程中，用户按【Esc】键将取消执行该命令；在命令行输入"U"或者"UNDO"，回车，则为撤消该命令的上一步操作；也可以在上面"快速访问"工具栏上单击 按钮来执行撤消命令。多次执行撤消命令将撤消多步操作。

（3）重复命令　当用户取消某个命令后，如果想恢复该命令，就可以通过执行重做命令恢复已经撤消的命令。重做命令的执行方法是在命令行输入"REDO"或单击"快速访问"工具栏上的 按钮。

注意：执行撤消命令的快捷键是【Ctrl + Z】；执行重做命令的快捷键是【Ctrl + Y】。

2.1.3 透明命令

在 AutoCAD 2012 中，有些命令不仅可以直接在命令行中使用，而且还可以在其他命令的执行过程中，插入并执行，待该命令执行完毕后，系统继续执行原命令，这种命令称为透明命令。透明命令一般多为修改图形设置或打开辅助绘图工具的命令。

上述三种命令的执行方式同样适用于透明命令的执行。例如：

命令：ARC 回车

指定圆弧的起点或［圆心（C)]: ZOOM（使用显示缩放命令 ZOOM)

>>（执行 ZOOM 命令)

正在恢复执行 ARC 命令。

指定圆弧的起点或［圆心（C)]:（继续执行原命令)

2.1.4 按键定义

在 AutoCAD 2012 中，除了可以通过在命令窗口输入命令、单击工具栏图标或菜单项来完成外，还可以利用键盘上的一组功能键或快捷键，快速实现指定功能，如单击【F1】键，系统调用 AutoCAD 帮助对话框。

系统使用 AutoCAD 传统标准（Windows 之前）或 Microsoft Windows 标准解释快捷键。有些功能键或快捷键在 AutoCAD 的菜单中已经指出，如"粘贴"的快捷键为【Ctrl + V】，这些只要用户在使用的过程中多加留意，就会熟练掌握。快捷键的定义见菜单命令后面的说明，如"粘贴（P）Ctrl + V"。

2.1.5　命令执行方式

有的命令有两种执行方式，即通过对话框或通过命令行输入命令。如指定使用命令窗口方式，可以在命令名前加短划线来表示，如"_LAYER"表示用命令行方式执行"图层"命令。而如果在命令行输入"LAYER"，系统则会自动打开"图层"对话框。

另外，有些命令同时存在命令行、菜单和工具栏三种执行方式，这时如果选择菜单或工具栏方式，命令行会显示该命令，并在前面加一条下划线，如通过菜单或工具栏方式执行"直线"命令时，命令行会显示"_line"，命令的执行过程与结果与命令行方式相同。

2.1.6　坐标系与数据的输入方法

1. 坐标系

AutoCAD 采用两种坐标系：世界坐标系（WCS）与用户坐标系（UCS）。用户刚进入 Auto-CAD 时的坐标系统就是世界坐标系，是固定的坐标系统。世界坐标系也是坐标系统中的基准，绘制图形时多数情况下都是在这个坐标系统下进行的。

执行方式有以下三种：

1）在命令行输入"UCS"。

2）在菜单栏单击"工具"→"新建 UCS"。

3）在工具栏单击"标准"→"坐标系"。

AutoCAD 有两种视图显示方式：模型空间和图纸空间。模型空间是指单一视图显示法，我们通常使用的都是这种显示方式；图纸空间是指在绘图区域创建图形的多视图，用户可以对其中每一个视图进行单独操作。在默认情况下，当前 UCS 与 WCS 重合。图 2-3a 所示为模型空间下的 UCS 坐标系图标，通常放在绘图区左下角处。如当前 UCS 和 WCS 重合，则出现一个 W 字，如图 2-3b 所示。也可以指定它

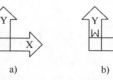

a)　　　　b)　　　　c)　　　　d)

图 2-3　坐标系图标

放在当前 UCS 的实际坐标原点位置，此时出现一个十字，如图 2-3c 所示。图 2-3d 所示为图纸空间下的坐标系图标。

2. 坐标数据输入方法

在 AutoCAD 2012 中，点的坐标可以用直角坐标、极坐标、球面坐标和柱面坐标表示，每一种坐标又分别具有两种坐标输入方式，即绝对坐标和相对坐标。其中直角坐标和极坐标最为常用，下面主要介绍它们的输入方式。

（1）直角坐标法　用点的 X、Y 坐标值表示的坐标。例如，在命令行中输入点的坐标提示下，输入"15，18"，则表示输入了一个 X、Y 的坐标值分别为 15、18 的点，此为绝对坐标输入方式，表示该点的坐标是相对于当前坐标原点的坐标值，如图 2-4 所示。如果输入"@10，20"，则为相对坐标输入方式，表示该点的坐标是相对于前一点的坐标值，如图 2-4c 所示。

（2）极坐标法　用长度和角度表示的坐标，只能用来表示二维点的坐标。

在绝对坐标输入方式下，表示为"长度 < 角度"，如"25 < 50"，其中长度为该点到坐标原

点的距离，角度为该点至原点的连线与 X 轴正向的夹角，如图 2-4b 所示。

在相对坐标输入方式下，表示为"@ 长度 < 角度"，如"@ 25 < 45"，其中长度为该点到前一点的距离，角度为该点至前一点的连线与 X 轴正向的夹角，如图 2-4d 所示。

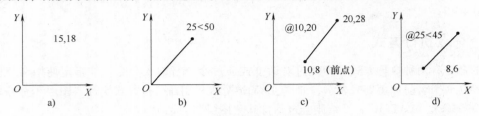

图 2-4　坐标数据的输入方法

3. 动态数据输入

按下状态栏上的"DYN"按钮，系统打开动态输入功能，可以在屏幕上动态地输入某些参数数据。例如，绘制直线时，在光标附近，会动态地显示"指定第一点"，以及后面的坐标框，当前显示的是光标所在位置，可以输入数据，两个数据之间以逗号隔开，如图 2-5 所示。指定第一点后，系统动态显示直线的角度，同时要求输入线段长度值，如图 2-6 所示，其输入效果与"@ 长度 < 角度"方式相同。

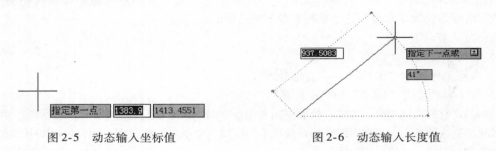

图 2-5　动态输入坐标值　　　　图 2-6　动态输入长度值

下面分别介绍点与距离值的输入方法。

（1）点的输入　绘图过程中，常需要输入点的位置，AutoCAD 提供了如下几种输入点的方式：

1）用键盘直接在命令窗口中输入点的坐标。直角坐标有两种输入方式："X，Y"（点的绝对坐标值，如 100，50）和"@ X，Y"（相对于上一点的相对坐标值，如"@ 50，-30"）。坐标值均相对于当前的用户坐标系。

极坐标的输入方式为："长度 < 角度"（其中，长度为点到坐标原点的距离，角度为原点至该点连线与 X 轴的正向夹角，如"20 < 45"）或"@ 长度 < 角度"（相对于上一点的相对极坐标，如"@ 50 < -30"）。

2）用鼠标等定标设备移动光标，在屏幕上直接取点。

3）用目标捕捉方式捕捉屏幕上已有图形的特殊点（如端点、中点、中心点、插入点、交点、切点、垂足点等，详见第 4 章）。

4）直接距离输入。先用光标拖拉出橡筋线确定方向，然后用键盘输入距离。这样有利于准确控制对象的长度等参数，如要绘制一条 10mm 的线段，方法如下：

命令：LINE

指定第一点：（在屏幕上指定一点）

指定下一点或 ［放弃（U）］：

这时在屏幕上移动鼠标指明线段的方向，但不要单击鼠标左键确认，如图 2-7 所示，然后在命令行输入 10，这样就在指定方向上准确地绘制了长度为 10mm 的线段。

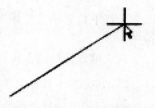

图 2-7 移动鼠标绘制线段

（2）距离值的输入　在 AutoCAD 命令中，有时需要提供高度、宽度、半径、长度等距离值。AutoCAD 提供了两种输入距离值的方式：一种是用键盘在命令窗口中直接输入数值；另一种是在屏幕上拾取两点，以两点的距离值定出所需数值。

2.2　缩放和平移图形

控制视图（控制图形显示）就是控制显示比例、观察位置和角度。改变视图最常见的方法是放大和缩小图形区中的图像。而平移则是将图形图像平移到新的位置，以方便查看。

本节将介绍两种改变视图的方法：缩放和平移图形。不过在具体介绍这两种方法之前，还先要介绍视图过渡选项。

2.2.1　实时缩放

"缩放"→"实时"命令提供了交互的缩放功能。随着定点设备的移动，图形图像就会放大或缩小。

要使用实时缩放，可以选择下拉菜单"视图"→"缩放"→"实时"，或单击常用工具栏中的 🔍 按钮或在命令行输入 ZOOM。

实时选项是 ZOOM 命令的默认选项，按【Enter】键就可以进入实时缩放模式。

在实时缩放模式中，按住鼠标左键，通过垂直向上或向下拖动鼠标来放大或缩小图形。

在实时模式下缩放的步骤如下：

1）选择下拉菜单"视图"→"缩放"→"实时"。

2）要放大或缩小到不同的大小，按住鼠标的左键然后垂直移动光标，而按下【Enter】键可以结束实时缩放。

注意：从图形窗口的中点向上移动光标可以放大图像，向下移动光标则可以缩小图像。

2.2.2　实时平移

与实时缩放相似，"平移"命令提供交互平移的功能。跟随着鼠标的移动，图形图像也平移到新的位置。

要使用实时平移，可以选择下拉菜单"视图"→"平移"→"实时"，或在常用工具栏中单击 ✋ 按钮，或者在命令行输入 PAN 命令。实时选项是 PAN 命令的默认选项，按【Enter】键就可以进入实时平移模式。在实时平移模式下平移的步骤如下：

1）在命令行输入 PAN 命令。

2）按住鼠标左键不放，拖动鼠标，将图形移动到新的位置。

3）按【Enter】键结束实时平移模式，在当前位置显示图形。

2.2.3　定义缩放窗口

有时只希望对某一区域进行缩放，这时，可以通过缩放窗口实现。缩放窗口就是通过定义一个区域的角点来快速地放大该区域。

选择下拉菜单"视图"→"缩放"→"窗口",或在标准工具栏上单击"窗口缩放"
按钮。

定义缩放窗口的步骤如下:

1)在标准工具栏上单击"窗口缩放" 按钮。

2)与指定选择对象区域类似,指定缩放区域的两个角点1和2。

3)按下【Enter】键,缩放区域内的图形在整个图形窗口内显示。

2.2.4　还原为前一个视图

如果需要回到以前的视图观察,可以选择"缩放"→"上一个",快速回到前一个视图。
AutoCAD 能依次还原前 10 个视图,这些视图不仅包括缩放视图,而且还包括平移视图、还原视
图、透视视图或平面视图。

还原前一个视图的基本方法有很多,如选择下拉菜单"视图"→"缩放"→"上一个",
或单击标准工具栏中的 按钮。这里介绍另一种方法,就是在实时缩放模式下,单击鼠标右键,
然后从弹出的快捷菜单中选取"缩放为原窗口"即可。

还原为前一个视图的步骤如下:

1)按上述方法进入实时缩放模式。

2)单击鼠标右键,在弹出的快捷菜单中选择"缩放为原窗口"。

3)按【Enter】键结束实时缩放模式。

2.2.5　动态缩放

选择下拉菜单"视图"→"缩放"→"动态"(动态缩放),显示一个视图框,视图框中显
示代表当前视口的部分图形。通常通过移动和改变视图框的大小即可实现移动或缩放图形。

一般地,当前视图所占区域用绿色的虚线标明,而蓝色的虚线框标明了图形的范围。

动态缩放的步骤如下:

1)选择下拉菜单"视图"→"缩放"→"动态"。

2)当视图框包含一个 X 时,在屏幕上拖动视图框以平移到不同的区域。

3)要缩放到不同的大小,按下鼠标左键,则视图框中的 X 变成了一个箭头。此时,可以通
过向左或向右拖动边框来改变视图框的大小。再按下左键切换回平移状态,根据需要在缩放和平
移模式之间切换。

4)按下【Enter】键,视图框所包围的图形将以整个图形窗口的区域显示。

提示:在平移模式下,移动视图框就可以控制图形的平移;在缩放模式下,在视图框中显示
的图形越少,放大倍数越大。

2.2.6　按比例缩放

前面介绍的缩放都是只要达到放大或缩小的效果就可以了,如果要精确地缩放图形又将如何
操作呢?要精确地缩放图形,就要用到比例缩放。比例缩放由输入的比例因子来决定缩放效果。

精确地比例缩放图形,有三种方法可以指定缩放比例:

1. 相对于图形界限

相对于图形界限指定缩放比例,只需输入一个比例值,例如输入2,则放大为2倍,当然超
出图形界限的部分将无法显示(设置 Limits 命令为 on 时);输入.5 或 0.5,将图形缩小为原来的
一半。

2. 相对于当前视图

相对于当前视图指定缩放比例，只需在输入的比例值后加上 X，例如输入 2X，将以两倍的尺寸显示当前视图；输入 .5X 或 0.5X，则以一半的尺寸显示当前视图。

3. 相对于图纸空间单位

相对于图纸空间单位指定缩放比例，只需在输入的比例值后加上 XP 即可。它指定了相对当前图纸空间按比例缩放视图，并且它可以用来在打印前缩放视图。

使用精确比例缩放的步骤如下：

1）选择下拉菜单"视图"→"缩放"→"比例"。

2）输入相对于图形界限、当前视图或图纸空间单位的比例因子，再按【Enter】键结束。

下面是文本窗口关于执行两次比例缩放的命令序列。其中，前者是相对于图形界限指定缩放比例，而后者是相对于图纸空间单位指定缩放比例；前者在缩小，后者在放大。

命令窗口的命令序列：

命令：zoom

指定窗口角点，输入比例因子（nX 或 nXP），或 [全部（A）/中心点（C）/动态（D）/范围（E）/上一个（P）/比例（S）/窗口（W）] <实时>：S

输入比例因子（nX 或 nXP）：0.5

命令：zoom

指定窗口角点，输入比例因子（nX 或 nXP），或 [全部（A）/中心点（C）/动态（D）/范围（E）/上一个 P）/比例（S）/窗口（W）] <实时>：S

输入比例因子（nX 或 nXP）：2XP

2.2.7 移到中心点

选择下拉菜单"视图"→"缩放"→"中心点"，无论图形对象的位置在哪，也不管缩放比例多大，它会改变一个对象的大小并将其移动到图形区的中心点。

移到中心点的步骤如下：

1）选择下拉菜单"视图"→"缩放"→"中心点"。

2）使用鼠标在图形窗口拾取一点作为图形的中心点。

3）输入图形的高度或输入一个缩放比例因子。

4）按下【Enter】键结束。

注意：

1）如果输入 2，视图就按两个图形单位高度显示。

2）如果输入的数值比默认值小，则会增大图形。

3）如果输入的数值比默认值大，则会缩小图形。

以下是文本窗口关于执行"缩放"→"中心点"的命令序列，从文本窗口的内容，读者可以了解总共执行了两次"缩放"→"中心点"命令，第一次的结果是图形放大了（默认的比例因子 12 是维持原来大小的比例因子），中心点是通过鼠标拾取的。第二次执行的结果是图形恢复为原来大小，因为比例因子设为 12。

文本窗口的命令序列：

命令：_zoom

指定窗口角点，输入比例因子（nX 或 nXP），或全部（A）/中心点（C）/动态（D）/范围（E）/上一个（P）/比例（S）(X/XP)/窗口（W）/ <实时>：C

中心点：缩放比例或高度 <12.0000>：1

命令：_zoom

指定窗口角点，输入比例因子（nX 或 nXP），或全部（A）/中心点（C）/动态（D）/范围（E）/上一个（P）/比例（S）（X/XP）/窗口（W）/<实时>：C

中心点：缩放比例或高度<1.0000>：12

2.2.8 显示全部图形和部分图形

AutoCAD 还提供了其他缩放和平移的工具及方法。单击"视图"→"缩放"→"全部"或单击"视图"→"缩放"→"范围"可在图形边界或图形中对象范围的基础上显示视图。前者以绘图范围为显示范围，显示整幅图形；后者根据活动视口的界限，最大限度地显示图形。

2.3 线类图形的绘制

启动绘制二维基本图形命令的方法可以在"绘图"菜单里和或"绘图"工具栏上进行相关操作，如图 2-8 所示。

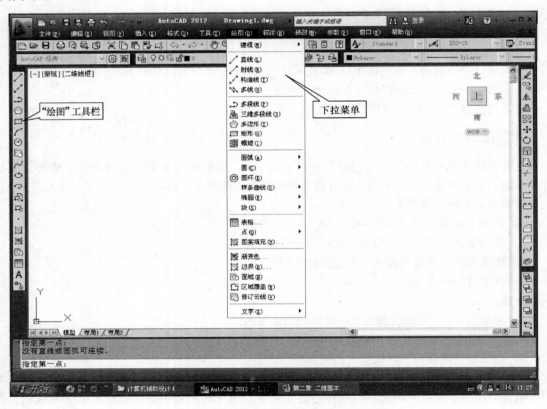

图 2-8 "绘图"菜单和"绘图"工具栏

2.3.1 直线

两点确定一条直线，在这里是几何意义上的线段，在绘图窗口中指定两个点或输入两对坐标值，或者给定方向和长度即可确定一条直线。

绘制方法：

1）在"绘图"工具栏上单击"直线" ╱按钮。

2）选择下拉菜单"绘图"→"直线"。

3）在命令行输入 LINE 命令。

执行命令后，命令行提示信息如下：

命令：LINE

指定第一点：（指定直线的起始点）

指定下一点或［放弃（U）］：（指定另一个点确定一条直线：输入 U 将放弃上一步操作。后面介绍其他命令时，U 选项均是放弃上一步操作）

指定下一点或［放弃（U）］：（输入一个新端点确定另一条直线）

指定下一点或［闭合（C）/放弃（U）］：（指定下一条确定第三条直线，输入 C 以起始点作为下一点，3 条直线将构成一个闭合图形）

例 2-1　用绘制直线命令绘制图 2-9 所示的 A4 边框图形。

提示：可使用绝对直角坐标方法，也可使用相对直角坐标方法，还可使用极坐标方法，使用动态坐标输入的方法速度较快。下面以动态坐标输入方法为例进行介绍。

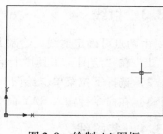

图 2-9　绘制 A4 图框

绘制步骤：

选择下拉菜单"格式"→"图形界限"［取左下角坐标值为（0，0），右上角坐标值为（297，210）］，ZOOM 命令缩放为ALL。启用提示行的正交功能。

命令：LINE

指定第一点：0，0（在命令行单击鼠标左键输入）

指定下一点或［放弃（U）］：297（鼠标向右移并输入）

指定下一点或［放弃（U）］：210（鼠标向上移并输入）

指定下一点或［闭合（C）/放弃（U）］：297（鼠标向左移并输入）

指定下一点或［闭合（C）/放弃（U）］：C

2.3.2　构造线

AutoCAD 中的构造线是几何意义上的直线，是无限延长的。从本质上讲，给定两点或给定一点和一个角度即可绘制一条构造线。构造线的绘制方法：

1）在"绘图"工具栏上单击"构造线" ╱按钮。

2）选择下拉菜单"绘图"→"构造线"。

3）在命令行输入 XLINE 命令。

命令执行后，提示信息如下：

命令：XLINE

指定点或［水平（H）/垂直（V）/角度（A）/二等分（B）/偏移（O）］：（要求指定构造线上的一个点）

指定通过点：（指定构造线上另外一个点以确定一条构造线）

各选项含义如下：

水平（H）：指定一点绘制水平方向的构造线。

垂直（V）：指定一点绘制垂方向的构造线。

角度（A）：指定一点绘制指定角度的构造线。

二等分（B）：先指定构造线上点 1，再指定点 2 和点 3，形成假想的直线 L12 和 L13，绘制平分通过直线 L12 和直线 L13 形成的夹角的构造线。

偏移（O）：绘制一条与选定对象平行且偏移指定距离的构造线。

例 2-2　绘制图 2-10 所示的直角 AOB 的平分线。

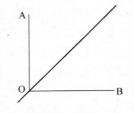

图 2-10　绘制直角 AOB 的平分线

绘制步骤：

命令：XLINE

指定点或［水平（H）/垂直（V）/角度（A）/二等分（B）/偏移（O）］：B

指定角的顶点：O

指定角的起点：A

指定角的端点：B

2.3.3　射线

由两点可确定射线，绘制方法如下：

1）在"绘图"工具栏上单击"射线" ／ 按钮。

2）选择下拉菜单"绘图"→"射线"。

3）在命令行输入 RAY 命令。

2.3.4　多段线

多段线包含多条直线或圆弧，所有图形元素被看成同一个对象。

多段线的绘制方法有：

1）在"绘图"工具栏上单击"多段线" ↵ 按钮。

2）选择下拉菜单"绘图"→"多段线"。

3）在命令行输入 PLINE 命令。

执行命令后，命令行提示如下：

命令：PLINE

指定起点：

当前线宽为 0.0

指定下一个点或［圆弧（A）/半宽（H）/长度（L）/放弃（U）/宽度（W）］：A

指定圆弧的端点或［角度（A）/圆心（CE）/方向（D）/半宽（H）/直线（L）/半径（R）/第二个点（S）/放弃（U）/宽度（W）］：

2.3.5　多线

多线由 1~6 条平行线组成，这些平行线被称为元素。利用"多线"命令可以一次绘制多条直线段，例如可以一次绘制 2 条直线来表示建筑制图中的墙体。系统默认绘制双线。

绘制方法：

1）选择下拉菜单"绘图"→"多线"。

2）在命令行输入 MLINE 命令。

执行命令后，命令行提示信息如下：

命令：MLINE

当前设置：对正 = 上，比例 = 20.00，样式 = STANDARD

指定起点或［对正（J）/比例（S）/样式（ST）］：（指定多线的起点）

指定下一点：（指定另一个点确定一条多线）

指定下一点或［放弃（U）］：（输入另一个点，和上一个指定点确定另一条多线）

指定下一点或［闭合（C）/放弃（U）］：（指定下一条确定第三条多线，输入 C 以起始点作为下一点，三条多线将构成一个闭合图形）

以上各选项含义如下：

对正（J）：确定多线的基准位置，有上、中、下三种对正方式。

比例（S）：确定多线各元素间的距离。

样式（ST）：指定新的多线样式，选择"格式"→"多线样式"。利用修改命令可编辑多线样式，以适合各种绘图所需，如建筑、高速公路规划等布线。

例 2-3　利用"多线"命令绘制图 2-11 所示的图形。

图 2-11　多线命令绘图

绘制步骤：

命令：MLINE

当前设置：对正 = 上，比例 = 20.00，样式 = STANDARD

指定起点或［对正（J）/比例（S）/样式（ST）］：200，150

指定下一点：600，150

指定下一点或［放弃（U）］：@0，150

指定下一点或［闭合（C）/放弃（U）］：@ -400，0

指定下一点或［闭合（C）/放弃（U）］：C

2.3.6　样条曲线

样条曲线是经过或接近一系列给定点的光滑曲线，可以控制曲线与点的拟合精度。制造木船的腹板原本是一些平直木板，用水泡胀以后，弯曲在固定好位置的木桩之间，待木板干燥以后自然就变成了弯曲的腹板——样条曲线。在实验课上得到一组 X、Y 的值，在坐标纸上描出这些点，并拟合成的曲线就是样条曲线，我们称之为线性回归。曲线越光滑，拟合精度就越低。

绘图方法：

1）在"绘图"工具栏上选择"样条曲线" 按钮。

2）选择下拉菜单"绘图"→"样条曲线"。

3）在命令行输入 SPLINE 命令。

执行命令后，命令行提示信息如下：

命令：SPLINE

指定第一个点或［对象（O）］：

指定下一点：（指定起点）

指定下一点或［闭合（C）/拟合公差（F）］<起点切向>：（指定第二点，两点之间形成一条样条曲线）

指定下一点或［闭合（C）/拟合公差（F）］<起点切向>：（指定第三点）

指定下一点或［闭合（C）/拟合公差（F）］<起点切向>：（可以继续指定点……最后一次要回车）

指定起点切向：（指定起点切线方向）（可用鼠标点取）

指定端点切向：（指定终点切线方向）（可用鼠标点取）

例 2-4　绘制图 2-12 所示的截断轴的剖断线。

绘图步骤：

命令：SPLINE

指定第一个点或［对象（O）］：（选择 A 点）

指定下一点：＜正交关＞

指定下一点或［闭合（C）/拟合公差（F）］＜起点切向＞：（选择 B 点）

指定下一点或［闭合（C）/拟合公差（F）］＜起点切向＞：（选择 C 点）

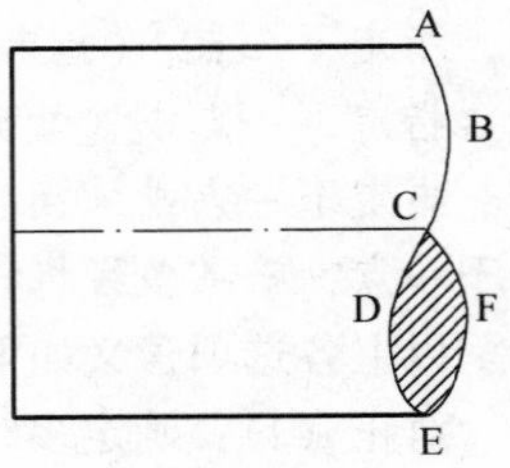

指定下一点或［闭合（C）/拟合公差（F）］＜起点切向＞：（选择 D 点）

指定下一点或［闭合（C）/拟合公差（F）］＜起点切向＞：（选择 E 点）

指定下一点或［闭合（C）/拟合公差（F）］＜起点切向＞：（选择 F 点）

指定下一点或［闭合（C）/拟合公差（F）］＜起点切向＞：（选择 C 点并回车）

指定起点切向：（指定起点 A 的切线方向）

指定端点切向：（指定终点 C 的切线方向）

注意：LINE 命令的简单输入方式为 L；XLINE 可简写为 XL；PLINE 可简写为 PL；SPLINE 可简写为 SPL。

图 2-12 截断轴

2.4 圆类图形的绘制

2.4.1 圆

圆的绘制方法有以下三种：

1）在"绘图"工具栏上选择"圆" 按钮。

2）选择下拉菜单"绘图"→"圆"。

3）在命令行输入 CIRCLE 或 C 命令。

执行命令后，命令行提示如下：

命令：CIRCLE

指定圆的圆心或［三点（3P）/两点（2P）/相切、相切、半径（T）］：（指定圆心）

指定圆的半径或［直径（D）］：（指定半径；输入 D 则为指定直径）

选项含义如下：

三点（3P）：通过指定圆周上的 3 个点来绘制圆。

两点（2P）：通过指定圆的任一直径上的两个端点来绘制圆。

相切、相切、半径（T）：指定圆的两条切线和半径来绘制圆。

其他绘制圆的方式参见下拉菜单"绘图"→"圆"的子菜单，如图 2-13 所示。

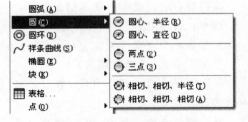

图 2-13 绘制圆的命令菜单

具体选择哪种方法画圆，要根据实际绘图需要来选择，例如要以某线段为直径画圆，则应采用两点（2P）画圆的方法；而要画一个三角形的内切圆，则应采用相切、相切、相切的方法。

2.4.2　圆弧

圆弧的绘制方法有以下三种：

1）在"绘图"工具栏上选择"圆弧" 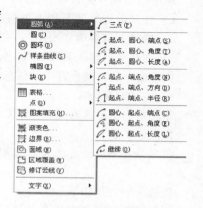按钮。

2）选择下拉菜单"绘图"→"圆弧"。

3）在命令行输入 ARC 或 A 命令。

执行命令后，命令行提示信息如下：

命令：ARC

指定圆弧的起点或［圆心（C）］：（指定圆弧的起点或输入 C 指定圆弧的圆心位置）

指定圆弧的第二个点或［圆心（C）/端点（E）］：（指定圆弧上的第二个点或输入 E 通过指定端点和半径来绘制圆弧）

指定圆弧的端点：（指定圆弧的端点）

在 ARC 命令下，总共有 11 种绘制圆弧的方式，直接指定某种方式可通过选择下拉菜单"绘图"→"圆弧"的子菜单来确定，如图 2-14 所示。

注意：默认圆弧的绘制方向为逆时针，所以在绘制圆弧时，必须区分起点、端点。

图 2-14　圆弧绘制菜单

2.4.3　椭圆

椭圆的形状由两根相互垂直平分的长轴与短轴决定。其绘制方法如下：

1）在"绘图"工具栏上选择"椭圆" ⬭按钮。

2）选择下拉菜单"绘图"→"椭圆"。

3）在命令行输入 ELLIPSE 或 EL 命令。

执行命令后，命令行提示信息如下：

命令：ELLIPSE

指定椭圆的轴端点或［圆弧（A）/中心点（C）］：（指定椭圆一条轴的一个端点）

指定轴的另一端点：（指定轴的另一个端点）

指定另一条半轴长度或［旋转（R）］：（指定另一条半轴长度或者输入 R，通过绕第一条轴旋转来绘制椭圆）

各选项含义如下：

圆弧（A）：绘制一段椭圆弧。

中心点（C）：先确定椭圆中心点，再根据轴长度绘制椭圆。

2.4.4　圆环

圆环的绘图方法如下：

1）选择下拉菜单"绘图"→"圆环"。

2）在命令行输入 DONUT 或 DO 命令。

执行命令行后，命令行提示信息如下：

命令：DONUT

指定圆环内径 <0.0000>：（由操作者指定圆环的内径）

指定圆环外径 <0.0000>：（由操作者指定圆环的外径）

指定圆环的中心点或＜退出＞：（由操作者给定圆环的圆心点）

注意：不要用圆环命令来绘制两个同心圆，因为它们是一个元素，而应利用画圆和偏移命令来绘制同心圆。

系统变量 **FILLMODE** 用于控制所绘制的圆环是否为实心，如图 2-15 所示。

绘制圆盘时，只需将内径值取为 0 即可。

Fillmode=1   Fillmode=0

图 2-15　圆环模式

2.5　多边形的绘制

2.5.1　矩形

矩形的绘制方法有如下三种：

1）在"绘图"工具栏上单击"矩形" 按钮。

2）选择下拉菜单"绘图"→"矩形"。

3）在命令行输入 RECTANG 命令。

执行命令后，命令行提示信息如下：

命令：RECTANG

指定第一个角点或［倒角（C）/标高（E）/圆角（F）/厚度（T）/宽度（W）］：（指定矩形的一个角点的位置）

指定另一个角点或［面积（A）/尺寸（D）/旋转（R）］：（指定矩形对角线的另一个角点的位置）

各选项的含义如下：

倒角（C）：绘制带倒角的矩形。

标高（E）：指定矩形线框所形成的面的 Z 轴高度，用于三维绘图。

圆角（F）：绘制带圆角的矩形。

厚度（T）：指定三维绘图时设置矩形 Z 轴方向矩形厚度。

宽度（W）：指定轮廓宽。

面积（A）：指定一个角点、面积和长度或宽度来绘制矩形。

尺寸（D）：指定长度、宽度来绘制矩形。

旋转（R）：指定矩形旋转的角度。

2.5.2　正多边形

正多边形的边数目可以是 3～1024 条。

正多边形的绘制方法有如下三种：

1）在"绘图"工具栏上单击"正多边形" 按钮。

2）选择下拉菜单"绘图"→"正多边形"。

3）在命令行输入 POLYGON 命令。

执行命令后，命令行提示信息如下：

命令：POLYGON

输入边的数目＜4＞：（输入正多边形的边数）

指定正多边形的中心点或［边（E）］：（指定正多边形的中心或输入 E 指定边的位置）

输入选项［内接于圆（I）/外切于圆（C）］＜I＞：（绘制内接或外切于假想圆的正多边形）

指定圆的半径：（通过指定假想圆的半径来确定正多边形的大小）

例 2-5 利用正多边形命令绘制图 2-16 所示的图形。

绘制步骤：

命令：POLYGON

输入边的数目 ＜4＞：7

指定正多边形的中心点或 ［边（E）］：150，150

输入选项 ［内接于圆（I）/外切于圆（C）］＜I＞：C（作外切于圆的正多边形）

指定圆的半径：100

注意：RECTANG 命令可简化为 REC；POLYGON 命令可简化为 POL。

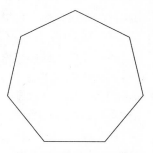

图 2-16 绘制正七边形

2.6 点类图形的绘制

2.6.1 绘制点

点的绘制方法有如下三种：

1）在"绘图"工具栏上单击"点"按钮，绘制点的类型如图 2-17 所示。

2）选择下拉菜单"绘图"→"点"。

3）在命令行输入 POINT 命令。

执行命令后，命令行提示信息如下：

命令：POINT

当前点模式：PDMODE = 0   PDSIZE = 0. 0000

指定点：（指定一个点）

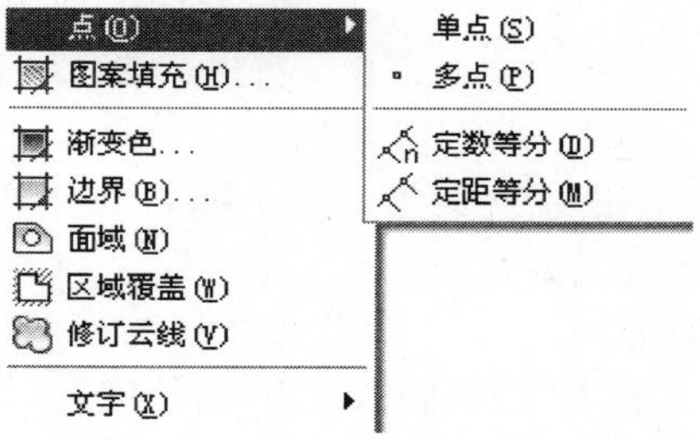

图 2-17 绘制点的类型

其中 PDMODE 是指当前点的样式，数字 0、1 等分别代表不同的点样式；PDSIZE 是指点在绘图窗口显示的大小。

当通过选择下拉菜单"绘图"→"点"来绘制点时，子菜单上有"单点"、"多点"、"定数等分"、"定距等分"四种绘制点的方法可供选择。

由于点显示形式的特殊性，故需要指定点的样式以便能明显识别点的存在。指定点样式的命令如下：

1）选择下拉菜单"格式"→"点样式"。

2）在命令行输入 DDPTYPE 命令。

执行命令后，弹出"点样式"对话框，如图 2-18 所示，通过该对话框可选择点的样式和大小。

2.6.2 定数等分点

定数等分点可用于按一定数目平分直线、圆等对象。人为制造了几何特征点，可以用于精确绘图。

定数等分点的绘制方法如下：

1）选择下拉菜单"绘图"→"点"→"定数等分"。

2）在命令行输入 DIVIDE 或 DIV 命令。

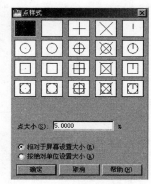

图 2-18 点样式

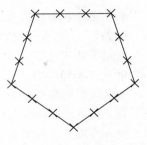

执行命令后，命令行提示信息如下：

命令：DIVIDE

选择要定数等分的对象：（选择要等分的直线、圆等对象）

输入线段数目或［块（B）］：（输入对象的等分段数；输入 B，则以等分点为插入点放置图块）

例 2-6 将正五边形十五等分，如图 2-19 所示。

绘制步骤：

命令：DIVIDE

选择要定数等分的对象：（选择正五边形）

输入线段数目或［块（B）］：15

图 2-19　十五等分正五边形

2.6.3　定距等分点

定距等分点用于按一定长度等分直线、圆等对象。

定距等分点的绘制方法如下：

1）选择下拉菜单"绘图"→"点"→"定距等分"。

2）在命令行输入 MEASURE 或 ME 命令。

执行命令后，命令行提示信息如下：

命令：MEASURE

选择要定距等分的对象：（选择要等分的直线、圆等对象）

指定线段长度或［块（B）］：（选择要等分的长度；输入 B，则以等分点为插入点，放置选择的图块）

例 2-7 将圆弧以 50 为长度进行定距等分，如图 2-20 所示。

绘制步骤如下：

命令：MEASURE

选择要定距等分的对象：

指定线段长度或［块（B）］：B

输入要插入的块名：H（事先制作好的小红旗块）

是否对齐块和对象？［是（Y）/否（N）］<Y>：N

指定线段长度：50

图 2-20　定距等分点

2.7　面域

2.7.1　创建面域

面域是指有边界的平面区域，它是一个面对象，不仅包括边界，还包括边界内的平面，内部可以包含孤岛，相当于没有厚度的实体，而不是线框。从外观上看，面域和一般的封闭线框没有任何区别。

面域的创建方法有如下三种：

1）在"绘图"工具栏上单击"面域" 按钮。

2）选择下拉菜单"绘图"→"面域"。

3）在命令行输入 REGION 命令。

执行命令后，提示选择事先已绘制好的封闭图形为将要创建的面域对象，按【Enter】键，面域就建好了。

此外，也可以通过单击下拉菜单"绘图"→"边界"，打开"边界创建"对话框来生成面域，如图 2-21 所示。

在"边界创建"对话框中，从对象类型中选择面域，再用拾取点的方式选择绘图窗口中封闭对象内的任何一点，被选中的对象就转换成了面域。"孤岛检测"用于检测内部边界。

图 2-21 "边界创建"对话框

2.7.2 面域操作

面域是实体，通过单击下拉菜单"修改"→"实体编辑"，选择其子菜单"并集""差集""交集"可以对面域进行布尔运算操作，图 2-22 是几个不同操作结果。特别地，当对不相交的面域进行交集运算时，将删除被选中的面域。在进行差集运算时，提示选择"选择对象"时，要选中被减实体回车后，再选减实体再回车，亦即用减实体去减被减实体，得差集实体。

原始面域　　　　　　　　并集　　　　　　　　　交集　　　　　　　　　差集

图 2-22 布尔运算结果

2.8 图案的填充与渐变色

2.8.1 图案的填充

图案的填充是指用图案来填充图形的某个区域，以表达该区域的特征。机械制图中用以表达装配关系，建筑制图中用以表达为不同的材料等。对图形的填充不但能描述对象的材料特征，还增加了图形的可读性。

启动图案填充命令的方法有以下三种：

1）在"绘图"工具栏上单击"图案填充"按钮。

2）选择下拉菜单"绘图"→"图案填充"。

3）在命令行输入 BHATCH 命令。

执行命令后，弹出"图案填充和渐变色"对话框，如图 2-23 所示。

"图案填充和渐变色"对话框中"图案填

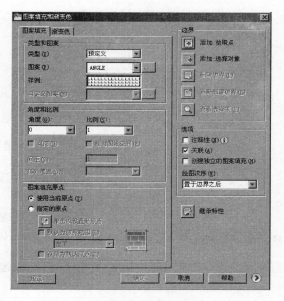

图 2-23 "图案填充和渐变色"对话框

充"选项卡各选项含义如下：

(1)"类型和图案"选项区

"类型"下拉列表框：用于设置填充图案的类型，有 3 个选项，其中"预定义"是指使用 AutoCAD 提供的图案类型；"用户定义"则为使用当前线型自定义一个图案作为填充的图案类型；"自定义"为选择用户预先定义好的图案进行填充。

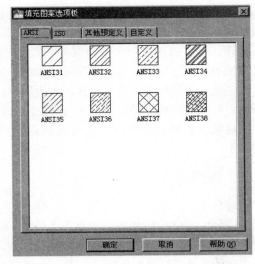

图 2-24 "填充图案选项板"对话框

当用户选择"预定义"的时候，下面的"图案"下拉列表框列出了 AutoCAD 自带的几十种图案样板，单击列表框右边的 按钮打开"填充图案选项板"对话框可观察到所有预定义图案的预览图像，如图 2-24 所示。最近使用的图案可在样例文本框中预览。机械制图剖面线一般选取"ANSI31"。

当用户选择自定义时，"图案"下拉列表框变为灰色，表示这时该项不可用，用户可以从"自定义图案"下拉列表框选择预先定义好的图案。

(2)"角度和比例"选项区

"角度"下拉列表框：用于选择图案填充的倾斜角度。

"比例"下拉列表框：用于设定图案的缩放比例，合适的图案大小很重要。过大或过小，填充结果将显示不出来或不如意，在绘制机械图的剖面线时，经常会调整这个比例，以达到较好的效果。用户可以通过"图案填充和渐变色"对话框左下角的 预览 按钮来预览填充效果。

(3)"图案填充原点"选项区

"使用当前原点"和"指定的原点"选项用于指定图案填充的原点。原点附近总能看到完整的图案样式，图 2-25 所示为调整原点后的图形对比。

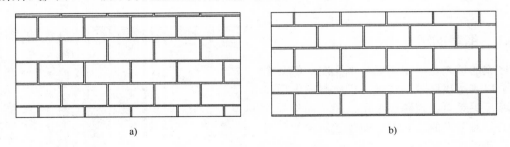

图 2-25 调整图案填充原点

a)使用当前图案填充原点 b)使用新的图案填充原点

(4)"边界"选项区

单击 添加:选择对象 按钮切换到绘图窗口选择要进行图案填充的封闭对象边界内任何一点，这时该对象轮廓变为虚线，表示已被选中；单击 添加:选择对象 按钮则切换到绘图窗口选择要进行图案填充的对象。 删除边界(D) 按钮用于当被选择对象内部存在多个孤岛时，删除某些孤岛。

(5)"选项"选项区

"绘图次序"下拉列表框：用于设置填充图案和图形边界的关系。

☑ 创建独立的图案填充(H) 复选框：这是 AutoCAD 的新增功能，选中该复选框，则同一次操作中填充的多个对象可以独立编辑。例如，在一次图案填充操作中选择了 4 个正多边形，如果选中该复选框，则当以后需要编辑某个矩形的图案时，可以单独修改该正多边形而不影响其他正多边形。

单击"图案填充或渐变色"对话框右下角的伸缩按钮 ⊘，就打开"孤岛"、"边界保留"、"边界集"、"允许的间隙"、"继承选项"等高级选项区，如图 2-26 所示。

（6）"孤岛"选项区

用于确定图案填充方式，当启用"孤岛检测"时，有三种填充方式，即"普通"、"外部"、"忽略"。

"普通"单选按钮：选择这种方式，则从最外边界向里填充，遇到内部边界就断开填充，再次遇到边界，又继续填充，如此循环，直到最里层。

"外部"单选按钮：选择这种方式，则从最外边界向里填充，遇到内部边界，就断开填充，不在继续向里填充。

"忽略"单选按钮：选择这种方式，则从最外边界向里填充，忽略内部所有边界。选择这种方式，外部边界内的所有图形将被填充图案覆盖。

例 2-8　试完成图 2-27 所示的定位套图案填充效果图。

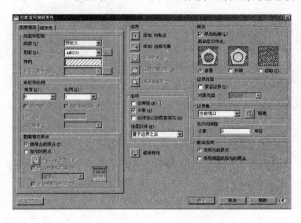　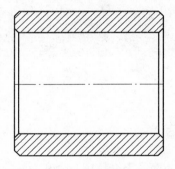

图 2-26　展开的"图案填充或渐变色"　　　　图 2-27　定位套图案填充效果图

2.8.2　渐变色填充

渐变色是指同一种颜色或从一种颜色到另一种颜色的平滑过渡，使用渐变色能增强图形的视觉效果，可以把渐变色看成一种特殊的图案。

启动渐变色填充命令方法如下：

1）在"绘图"工具栏单击"渐变色" ▥ 按钮。

2）选择下拉菜单"绘图"→"渐变色"。

3）在命令行输入 GRADIENT 命令。

执行命令后，弹出"图案填充和渐变色"对话框的"渐变色"选项卡，如图 2-28 所示。

（1）"颜色"选项区

"单色"单选按钮：选中该按钮，使用同一种颜色产生的渐变色来进行图案填充，单击其下面的下拉列表框的 […] 按钮选择所需颜色。

"双色"单选按钮：选中该按钮，使用两种颜色产生的渐变色来进行图案填充。

（2）"方向"选项区

"居中"复选框：选中该复选框，则颜色从中间向四周渐变。

"角度"下拉列表框：用于指定颜色渐变的角度。

对话框的左边中间区域显示了 9 种渐变色效果图例，单击某种图案，将按该效果进行渐变。

其他选项区和图案填充选项卡含义一样，这里不在赘述。单击右下角的伸缩按钮 ⊙ 可"打开/关闭"带高级选项的渐变色对话框。

图 2-29 所示为双色渐变色填充效果图。

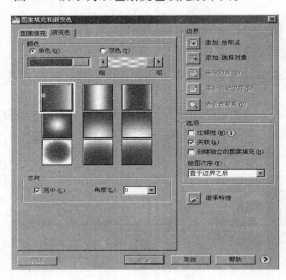

图 2-28 "渐变色"选项卡　　　　图 2-29 双色渐变色填充效果图

小结

本章主要介绍了命令和参数的输入方法；图形显示的控制，包括缩放、平移等；各类基本图元的绘制，包括：点类、线类、圆类、弧类、多边形类和图案的填充；面域的创建与操作。

所有的复杂图形都是由简单的点、线、圆、多边形等多种基本图元组合而成，有一些异形图形可能通过面域操作来生成。练好这一章为学好 AutoCAD 打下坚实的基础，初学者千万不要急于求成，把每一个基本命令练好练熟，以后才能运用自如。

习题

2-1　选择题

1）要快速显示整个图像范围内的所有图形，可使用（　　）命令。

    A."视图"→"缩放"→"窗口"　　　　B."视图"→"缩放"→"全部"

    C."视图"→"缩放"→"动态"　　　　D."视图"→"缩放"→"范围"

2）关于平移命令和移动命令叙述不正确的是（　　）。

    A. 平移命令是将窗口所示的所有对象在图纸的位置作移动

    B. 移动命令是将图纸中某个位置的对象移动到图纸中的其他位置

    C. 平移命令只是将图纸移动，并没有移动图纸中的内容

D. 移动对象命令完成以后图纸中的内容也不会发生变化

3）使用 ZOOM 命令缩放显示图形，如果要相对当前视图放大为 2 倍，在输入比例因子时，应输入（　　）。

A. 2　　　　　　　　　B. 0.5　　　　　　　　C. 2X　　　　　　　　D. 2XP

4）在"缩放"工具栏中，共有（　　）种缩放工具。

A. 8　　　　　　　　　B. 9　　　　　　　　　C. 10　　　　　　　　D. 11

5）直线的起点为（20，20），如果要画出与 X 轴正方向成45°夹角，长度为150 的直线段应输入（　　）。

A. @150＜45　　　　　B. 150＜45　　　　　　C. @150，45　　　　　D. 150，45

6）下面（　　）选项不是激活画点命令的。

A. 单击"绘图"→"点"　　　　　　　　　　　B. 单击"绘图"工具栏中的图标 ▣

C. 在命令行输入 POINT 命令　　　　　　　　D. 单击"格式"→"点样式"

7）要在已知直线上绘制 4 个等分点，在使用定数等分命令，绘制点时输入线段数目应是（　　）。

A. 5　　　　　　　　　B. 4　　　　　　　　　C. 3　　　　　　　　D. 6

8）在用"起点"、"端点"、"方向"命令绘制圆弧时，其中"方向"是指（　　）。

A. 起点的方向　　　　　B. 端点的方向　　　　　C. 圆心的方向　　　　　D. 起点的切向

9）如果要通过依次指定与圆相切的 3 个对象来绘制圆形，应选择"绘图"→"圆"菜单中的（　　）子命令。

A. 圆心，半径　　　　　　　　　　　　　　　B. 相切，相切，相切

C. 三点　　　　　　　　　　　　　　　　　　D. 相切，相切，半径

10）已知直线的起点为（2，2），要画到终点（4，2），在"to point:"的提示下，正确的输入是（　　）。

A. 2，0　　　　　　　　B. 4，2　　　　　　　　C. @2＜0　　　　　　　D. @4＜2

2-2　填空题

1）AutoCAD 中的坐标系分为＿＿＿＿＿＿和＿＿＿＿＿＿两种。

2）极坐标是基于＿＿＿＿＿＿＿＿＿＿的距离。

3）用户坐标系可以绕＿＿＿轴、＿＿＿轴、＿＿＿轴旋转。

4）单击＿＿＿坐标系命令按钮，即可以从任何状态下的坐标系恢复到系统的初始默认坐标系。

5）在 AutoCAD 2012 中，可以使用 3 种方法绘制二维平面图形，分别是：＿＿＿、＿＿＿和＿＿＿。

6）使用"圆环"命令，可以在指定位置以指定的内外径绘制＿＿＿＿或者＿＿＿＿。

7）创建构造线时，选择＿＿＿和＿＿＿选项，可以创建经过指定点（中点），并且平行于 X 轴或 Y 轴的构造线。

8）在机械制图中，常使用"绘图"→"圆弧"→"＿＿＿＿"命令绘制连接弧。

2-3　简答题

1）什么是世界坐标系？什么是用户坐标系？

2）什么是绝对坐标和相对坐标？它们有什么区别？

3）常用的基本图元命令有哪些？

4）绘图中多段线的含义是什么？在 PLINE 命令中键入什么参数，可使最后的多段线闭合。

上机实训题（2 小时）

1）使用画直线、画圆、填充命令，按照给定的尺寸绘制图 2-30（提示：可以作辅助图形）。

2）使用画直线、画圆的命令，按照给定的尺寸绘制图 2-31（提示：可以作辅助图形）。

3）使用画直线命令、画圆命令、填充命令按给定尺寸绘制图 2-32。

4）使用画多边形命令、直线命令绘制图 2-29，填充部分使用双色（红黄）渐变色，空白处不填充。

5）用作图法求解图 2-33 中小圆弧的半径（提示：三点画圆）。

6）用画线、画圆的方法绘制如图 2-34 所示的机件。

7）用画直线、画圆和正多边形的方法绘制图形，并创建面域、进行面域操作生成图 2-35 所示的双头扳手。

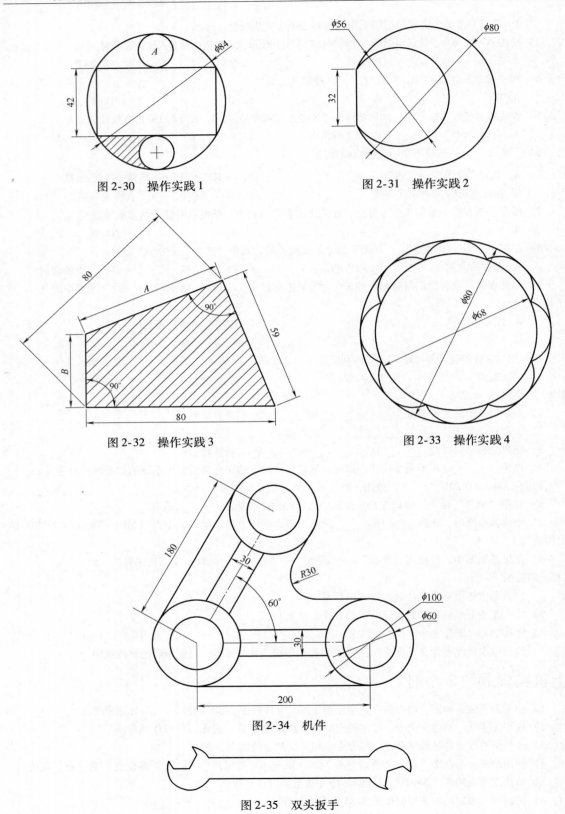

图 2-30　操作实践 1

图 2-31　操作实践 2

图 2-32　操作实践 3

图 2-33　操作实践 4

图 2-34　机件

图 2-35　双头扳手

第 3 章

::::::::: **图层与精确绘图** :::::::::

【学习要点】

1）设置图层。

2）使用图层。

3）各种精确绘图功能的设置。

4）使用辅助绘图功能。

5）动态输入功能。

　　利用图层的强大功能，可以方便地对图形进行统一管理。通过图层可以隐藏、冻结该图层上的所有图形对象。在绘图时，往往难以用鼠标在绘图区准确定位而绘制精确的图形，为此，AutoCAD 系统提供了各种捕捉及追踪等精确绘图的功能。

3.1　图层

3.1.1　图层的概述

1. 概述

　　图层是 AutoCAD 一个非常重要的概念，它是管理图形对象的工具。各个图层由名称、颜色、线型和线宽等要素构成。在绘图过程中，可随时打开/关闭、解冻/冻结、锁定/解锁图层。图层的应用非常广泛，例如：

　　1）一般绘制机械平面图时，有各种不同的线型，例如实线、虚线、点画线等，通过将各种线型绘的图元置于不同的图层，并设置不同的颜色、线宽，就能有效区分图形各个部分，从而绘制出准确、清晰有序的图形。

　　2）当绘制一个比较复杂的三维图形时，可以按一定的原则将整个图形分成几个部分，每个部分赋予一个图层，这样，在适当的时候打开/关闭某些图层，绘图过程中就不会受到其他部分的干扰，从而能更高效地绘制图形。

　　3）很多时候绘制图形都需要创建辅助线，通过建立一个辅助线图层，在不需要的时候，可以暂时关闭该图层，从而减少辅助线带来的视觉和捕捉点干扰。在需要辅助线的时候，打开该图层，以便和其他线生成交点、切点等有用的特征点。

2. 图层的特点

　　1）在一个图形文件中，用户可以建立任意数目的图层。各个图层上可以绘制任意数目的图形对象。

2）用户可以为各个图层上设置不同的颜色、线型、线宽；在某个图层上也可以为不同对象分别设置不同的颜色、线型、线宽；也可为每个对象的不同部分设置不同的颜色、线型和线宽。

3）一个图形文件中的各个图层都具有相同的坐标系、图形界限和显示时的缩放倍数。

4）对象可以从一个图层转换到另一个图层。

5）系统只能将一个图层设置为当前图层，用户的各种操作只能在当前图层上进行，不能同时对各个图层上的所有对象进行操作。

6）打开 AutoCAD 时，默认图层为 "0" 层，该图层名称不能被更改。

3.1.2　图层的设置

图层设置是指建立或删除图层，设置图层的名称、颜色、线型和线宽，其具体设置在 "图层特性管理器" 对话框中操作。打开 "图层特性管理器" 的方法如下：

1）在 "图层" 工具栏上单击 "图层" 按钮。

2）选择下拉菜单 "格式" → "图层"。

3）在命令行输入 LAYER 命令。

执行命令后，系统将弹出 "图层特性管理器" 对话框，如图 3-1 所示。

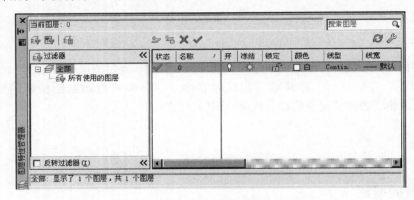

图 3-1　"图层特性管理器" 对话框

1. 建立图层

在 "图层特性管理器" 对话框中，默认有一个名称为 "0" 的图层，该图层不能删除，也不能重命名。在该对话框上方有 4 个按钮 。

单击 按钮，系统会新建立一个名为 "图层 1" 的图层，多次单击 按钮，可以创建多个图层，图层数目没有限制。用户可以根据实际需要更改图层名称，例如，绘制一般机械图的时候，可以设置名称为 "中心线" "实体线" "细线" "虚线" "标注" 等图层，分别用于绘制中心线、实体、虚线和尺寸与文本标注等，如图 3-2 所示。

单击 按钮，创建新图层，然后在所有现有布置视口将这些图层冻结，可在 "模型" 选项卡或 "布局" 选项

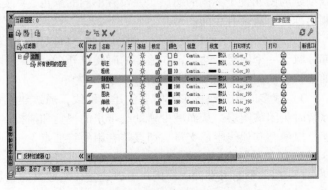

图 3-2　"图层特性管理器" 对话框

卡上访问此按钮。

　　单击 ✕ 按钮，将删除被选中的没有图形的图层。如果选中的图层上有图形将会出现图 3-3 所示的提示，图层将不会被删除。

　　单击 ✓ 按钮，将把选中的图层设置为当前层。设置为当前层后，用户所绘制的图形就保存在该图层。当某个图层为当前层时，图层名称前面状态显示为 ✓。设置某个图层为当前层也可以通过双击图层状态 ～～ 按钮来实现。

　　2. 设置图层

　　（1）设置图层颜色　图层颜色是指绘制在该图层上的所有对象的默认颜色，为了清晰区分不同图层上的图形对象，可以为各个图层设置不同的颜色。单击颜色图标 ■ 白，将弹出"选择颜色"对话框，如图 3-4 所示。也可以通过选择下拉菜单"格式"→"颜色"来打开此对话框。

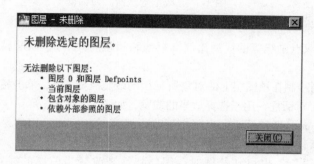

图 3-3　无法删除的图层

图 3-4　"选择颜色"对话框

　　该对话框有"索引颜色""真彩色""配色系统"3 个选项卡供用户选择。一般当图层不多时，选择索引颜色选项卡左下角的几个标准颜色和灰度颜色就可以满足需要了。用户也可根据自己的喜好进行选择。不同图层可以设置为同一种颜色或不同颜色。

　　（2）设置图层线型　图层的线型是指绘制在该图层上的所有对象所采用的默认线型。用户可以为各个图层设置不同的线型。如果用户没有指定线型，则系统默认该图层线型为"Continuous"，即实线。要设置其他线型，可以在"图层特性管理器"对话框中单击相应图层的线型图标"Contin"，打开"选择线型"对话框，如图 3-5 所示。

　　默认情况下，已经加载的线型只有 Continuous，单击"选择线型"对话框下边 加载(L)... 按钮，将弹出"加载或重载线型"对话框，用于加载需要的线型，如图 3-6 所示。

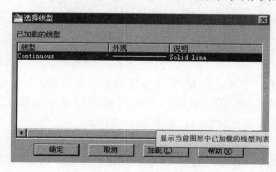

图 3-5　"选择线型"对话框

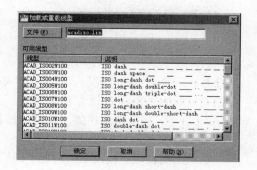

图 3-6　"加载或重载线型"对话框

　　系统默认打开"acadiso. lin"文件，里面有几十种线型，用户可从中选择所需要的线型，单击"确定"按钮后，回到"选择线型"对话框，这时该对话框就有所需线型可供选择了。

选择所需的线型，则使用该层绘制图形时，就以设置的线型表示对象。

当线型比较复杂时，可以通过选择下拉菜单"格式"→"线型"打开"线型管理器"对话框来管理线型，如图3-7所示。

通过该对话框的"全局比例因子"文本框，可改变某种线型相对其他线型的比例，从而当图形过大或过小时，也能清晰地表达出各种不同的线型。也可

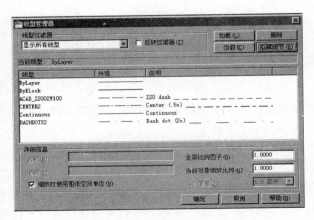

图3-7 "线型管理器"对话框

用 ITSCALE 命令来改变虚线、中心线、双点画线等的线型比例（短线和间距的大小），以期显示出满意的线型效果。

（3）设置图层线宽 图层的线宽是指绘制在该图层上的对象所采用的线宽（笔宽）。单击相应图层的线宽图标——默认，将打开"线宽"对话框，用于选择适当的线宽，如图3-8所示。

进入绘图模式后，默认线宽为 0.25mm，也就是说，当用户不改变线宽时，一律采用的是默认线宽 0.25mm 进行绘图。当需要调整默认值时，可通过选择下拉菜单"格式"→"线宽"，打开"线宽设置"对话框完成默认线宽的设定。也可在绘图时，用层特性来改变当前层的线宽，如图3-9所示。

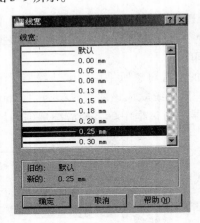

图3-8 "线宽"对话框

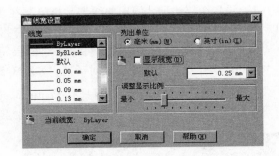

图3-9 "线宽设置"对话框

注意：选择适当的线宽后，在绘图时必须打开"状态栏"的 ➕ 按钮才能显示出线宽。

绘制线宽为 0.3mm 的法兰盘轮廓线，未按下状态栏的"线宽"按钮时矩形仍显示为细线，如图3-10所示；按下状态栏的"线宽"按钮时矩形显示为粗线，如图3-11所示。

3. 设置图层的对象特征

根据图层的特征，用户可以为各个图层分别设置不同的颜色、线型和线宽；在某一特定图层上也可为不同的图形对象分别设置不同的颜色、线型、线宽；为每个对象的不同部分也可设置不同的颜色、线型和线宽。

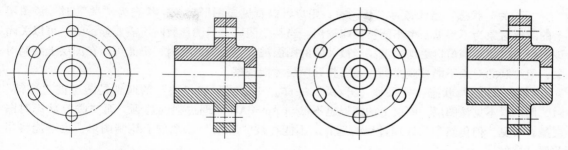

图 3-10　未使用线宽显示功能　　　　　图 3-11　使用线宽显示功能

设置好图层后，如果有需要，还可以在绘图过程中随时为不同对象设置不同的颜色、线型和线宽；也可以为一个对象的不同部分设置不同的颜色、线型和线宽。其具体设置方法是在"对象特征"工具栏进行的，如图 3-12 所示。

图 3-12　"对象特征"工具栏

选择某个或几个对象或某个对象的某个部分，然后单击"对象特征"工具栏的 3 个下拉列表框按钮，选择适当的颜色、线型和线宽，则被选中的对象就转换为所选的颜色、线型和线宽，执行该操作后，被选中的对象所在的图层不变，仍然在原来的图层中，而且图层本身的属性并未改变。

3.1.3　管理图层

1. 使用图层

在 AutoCAD 主界面中，单击界面左上角的"图层"工具栏的下拉列表框的 ✓ 按钮，将显示创建的所有图层，如图 3-13 所示。单击某一图层，将该图层设置为当前层，接下来绘制的图形对象就保存在该图层之中。

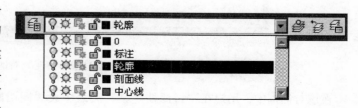

图 3-13　使用"图层"工具栏

把某个图层设置为当前层后，图层工具栏右边的"对象特征"工具栏将显示该层的颜色、线宽，如图 3-12 所示。其中 Bylayer（随层）的含义是当前要绘制图形的颜色、线型和线宽与该图层预置的颜色、线型和线宽一致。用户也可通过单击"对象特征"工具栏的各下拉列表框按钮来设置成另外的颜色、线型和线宽，但这样容易混淆各个图层对象。

在图 3-13 中，右边 按钮表示把选中对象所在的图层设置为当前层。 按钮表示把上一个当前层再次设置为当前层。 按钮表示图层状态管理器，显示图形中已保存的图层状态列表。可以创建、重命名、编辑和删除图层状态。

2. 图层特性管理

在图 3-13 中，图层名称左边的 、 和 图标，分别表示图层处于"打开"、"解冻"和"解锁"状态。当图标形状为 、 和 时，表示图层处于"关闭"、"冻结"、和"锁定"状态。单击图层名称左边的 、 、 等按钮将更改对应图层的状态。各个状态含义如下：

"开/关"状态：当状态为"开"时，用户可以看见该图形对象；状态为"关"时，该图层上的图形对象为不可见，也不能被打印输出。当某个图层上的图形暂时不需要显示时，可以关闭该图层，以使绘制窗口更加简洁。当被关闭的图层被设置为当前层时，仍然可以在图层上绘制对象，但绘制的对象不能被观察到，需要打开图层才能观察。

"解冻/冻结"状态：效果和"开/关"一样。"冻结"和"关"的区别是图层被"冻结"时，用户看不见该图层，图层上的图形也不参与 AutoCAD 处理过程的运算，而"关"状态时图层虽看不见，但仍然参与处理过程的运算。不能在被"冻结"的图层上绘制图形，也不能将当前层"冻结"。

"解锁/锁定"状态：当处于"锁定"状态时，图层上的图形对象仍然可见，但用户不能对其进行编辑。

3. 过滤图层

当绘制复杂图形，图层数目很多，难以管理的时候，可以通过单击"图层特性管理器"左上角的 按钮，打开"图层过滤特性"对话框来筛选所需的图层，如图 3-14 所示。

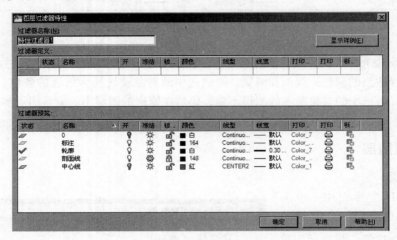

图 3-14 "图层过滤器特性"对话框

在该对话框中，用户在"过滤器定义"列表中设置图层的状态、名称、颜色、线型和线宽等过滤条件来选择图层，符合过滤条件的图层显示在下方的"过滤器预览"列表中。

注意：

1）在进行正式绘图时，建议不使用 0 层和 Defpoints 层，应自行建立和设置图层，将图形中的同类对象放在相应图层上，以便提高修改图样的效率。

2）制作块对象时应放在 0 层上进行。

3）Defpoints 层是 AutoCAD 系统自动产生的，它是一个非打印层，如果用户不经意使用了该层，则该层上的图形对象将不可打印，需要在"图层过滤特性"中更改层名，并将其打印特性改为可打印后方可打印。

4）各层线宽取值建议：很多工厂、研究所有自己的规定。

图纸外边框为细实线，笔宽可取默认值；图纸内边框为粗实线，根据打印图幅笔宽可取相应大小，如 A4 为 0.4，A3 为 0.5，A2～A0 可取 0.5～1.0；实体线，也就是图形本身的轮廓线，A2、A3、A4 可取 0.45/0.5，A1、A0 可取 0.5～0.7；而其他如中心线、剖面线、尺寸标注、细线，建议一律取默认线宽。当然，机打图纸笔宽并没有统一的规定，而喷墨绘图仪打印出来的笔宽也较激光机粗，一般应以图纸表达清晰为原则。

3.2　精确绘图

在 AutoCAD 界面下方状态栏中有 9 个
功能按钮，如图 3-15 所示。

状态栏上的内容，可在状态栏的"捕
捉"至"QP"之间任何位置单击鼠标右
键，如图 3-16 所示，可以选择"使用图
标"，状态栏显示为图标，也可选择"显示"，勾选相应的状态内容。汉化版可以使状态栏显示
为汉字标签。

图 3-15　状态栏上的功能按钮

单击图 3-15 中的按钮即可打开/关闭其功能，按钮按下去表示打开，按钮弹起来表示关闭。
正确设置这些功能按钮，并在恰当的时候打开/关闭其功能，是实现精确绘图的基础。

如果用户没有看到这些按钮，也可以通过单击状态栏最右边的下拉菜单按钮 ▼ 来选择需要
显示的功能按钮，如图 3-17 所示。

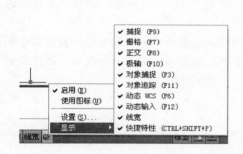

图 3-16　精确绘图工具栏显示控制

图 3-17　状态栏上的功能按钮的下拉菜单设置

下面介绍这些功能按钮的设置方法，所有精确绘
图功能的设置都可在"草图设置"对话框中进行，如
图 3-18 所示。打开"草图设置"对话框的方法是选择
下拉菜单"工具"→"草图设置"。

3.2.1　捕捉与栅格

按下状态栏上的"捕捉"按钮打开捕捉功能；按
下状态栏上的"栅格"按钮显示栅格。

"捕捉"用于将光标锁定在距离光标最近的捕捉点
上，此时只能绘制与捕捉间距大小成倍数的距离，用
于精确绘图。

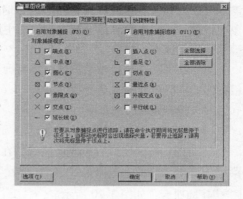

图 3-18　"草图设置"对话框

"栅格"是指在绘图窗口显示的布满图形界限的一
定间距的点，用于提供精确的距离和位置参照。

设置捕捉、栅格的各个参数：右键单击状态栏上的"捕捉"功能按钮，在弹出的菜单中选
择"设置"，将弹出"草图设置"对话框的"捕捉和栅格"选项卡，如图 3-19 所示。

该选项卡中各选项含义如下：

（1）"启用捕捉"选项区

"捕捉 X 轴间距"文本框：设置 X 轴方向的捕捉间距，单位为 mm。

"捕捉 Y 轴间距"文本框：设置 Y 轴方向的捕捉间距，单位为 mm。

（2）"启用栅格"选项区

"栅格 X 轴间距"文本框：设置栅格的 X 轴方向间距，单位为 mm。

"栅格 Y 轴间距"文本框：设置栅格的 Y 轴方向间距，单位为 mm。

（3）"PolarSnap"选项区

当启用"PolarSnap"模式时，通过"极轴距离"文本框指定捕捉的极轴间距。

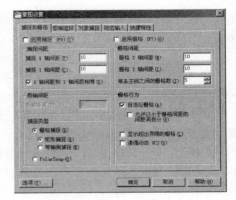

图 3-19　捕捉和栅格

（4）"捕捉类型"选项区

选中 单选按钮时为栅格捕捉，即捕捉选项区中设定在 X、Y 轴方向捕捉间距。其中的 ◯等轴测捕捉(M) 用于等轴测图模式。

选中 ◉极轴捕捉(O) 单选按钮，将打开极轴捕捉功能。此时，当打开极轴追踪功能，出现极轴追踪线的时候，光标只能捕捉极轴追踪线上一定间距的点。

注意：捕捉间距和栅格间距是两个不同的设置。捕捉间距是看不见的，是实际捕捉的最小间距；栅格是看得见的，仅仅作为位置和距离参照，两者是相互独立的。为了清晰起见，最好设置一样大小的捕捉间距和栅格间距。

3.2.2　对象捕捉

单击状态栏上的 对象捕捉 按钮打开对象捕捉功能。

对象捕捉是 AutoCAD 中极为重要的精确绘图工具，启用对象捕捉功能时，当光标停留在图形对象的几何特征点附近时，系统将根据对象捕捉模式设置，自动捕捉其几何特征点。例如，当需要绘制以某条直线的中点为圆心的圆时，并不需要知道直线的长度，只需要打开"中点"对象捕捉模式，则当将光标停放在直线的中点附近时，系统自动显示该中点位置，这时只要单击左键就捕捉了该点。

对象捕捉功能是提高绘图速度和准确度最有效的方法，在绘图过程中应该保持打开功能，并根据需要随时更改对象捕捉模式。

对象捕捉设置方法如下：

1）在命令行输入 OSNAP 命令。

2）右键单击状态栏 对象捕捉 按钮，在弹出的快捷菜单中选择 设置(S)...，弹出"草图设置"对话框的 对象捕捉 选项卡，如图 3-20 所示。

系统提供了端点、中心、圆心、节点等总共 13 种捕捉模式，选中相应的几何特征点复选框，就可以打开相应的对象捕捉模式。由于系统提供了各类对象的多个几何特征点供用户选择，为减少用户操作，可先单击选项卡右边的 全部选择 按钮或 全部清除 按钮，再去掉或增加所需的捕捉模式。

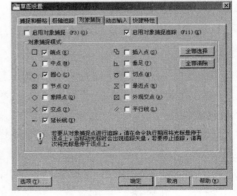

图 3-20　"草图设置"对话框的
"对象捕捉"选项卡

各捕捉模式功能说明如下：

☐ ☑端点(E) 用于捕捉线段或圆弧的端点。

△ ☑中点(M) 用于捕捉直线或圆弧的中点。

○ ☑圆心(C) 用于捕捉圆、圆弧和圆环的圆心。

⊠ ☐节点(D) 用捕捉图形上孤立的点。

◇ ☐象限点(Q) 用于捕捉圆周或圆弧上 0°、90°、180°、270°的点。

✕ ☑交点(I) 用于捕捉两个图形对象实际存在的交点。

⋯ ☑延长线(X) 用于捕捉对象延伸线上的点。

⅃ ☐插入点(S) 用于捕捉图块、文字等的插入点。

⌐ ☐垂足(P) 用于捕捉直线或圆弧中的一个点，使其与另一个点的连线垂直于该直线或圆弧。

○ ☐切点(N) 用于捕捉圆、圆弧上的一个点，使其与另一个点的连线与圆、圆弧相切。

⊠ ☐最近点(R) 用于捕捉到圆弧、圆、椭圆、椭圆弧、直线、多行、点、多段线、射线、样条曲线或参照线的最近点。

⊠ ☐外观交点(A) 用于捕捉两个没有相交的对象延长或投影后的交点。

∕ ☐平行线(L) 用于捕捉一点，使已知点与该点的连线与一条已知直线平行。

注意： 在适当时候打开合适的对象捕捉模式十分重要。如果打开所有的捕捉模式，当各个几何点距离过近时，很容易误选到不需要的几何点，所以最佳方法应该是根据绘图的需要打开不同的捕捉模式。

3.2.3　正交

按下状态栏上的"正交"按钮，将启用正交功能。

当启用正交功能时，用户只能绘制沿捕捉和栅格的 X、Y 轴方向的相互垂直的直线。例如，当设置捕捉角度为 0°时，只能绘制水平线或垂直线，所以，通常在绘制水平线或垂直线时，都打开正交开关，非常方便；当设置捕捉角度为 45°的时候，则只能绘制 45°方向和 135°方向的直线。

3.2.4　极轴追踪与对象追踪

按下状态栏上的"极轴"按钮，将启用极轴追踪功能；按下状态栏上的"对象追踪"按钮，将启用对象追踪功能。

1. 极轴追踪

当绘制图形时，系统将根据极轴角设置，在适当角度显示一条追踪线，并显示光标所在位置相对上一点的距离和角度，如图 3-21 所示。此时，用户根据追踪线就能绘制精确角度和距离的对象。在适当的时候设置合适的极轴角，是提高绘图准确度的一个重要方法。例如，当需要绘制一条和 X 轴正方向成 −45°、

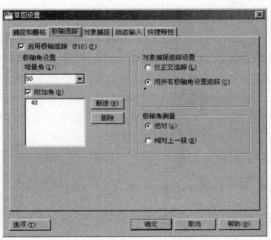

图 3-21　"极轴追踪"选项卡

48°夹角的直线时，利用目测绘制显然是不可靠的，只需要将增量角设为45°，并新建一附加角为48°，选择起点后，只要把光标停留在大约48°附近，系统就显示48°方向的追踪虚线，用户在此方向上确定另一点即可，效果如图3-22所示。–45°线即为315°，增量角可在倍数位置出现追踪线，而附加角只用本身。

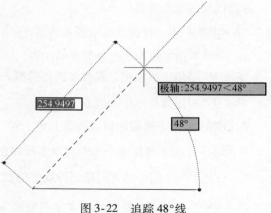

图3-22　追踪48°线

2. 对象追踪

启用对象追踪功能，当把光标短暂停放在几何特征点上时，沿着正方向或者极轴方向拖动光标，将显示一条对象追踪线，并显示光标位置与几何点的相对关系。当把光标停放在多个几何特征点上时，将显示多条对象追踪线，图3-23所示为过直线a的端点直线b的平行线。

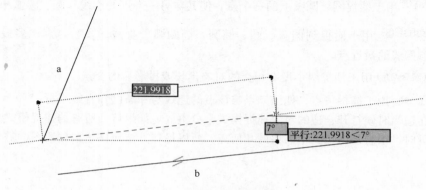

图3-23　对象追踪线

注意：极轴追踪和对象追踪的差别是：启用极轴追踪功能时，需要先指定一个点，然后系统根据指定的点和极轴角设置，显示光标所在位置和指定点的极轴关系；而启用对象追踪时，不需要先指定一个点，但只有把光标停放在图形对象的几何特征点上才会显示追踪线，可以显示多条对象追踪线。

3. 对象捕捉追踪设置

"对象捕捉追踪设置"用于选择对象追踪的追踪模式。选中"仅正交追踪"单选按钮时，仅追踪沿栅格的X、Y轴方向的相互垂直的直线。选中"用所有极轴角设置追踪"时，将根据极轴角设置进行追踪。

4. 极轴角测量

"绝对"单选按钮：以当前坐标系为基准计算极轴角。

"相对上一段"单选按钮：以最后创建的两个点所形成的线段为基准计算极轴角。如果一条线段以其他线段的几何特征点为起点，则以该"其他线段"为基准计算极轴角。

3.2.5　DYN（动态输入）

按下状态栏上的DYN按钮，将启用DYN（动态输入）功能。

DYN（动态输入）功能是AutoCAD 2006以后版本的新增功能。动态输入功能可以在光标旁边的工具栏提示中输入坐标值和数据，而不必在命令行进行输入。光标旁边显示的工具栏提示信息将随着光标的移动和命令的不同执行阶段而动态更新。当某个命令处于活动状态时，可以在工具栏提示中输入值。有两种动态输入形式：

1）指针输入：用于输入坐标值。

2）标注输入：用于输入距离和角度。

动态输入功能主要是让用户能更集中精神专注于设计。因为启用 DYN 模式的时候，光标附近会提示命令的下一步操作和当前光标位置相对坐标系或与上一点的关系。这样，用户眼睛无需在命令行和光标之间来回扫描，减少走神的几率。图 3-24 所示显示启用 DYN 前后对比。

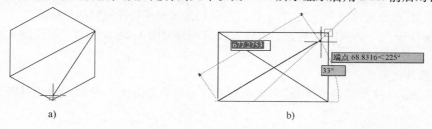

图 3-24　启用 DYN 模式前后对比
a）未启用 DYN 模式　b）启用 DYN 模式

观察图 3-24 所示的两个图形，可以看出，启用 DYN 模式时，光标附近显示了本来只在命令行出现的提示信息，还显示了将要绘制直线的标注信息和其绝对坐标系的角度。

根据 DYN（动态输入）模式设置的不同，将在光标旁边工具栏显示不同的提示信息。设置 DYN 模式的方法如下：

用鼠标右键单击"DYN"按钮，在弹出的快捷菜单中选择"设置"，弹出"草图设置"对话框的"动态输入"选项卡，如图 3-25 所示。

该选项卡中各选项的含义如下：

（1）"启用指针输入"选项区　单击"设置"按钮，将弹出图 3-26 所示的"指针输入设置"对话框。

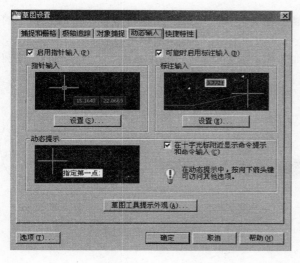

图 3-25　"草图设置"对话框的"动态输入"选项卡

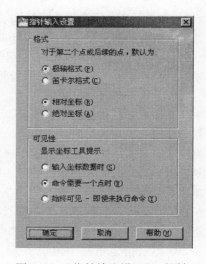

图 3-26　"指针输入设置"对话框

在该对话框中，各选项含义如下：

1）"格式"选项区：用于设置光标所在位置坐标的表达形式。

"极轴格式"：光标所在点的坐标以极坐标的形式表示。

"笛卡尔格式"：光标所在点的坐标以直角坐标的形式表示。

"相对坐标"：光标所在点的坐标显示值以上一点的坐标为基准。

"绝对坐标"：光标所在点坐标值的显示以当前坐标系为基准。

2）"可见性"选项区：用于控制光标所在位置坐标的可见性。

"输入坐标数据时"：需要输入坐标数据时，光标附近才显示光标所在位置的坐标信息。

"命令需要一个点时"：需要输入坐标值时，光标附近就会显示光标所在位置的坐标信息。

"始终可见-即使未执行命令"：表示任何时候均显示光标所在位置的坐标值。

（2）"标注输入"选项区　单击"设置"按钮则弹出图 3-27 所示的"标注输入的设置"对话框。

该对话框各选项含义如下：

"每次仅显示 1 个标注输入字段"：光标附近仅显示光标与上一拾取点的相对距离关系，如图 3-28a 所示。

图 3-27　"标注输入的设置"对话框

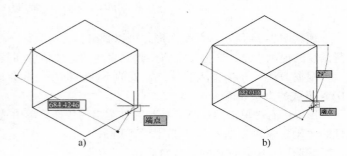

图 3-28　标注字段的显示
a）仅显示标注字段　b）显示角度标注字段

"每次显示 2 个标注输入字段"：不仅显示长度关系，还显示光标与上一个拾取点确定的直线与坐标系所成的角度，如图 3-28b 所示。

"同时显示以下这些标注输入字段"：将激活"结果尺寸""角度修改""长度修改""圆弧半径""绝对角度"等复选框，系统根据选择显示相应的数值。

（3）"动态提示"选项区　当选中"在十字光标附近显示命令提示和命令输入"复选框时，光标附近将提示命令的下一步操作。选中该复选框，则动态输入功能已经基本能代替命令行的提示功能了。

执行"circle"命令时，光标附近工具栏提示如图 3-29 所示，图 3-29a 提示指定第一个点位置，指定第一个角点位置后，工具栏继续提示指定圆的半径。

图 3-29　DYN 的命令动态提示

（4）"草图工具提示外观"按钮　用于更改 DYN 工具栏的显示外观。单击该按钮后，弹出"工具提示外观"对话框，如图 3-30 所示，各项含义和具体更改方法比较容易，这里不再介绍。

3.2.6 精确绘图功能显示设置和快捷键

1. 显示设置

选择下拉菜单"工具"→"选项",在弹出的对话框中选择"绘图"选项卡,如图3-31所示。在该选项卡中,有详细的捕捉设置,用户可根据需要设置捕捉样式。

图3-30 "工具提示外观"对话框

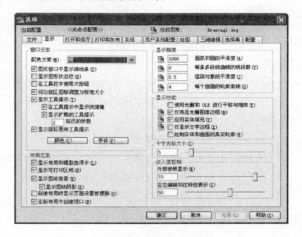

图3-31 精确绘图功能显示设置

2. 快捷键

精确绘图功能按钮使用频繁,故 AutoCAD 使用快捷键来快速打开/关闭这些功能,使绘图效率更高。其对应快捷键如下:

捕捉:【F9】键;栅格:【F7】键;正交:【F8】键;极轴追踪:【F10】键;对象捕捉:【F3】键;对象追踪:【F11】键。

小结

本章主要介绍创建图层、设置图层颜色和图层线型、切换可见图层、设置图层特性、设置图层特性管理器和保存图层状态等操作。灵活地使用图层可以大大地节省绘图时间,从而提高设置和绘图工作的效率。

捕捉、栅格、正交、极轴、对象捕捉、对象追踪以及动态坐标都是提高绘图效率的功能,熟练地掌握这些功能,可以使绘图工作非常方便,达到事半功倍的效果。

习题

3-1 选择题

1)已知直线的起点为(2,2),要画到终点(4,2),在"to point:"的提示下,正确的输入是(   )。

    A. 2,0   B. 4,2   C. @2<0   D. @4<2

2)AutoCAD 设置栅格的命令为 GRID,其快捷键为(   )。

    A.【F7】   B.【F9】   C.【Ctrl + G】   D.【Ctrl + B】

3)在 AutoCAD 2012 中,要设置线型,可选择(   )命令。

    A. "格式"→"图层"   B. "格式"→"颜色"

    C. "格式"→"线型"   D. "格式"→"线宽"

4）在设置过滤条件时，可以使用通配符指定图层名称、颜色、线宽、线型以及打印样式。其中，用来代替任意一个字符的通配符是（　　）。

    A. *　　　　　　　　　　B. /　　　　　　　　　　C. ?　　　　　　　　　　D. \

5）下列选项中，不属于图层特性的是（　　）。

    A. 颜色　　　　　　　　　B. 线宽　　　　　　　　　C. 打印样式　　　　　　　D. 显示

3-2　填空题

1）在 AutoCAD 2012 中，使用＿＿＿＿＿＿选项板，可以创建和管理图层。

2）AutoCAD 的线型包含在两线型库文件中，其中，在英制测量系统下，使用＿＿＿＿＿文件；在公制测量系统下，使用＿＿＿＿＿文件。

3）在使用图层绘制图形时，新对象的各种特性将默认为＿＿＿＿＿，即由当前图层的默认设置决定。

4）使用＿＿＿＿＿＿捕捉类型可以捕捉到圆、圆弧、椭圆的圆心位置。

3-3　简答题

1）图层的特性主要包括哪些？

2）在绘制图形时，如果发现某一图形没有绘制在预先设置的图层上，应如何纠正？

3）栅格的作用是什么？怎样设置栅格？

4）如何设置和取消自动捕捉的吸磁性？

上机实训题

1）按表 3-1 的设置要求完成常用机械图形的图层设置。

表 3-1　机械图形的图层设置要求

图　名	颜　色	线　型	线宽/mm	开　关	冻　结	锁　定	新视口冻结
中心线	红	center	默认	是	解冻	解锁	解冻
粗实线	白	continuous	0.5	是	解冻	解锁	解冻
细实线	蓝	continuous	默认	是	解冻	解锁	解冻
剖面线	白	continuous	默认	是	解冻	解锁	解冻
标注	洋红	continuous	默认	是	解冻	解锁	解冻
图框	白	continuous	默认	是	解冻	解锁	解冻
视口	绿	continuous	默认	是	解冻	解锁	解冻

2）启用捕捉等辅助绘图功能，采用画直线、画圆、画正多边形命令画出 3-32 所示的套筒。

3）配以正交、极轴捕捉、动态坐标辅助绘图功能，采用绘直线命令以图示尺寸画出图 3-33 所示图形。

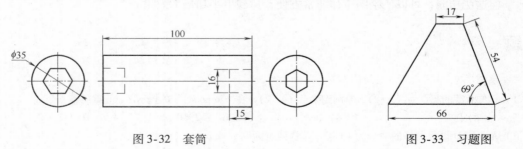

图 3-32　套筒　　　　　　　　　　　　　　　　图 3-33　习题图

4）配以动态坐标、正交、捕捉功能，采用绘制圆的命令按图示给定尺寸绘图 3-34。

5）以给定尺寸，按分图层绘制图 3-35 所示的图形，建立中心线层、实体层、标注层、剖面线层，各层取不同的颜色、线型、线宽。绘图时，建议使用正交、捕捉、追踪、动态坐标等辅助功能。

6）绘制图 3-36 所示的挂轮架。

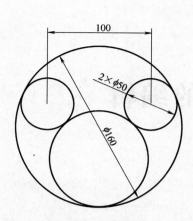

图 3-34　习题图

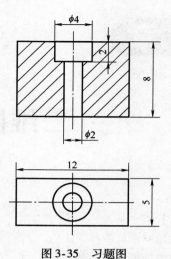

图 3-35　习题图

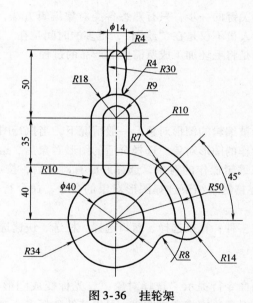

图 3-36　挂轮架

第4章

二维图形的编辑

【学习要点】
   1）选择对象的各种方法。
   2）图形编辑各类命令。

编辑图形是绘图过程中关键的一步，只有熟悉各类对象编辑方法，才能绘制出复杂的图形。实际上，绘图过程中，设计人员不仅是在"绘图"，更多的时间是在"编辑或修改"图形，绘图是生产毛坯的过程，而编辑是将毛坯加工成所需要的产品的过程。

4.1 对象选择

要编辑图形，先要选择被编辑的图形对象。一般情况下，当执行图形编辑命令时，命令行会提示用户选择要进行编辑操作的图形对象。选择合适的图形对象后，会继续提示"选择对象："，用户可继续选择需要执行该编辑操作的对象，选择好所有对象后，按【Enter】键或空格键，也就是说，用【Enter】键或空格键来结束选择图形对象的命令，命令行将继续提示如何完成图形编辑工作。

选择图形对象的方法有多种：直接选择、窗口选择、栏选、快速选择、编组选择等。

4.1.1 直接选择

直接选择也称点选，当命令行提示"选择对象："，光标变成□形状时，直接在绘图窗口选择要编辑的对象，被选中的对象轮廓将变成虚线，可以连续选择多个对象。直接选择是最常用的选择对象的方法。

4.1.2 窗口选择方式

1. 规则窗口选择

当命令行提示"选择对象："后，在绘图窗口的空白处单击鼠标左键选择一个拾取点，然后移动光标，在其他空白处单击鼠标左键选择另一个拾取点，以这两个拾取点为对角点将确定一个矩形。如果是从左上向右下选择两个拾取点，那么，完全包含于矩形内的图形对象将被选中，这种选择方式称为窗口选择；如果是从右下向左上选择两个拾取点，那么，包含于矩形内的对象和与矩形相交的对象都将被选中，这种选择方式称为窗交选择。这两种选择方法和点选法是常用的图形对象选择方法。

在默认情况下，使用窗口选择方式时，所形成的矩形窗口显示为紫色，轮廓线为实线；使用窗交选择方式，窗口显示为绿色，轮廓线为虚线。

2. 不规则窗口选择

当命令行提示"选择对象:"后，在命令行执行 WP 命令，就可以在绘图窗口构造一个任意形状的多边形区域，多边形区域内的对象都将被选中，这种方式称为圈围选择。

当提示"选择对象:"后，在命令行执行 CP 命令，同样可以在绘图窗口构造一个任意形状的多边形区域，多边形内的图形对象和多边形相交的图形对象都将被选中，这种方式称为圈交选择。

这两种选择方法和窗口选择类似。

4.1.3 栏选

当提示"选择对象:"后，在命令行输入"F"后回车，就可以在绘图窗口构造一条任意形状的多线段，凡是和该多线段相交的图形对象都将被选中，这种选择对象方式称为栏选。

4.1.4 其他对象选择方法

前面介绍的是较为常用的几种选择对象方式。如果读者不熟悉各种选择对象方式，当提示"选择对象:"后，在命令行输入"?"并按【Enter】键，命令行将会提示各种选择对象的方法：

选择对象:?

需要点或窗口（W）/上一个（L）/窗交（C）/框（BOX）/全部（ALL）/栏选（F）/圈围（WP）/圈交（CP）/编组（G）/添加（A）/删除（R）/多个（M）/前一个（P）/放弃（U）/自动（AU）/单个（SI）

选择对象或＜全部选择＞选择：（直接按下【Enter】键将选择所有对象）

其中窗口、窗交、全部、栏选、圈围、圈交前面已经介绍，其他各选项含义如下：

上一个（L）：选择这个选项，系统会先取最后绘制的一个对象。

框（BOX）：相当于窗口或窗交。

编组（G）：用于选择预先定义好的对象组作为选择集。必须预先定义好对象组并定义组名，才能使用编组选择功能。

添加（A）：继续添加选择对象。例如，当用户用窗交选择多个对象后，还有一个窗口外的对象没有选中时，就可以选 A，继续选择未选对象。

删除（R）：和添加（A）选项相反，从已经选中的多个对象中删除多余的对象。

多个（M）：和直接选取对象一样，不同的是，没有结束选择前，被选中的对象并不变成虚线显示。

前一个（P）：选择前一次选择的对象集。用于对同一组对象进行多次编辑。

放弃（U）：取消加入到选择集的对象。

自动（AU）：选择任意一种对象选择方法。

单个（SI）：选择一个对象后就退出选择状态。

4.1.5 快速选择

快速选择用于选择具有共同属性的对象集合（批量选择）。例如选择图形上所有线型为点画线的对象，选择图形上所有的圆等。如果这些具有共同属性的对象数量很多且彼此分布在复杂图形的不同区域，此时使用前面介绍的选择方式来选择，比较费时费力，而使用快速选择就能有效解决这个问题。

启动快速选择命令方法如下：

1）选择下拉菜单"工具"→"快速选择"。

2）在命令行输入 QSELECT 命令。

执行命令后，系统弹出"快速选择"对话框，如图 4-1 所示。

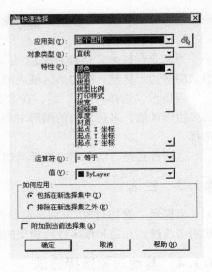

该对话框各选项含义如下：

"应用到"下拉列表框指定进行快速选择的对象。单击右边的 按钮选择要进行对象选择的对象集合，默认选择所有图元。

"对象类型"下拉列表框指定需要选取的对象类型，例如圆、直线、多线段等。

"特性"文本框用于过滤对象特性。此文本框列出了当前选定的对象的所有特性。选择需要进行特性过滤的特性，在下面的"运算符"和"值"中进行筛选。

图 4-1 "快速选择"对话框

"如何应用"选项区用于指定选择符合过滤条件的对象或选择不符合过滤条件的对象。选中"包括在新选择集中"单选按钮，则符合筛选条件的对象组成一个新的选择集被选中；选中"排除在新选择集之外"单选按钮，则不符合筛选条件的对象组成一个新的选择集被选中。

"附加到当前选择集"复选框：选中该复选框，保存当前的选择设置。

4.1.6 编组选择

编组是保存的对象集，可以根据需要同时选择和编辑这些对象，也可以分别进行。编组提供了以组为单位操作图形元素的简单方法。

启动编组选择的方法如下：

在命令行输入 GROUP 命令。

执行命令后，系统弹出"对象编组"对话框，如图 4-2 所示。

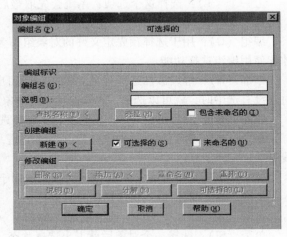

在该对话框中，在"编组标识"选项区的"编组名"文本框中输入编组名称后，单击"创建编组"选项区的 新建(N)< 按钮，切换到绘图窗口中选择要编组的对象，选择完毕后按【Enter】键返回对话框中，"编组名"列表框中就显示了新建的编组名称。

创建编组后，被编组的对象将暂时被当做一个对象来选择，选中编组内任何对象，整个编组就被选中。当需要撤消编组时，可以在"对象编组"对话框的"修改编组"选项区编辑编组。

图 4-2 "对象编组"对话框

4.1.7 选择模式设置

调整对象选择拾取框的大小。选择模式可执行："工具"→"选项"命令，在弹出的"选项"对话框的"选择集"选项卡中设定，如图 4-3 所示。

1）当选择"先选择后执行"复选框时，允许先选择对象再执行编辑命令。

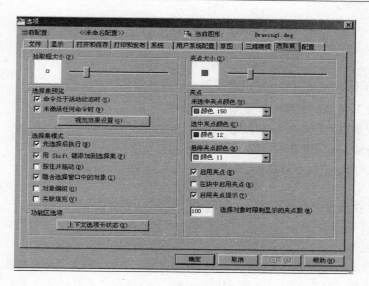

图 4-3   选择模式设置

执行编辑命令时，可以先启动命令，再选择对象，也可以先选择对象，再启动编辑命令，如果是先启动命令，再选择对象，那么选择对象完毕后，必须按【Enter】键确认对象选择完毕，再继续执行命令。

2）当选中"按住并拖动"复选框后，利用窗口方式选择对象时，在拖动光标的过程中必须按住鼠标左键。

4.2   复制对象类命令

各种编辑图形的命令都在"修改"工具栏和"修改"菜单中，如图 4-4 所示。

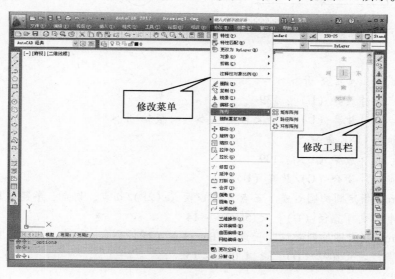

图 4-4   "修改"菜单和"修改"工具栏

复制类命令包括复制、镜像、偏移和阵列。这些命令在原有的图形对象基础上产生新的图形对象。

4.2.1 复制

复制命令用于创建和原图形一样的新图形。启动复制命令方法如下：

1）在"修改"工具栏上单击"复制" 按钮。

2）选择下拉菜单"修改"→"复制"。

3）在命令行输入 COPY 命令。

执行命令后，命令行提示信息如下：

命令：COPY

选择对象：（选择要复制的对象，选择完毕按【Enter】键继续执行命令）

指定基点或［位移（D）］＜位移＞：（指定一个点作为基点，输入字母 D 为指定复制图形相对于原图形的位移）

指定第二个点或＜使用第一个点作为位移＞：（指定一个点，被复制对象的基点与该点重合）

指定第二个点或［退出＜E＞/放弃（U）］＜退出＞：（指定新的"第二个点"继续复制对象）

例4-1 绘制图 4-5 所示的图形，图 4-6 所示的是基本图形。

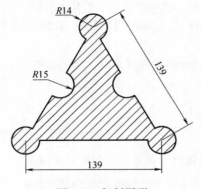

图 4-5 复制图形

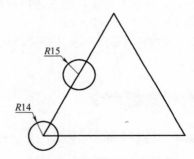

图 4-6 基本图形

命令：line

指定第一点：　＜正交 开＞

指定下一点或［放弃（U）］：139

指定下一点或［放弃（U）］：　＜正交关＞　＜极轴 开＞

正在恢复执行 LINE 命令。

指定下一点或［放弃（U）］：139

指定下一点或［闭合（C）/放弃（U）］：

命令：_circle 指定圆的圆心或［三点（3P）/两点（2P）/切点、切点、半径（T）］：

指定圆的半径或［直径（D）］＜15.00＞：14

命令：_circle 指定圆的圆心或［三点（3P）/两点（2P）/切点、切点、半径（T）］：

指定圆的半径或［直径（D）］＜14.00＞：15

命令：COPY

选择对象：（选择顶点上的圆）

选择对象：（回车）

当前设置：　复制模式 = 多个

指定基点或［位移（D）/模式（O）］＜位移＞：（捕捉小圆圆心为基点）

指定第二个点或［退出（E）/放弃（U）］＜退出＞：（捕捉另外一个顶点为目标点）

指定第二个点或［退出（E）/放弃（U）］＜退出＞：（捕捉另外一个顶点为目标点）

指定第二个点或［退出（E）/放弃（U）］＜退出＞：（回车结束）

其他步骤从略。

4.2.2　镜像

镜像命令按指定的对称轴复制轴对称对象。启动镜像命令方法如下：

1）在"修改"工具栏上单击"镜像" ⚠ 按钮。

2）选择下拉菜单"修改"→"镜像"。

3）在命令行输 MIRROR 命令。

执行命令后，命令行提示信息如下：

命令：MIRROR

选择对象：（选择要镜像的对象）

指定镜像线的第一点：（指定镜像线的第一点）

指定镜像线的第二点：（指定镜像线的第二点）

要删除源对象吗？［是（Y）/否（N）］＜N＞：（选择 Y，原对象被删除：选择 N，保留原对象）

文字的镜像处理：

当文字为镜像对象时，有两种镜像处理方式：一种为文字完全镜像；另一种是文字可读镜像。这两种镜像状态由系统变量 MIRRTEXT 控制。系统变量 MIRRTEXT 的值为 1 时，文字作完全镜像；为 0 时，文字按可读方式镜像。图 4-7 显示了 MIRRTEXT 不同时的文字镜像效果。

提示：镜像线不必是实际存在的直线，用户通过输入两个点来指定一条假想线作为对称轴。

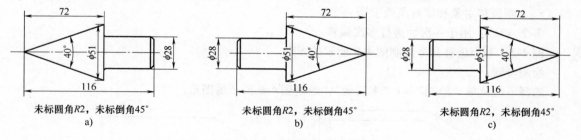

未标圆角R2，未标倒角45°　　　　未标圆角R2，未标倒角45°　　　　未标圆角R2，未标倒角45°
　　　　　　a)　　　　　　　　　　　　　　b)　　　　　　　　　　　　　　c)

图 4-7　针阀镜像效果图

a）原图　b）MIRRTEXT = 0 时镜像效果　c）MIRRTEXT = 1 时镜像效果

例 4-2　绘制图 4-7 所示的图形。

解题步骤如下：

命令：MIRROR

选择对象：（选择整个图形）

选择对象：（回车）

指定镜像线的第一点：（选择对称轴的第一点）

指定镜像线的第二点：（选择对称轴的另一点）

要删除源对象吗？［是（Y）/否（N）］＜N＞：N 回车　　　（不删除源对象）

4.2.3　偏移

偏移命令用于平行复制图形，对于圆、圆弧、椭圆将进行放大或缩小的同心图形复制，对直线则复制为平行线。

启动偏移命令方法如下：

1）在"修改"工具栏上单击"偏移"　按钮。

2）选择下拉菜单"修改"→"偏移"。

3）在命令行输入 OFFSET 命令。

执行命令后，命令行提示信息如下：

命令：OFFSET

当前设置：删除源＝否　图层＝源　OFFSETGAPTYPE＝0

指定偏移距离或［通过（T）/删除（E）/图层（L）］＜通过＞：（指定新对象偏移原对象的距离）

选择要偏移的对象，或［退出（E）/放弃（U）］＜退出＞：（选择要偏移的对象）

指定要偏移的那一侧上的点，或［退出（E）/多个（M）/放弃（U）］＜退出＞：（选择原对象的某一侧，偏移对象在该侧创建）

选择要偏移的对象，或［退出（E）/放弃（U）］＜退出＞：（继续选择对象进行偏移，按【Enter】键结束偏移命令）

选项含义如下：

通过（T）：指定新对象通过的点，这种方式下，偏移的距离由点的位置和原对象的距离确定。

删除（E）：选择是否删除原对象。

图层（L）：选择当前（C），则不论该对象在哪个图层，偏移的对象都位于当前图层；选择源（S），则偏移对象和原对象处于同一图层。

多个（M）：用于一次性进行多次偏移。

例4-3　利用偏移命令绘制图4-8所示的图形。

绘制步骤：

选择下拉菜单"绘图"→"多段线"，绘制图4-9所示的图形。

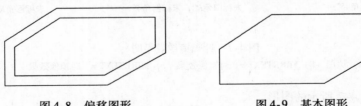

图4-8　偏移图形　　　　　　　图4-9　基本图形

执行"偏移"命令，偏移图形，具体操作如下：

命令：OFFSET

当前设置：删除源＝否　图层＝源　OFFSETGAPTYPE＝0

指定偏移距离或［通过（T）/删除（E）/图层（L）］＜0.0000＞：10

选择要偏移的对象，或［退出（E）/放弃（U）］＜退出＞：（选择图4-8所示的图形）

指定要偏移的那一侧上的点，或［退出（E）/多个（M）放弃（U）］＜退出＞：（选定对象的内侧）

选择要偏移的对象，或［退出（E)/放弃（U)］<退出>：

4.2.4　阵列

阵列指将选中的对象按矩形或环形方式进行多重复制。复制一次操作只能产生一个新对象，阵列可以一次性产生多个新对象。

阵列调用方法如下：

1) 在"修改"工具栏上单击"阵列" 🔠 按钮。

2) 选择下拉菜单"修改"→"阵列"。

3) 在命令行输入 ARRAY 命令。

执行命令后，弹出"阵列"对话框，如图 4-10所示。

"阵列"对话框各选项含义如下：

1. 矩形阵列

（1）"行数"文本框　指定矩形阵列的行数。

（2）"列数"文本框　指定矩形阵列的列数。

（3）"偏移距离和方向"选项区

"行偏移"文本框：指定矩形阵列的行间距。

"列偏移"文本框：指定阵列的列间距。

"阵列角度"文本框：指定阵列的旋转角度。

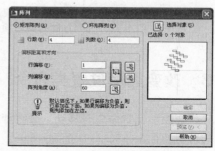

图 4-10　"阵列"对话框的
"矩形阵列"选项

单击各文本框右边相应的 🖻 按扭，将切换到绘图窗口指定间距和角度。如果"行偏移"为正值，阵列后的行添加在原对象的上方，"行偏移"为负值时则添加在下方。如果"列偏移"为正值，阵列后的列添加在原对象的右边，反之则在左边。

（4）"预览"按钮　设置好矩形阵列后，用户可以通过单击"预览"按钮来预览阵列效果。

2. 环形阵列

单击"环形阵列"单选按钮，"阵列"对话框切换到环形阵列设置模式，如图 4-11 所示。

各选项含义如下：

1) "中心点"文本框：确定环形阵列的圆心点。用户可直接在文本框中输入坐标值，也可通过单击 🖻 按钮拾取阵列圆心点。

2) "方法和值"选项区：设置阵列的方法。单击"方法"下拉列表框选择"项目总数和填充角度"、"项目总数和项目间的角度"、"填充角度和项目间的角度"三种阵列模式之一。"项目总数"要求输入复制品的对象的个数，"填充角度"要求输入生成复制品分布占圆周的度数，"项目角度"要求输入复制品相互之间的相对角度。

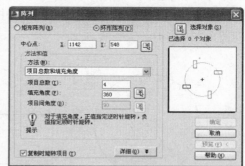

图 4-11　"阵列"对话框的"环形阵列"选项

3) "复制时旋转项目"复选框：选中该复选框，则阵列对象以中心为对称点旋转，如图 4-12所示；否则对象不旋转，如图 4-13 所示。

4) 单击伸缩按钮"详细"将弹出"对象基点"选项区，该选项区用于选择阵列对象旋转的基点。

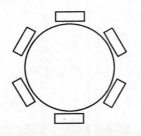 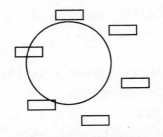

图 4-12　阵列复制时旋转项目　　　　　图 4-13　阵列复制时不旋转项目

4.3　改变图形位置类命令

改变图形位置命令有移动、旋转和缩放。这些命令仅仅改变图形的位置或大小，并不改变图形的形状特征。

4.3.1　移动

"移动"命令和"复制"命令的使用方法相同，但移动对象后原对象则被删除。

启动"移动"命令方法如下：

1）在"修改"工具栏上单击"移动" ✥ 按钮。

2）选择下拉菜单"修改"→"移动"。

3）在命令行输入 MOVE 命令。

执行命令后，命令行提示信息如下：

命令：MOVE。

选择对象：（选择对象，选择完毕按【Enter】键结束选择）

指定基点或［位移（D）］<位移>：（指定一个点作为基点，输入 D 则直接指定移动距离和方向）

指定第二个点或<使用第一个点作为位移>：（指定一个点，原对象基点移动到指定点）

例 4-4　移动图 4-14b 所示的矩形，以中心点为基点移动到图 4-14a 所示图形的圆心上，结果如图 4-14c 所示。

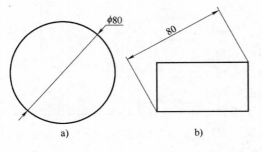

图 4-14　移动图形

4.3.2　旋转

"旋转"命令用于按指定基点旋转图形对象。

启动"旋转"命令方法如下：

1）在"修改"工具栏上单击"旋转" ↻ 按钮。

2）选择下拉菜单"修改"→"旋转"。

3）在命令行输入 ROTATE 命令。

执行命令后，命令行提示信息如下：

命令：ROTATE

UCS 当前的正角方向：ANGDIR = 逆时针 ANGBASE = 0

选择对象：（选择对象，选择完毕按【Enter】键结束选择）

指定基点：（指定旋转的基点，将以该点为基点旋转对象）

指定旋转角度，或［复制（C）/参照（R）］＜330＞：（输入旋转的角度）

选项含义如下：

复制（C）：保留旋转前的原对象。

参照（R）：设定一个角度为参照角，对象旋转角度 = 输入角度 – 参照角。

例4-5　利用旋转命令绘制图4-15所示的图形。

原图形　　　　　旋转90°　　　　旋转–90°　　　　旋转180°

图 4-15　旋转图形

4.3.3　缩放

"缩放"命令用于将图形对象本身按统一比例放大或缩小，改变实体的大小。

启动"缩放"命令方法如下：

1）在"修改"工具栏上单击"缩放" ▦ 按钮。

2）选择下拉菜单"修改"→"缩放"。

3）在命令行输入 SCALE 命令。

执行命令后，命令行提示信息如下：

命令：SCALE

选择对象：（选择对象，选择完毕按【Enter】键结束命令）

指定基点：（指定缩放的基点，对象根据比例因子改变相对于基点的距离）

指定比例因子数［复制（C）/参照（R）］＜4.0000＞：（输入比例因子数值）

选项含义如下：

复制（C）：保留缩放前的对象。

参照（R）：指定一个参照长度，系统根据参照长度确定比例因子，即比例因子 = 参照长度/实体长度。

例4-6　将图4-16a所示的小矩形缩放以后，再移动，使其为圆的内接正四边形，结果如图4-16b所示。

注意：SCALE 命令和 ZOOM 命令是两个不同的命令，ZOOM 命令是改变图形显示的大小，SCALE 命令是改变图形对象本身的大小。

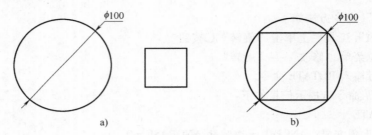

图 4-16　缩放图形对象本身的大小

4.4　改变图形特征类命令

4.4.1　删除

"删除"命令用于删除图形对象。

启动"删除"命令方法如下：

1）在"修改"工具栏上单击"删除" ✐按钮。

2）选择下拉菜单"修改"→"删除"。

3）在命令行输入 ERASE 命令。

这个命令操作非常简单，先执行命令，再选择对象，选择完毕按【Enter】键就删除了选中的对象。也可先选择对象再执行命令。

注意：按键盘上的【Delete】键可以快速删除选中的对象。

4.4.2　修剪

"修剪"命令用于剪掉多余的图形对象，用以整理图形对象，是 AutoCAD 最重要的一个命令。利用修剪命令，可以把若干个基本图形对象编辑为复杂的图形对象。

启动"修剪"命令方法如下：

1）在"修改"工具栏上单击"修剪" ✚按钮。

2）选择下拉菜单"修改"→"修剪"。

3）在命令行输入 TRIM 命令。

执行命令后，命令行提示信息如下：

命令：TRIM

当前设置：投影＝UCS，边＝无

选择剪切边 . . .

选择对象或＜全部选择＞：（选择剪切边界）

选择要修剪的对象，或按住【Shift】键选择要延伸的对象，或［栏选（F）/窗交（C）/投影（P）/边（E）/删除（R）/放弃（U）］：（选择要剪掉的对象，被选中对象的剪切边界内图形将被剪掉）

选项含义如下：

投影（P）：设置投影模式，在平面图形中，默认在 XOY 形成的平面上修剪。

边（E）：设置修剪边是否延伸，如果设置为延伸模式，则对修剪边进行无限延伸，和修剪边延伸相交的对象都可能被修剪。

删除（R）：被选中的对象将被删除。

例4-7　将 4-17a 所示的图形进行修剪后，得到图 4-17b 所示的图形。

注意： 在选择修剪边和被修剪边时，容易混淆，因此，在选取被剪切对象时可选择全部相关的图形（包括修剪边和被修剪边），然后回车，此时可连续剪切任意被选中的边。可大大提高编辑图形的速度；另外，在执行修剪命令后，鼠标指在绘图区时，单击鼠标右键，之后，可用拾取框剪切任意选中的图形对象。

图 4-17　图形修剪

4.4.3　延伸

"延伸"命令可以将对象精确地延伸到其他对象定义的边界。

启动"延伸"命令方法：

1）在"修改"工具栏上单击"延伸"━┙按钮。

2）选择下拉菜单"修改"→"延伸"。

3）在命令行输入 EXTEND 命令。

执行命令后，命令行提示信息如下：

命令：EXTEND

当前设置：投影 = UCS，边 = 无

选择边界的边…

选择对象或＜全部选择＞：（选择延伸边界）

选择要延伸的对象，或按住【Shift】键选择要修剪的对象，或［栏选（F）/窗交（C）/投影（P）/边（E）/删除（R）/放弃（U）］：（选择延伸的对象；其他各选项含义和修剪一样）

注意： 执行修剪或延伸命令时，按【Shift】键可快速切换修剪/延伸命令；用窗口方法选择全部对象，可以延伸任何被选中的对象；执行修剪或延伸命令时，在绘图区，单击鼠标右键，之后可延长任何对象。

例4-8　延伸图 4-18 所示的直线 L2、L3，使其与直线 L1 相交。

具体操作过程如下：

命令：EXTEND

当前设置：投影 = UCS，边 = 无

选择边界的边…

选择对象或＜全部选择＞：　指定对角点：找到 6 个

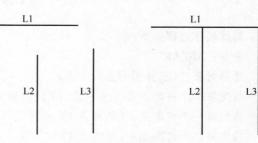

图 4-18　图形延伸

选择对象：

选择要延伸的对象，或按住【Shift】键选择要修剪的对象，或［栏选（F）/窗交（C）/投影（P）/边（E）/放弃（U）］：L2

选择要延伸的对象，或按住【Shift】键选择要修剪的对象，或［栏选（F）/窗交（C）/投影（P）/边（E）/放弃（U）］：　E

输入隐含边延伸模式［延伸（E）/不延伸（N）］＜不延伸＞：E

选择要延伸的对象，或按住【Shift】键选择要修剪的对象，或［栏选（F）/窗交（C）/投影（P）/边（E）/放弃（U）］：L1

选择要延伸的对象，或按住【Shift】键选择要修剪的对象，或［栏选（F）/窗交（C）/投影（P）/边（E）/放弃（U）］：L3

选择要延伸的对象，或按住【Shift】键选择要修剪的对象，或［栏选（F）/窗交（C）/投影（P）/边（E）/放弃（U）］：　＊取消＊

4.4.4 打断

"打断"命令用于在对象上创建一个间隙。

启动"打断"命令的方法如下：

1）在"修改"工具栏上单击"打断" ▢按钮。

2）选择下拉菜单"修改"→"打断"。

3）在命令行输入 BREAK 命令。

执行命令后，命令行提示信息如下：

命令：BREAK

选择对象：（选择对象，并且以拾取点作为第一个打断点）

指定第二个打断点或［第一点（F）］：（选择第二个打断点，输入 F 则重新指定两个点作为打断点）

执行命令后，两个点之间的轮廓将被删除。

注意：如果仅仅需要打断对象，可以单击工具栏的"打断于点"按钮 ▢。

例 4-9　将图 4-19a 所示图形以点 1、2 为打断点打断图形，结果如图 4-19b、c 所示。

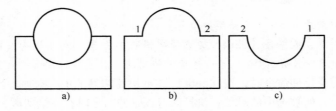

a)　　　　　　　b)　　　　　　　c)

图 4-19　打断图形

具体操作过程如下：

命令：BREAK

选择对象：（选择图形上的 1 点）

指定第二个打断点或［第一点（F）］：输入 F　（指定打断点）

指定第一个打断点：（选择点 1）

指定第二个打断点：（选择点 2）

注意：在选择两个打断点时，有先后顺序，打断第 1 点至第 2 点之间的逆时针方向的圆弧。

4.4.5 合并

"合并"命令用于将相似的对象合并为一个对象。

启动"合并"命令的方法如下：

1）在"修改"工具栏上单击"合并" ⊬按钮。

2）选择下拉菜单"修改"→"合并"。

3）在命令行输入 JOIN 命令

执行命令后，命令行提示信息如下：

命令：JOIN

选择源对象：（选择源对象）

选择要合并到源的直线：（选择要合并的直线）

选择要合并到源的直线：（继续选择合并的直线，回车结束命令）

例 4-10 合并图 4-20a、b 所示的直线 L1 和 L2，结果如图 4-20c 所示。

| L1 | L2 | L1 | L2 |
| a) | b) | c) | |

图 4-20 合并相似的图形对象

具体操作如下：

命令：JOIN

选择源对象：（选择 L1）

选择要合并到源的直线：（选择 L2）

选择要合并到源的直线：（回车）

注意：一个对象必须在另一个对象的延长线上，并且是同类对象才可合并。

4.4.6 倒角

"倒角"命令用于在两条直线间绘制一个倾斜角。

启动"倒角"命令的方法如下：

1）在"修改"工具栏上单击"倒角" 按钮。

2）选择下拉菜单"修改"→"倒角"。

3）在命令行输入 CHAMFER 命令

执行命令后，命令行提示信息如下：

命令：CHAMFER

（"修剪"模式）当前倒角距离 1 = 0.0000，距离 2 = 0.0000

选择第一条直线或 ［放弃（U）/多段线（P）/距离（D）/角度（A）/修剪（T）/方式（E）/多个（M）］：（选择一条直线作为倒角边）

选择第二条直线，或按住【Shift】键选择要应用角点的直线：（选择第二条直线）

各项含义如下：

多段线（P）：对多段线的各个顶点同时进行倒角处理。

距离（D）：设置第一个和第二个倒角至角顶点的距离。

角度（A）：根据一个角度和一段距离来设置倒角距离。

修剪（T）：设置生成倒角后是否修剪倒角边。

方式（E）：选择距离（D）或角度（A）方式进行倒角。

多个（M）：一次性进行多个倒角操作。

图 4-21 所示为倒角效果图。

图 4-21 倒角效果图

4.4.7 圆角

"圆角"命令使用与两个对象均相切并且具有指定半径的圆弧连接这两个对象。

启动圆角命令方法：

1）在"修改"工具栏上单击"圆角" 按钮。

2）选择下拉菜单"修改"→"圆角"。

3）在命令行输入 FILLET 命令

执行命令后，命令行提示信息如下：

命令：FILLET

当前设置：模式 = 修剪，半径 = 0.0000

选择第一个对象或［放弃（U）/多段线（P）/半径（R）//修剪（T）/多个（M）］:（选择要进行圆角操作的对象）

选择第二个对象，或按住【Shift】键选择要应用角点的对象：（选择第二个对象）

半径（R）：用于设定圆角的半径。除了该选项，其他选项含义和倒角一样。

例 4-11 绘制图 4-22 所示的图形。

绘制步骤：利用基本绘图命令绘制图 4-22 所示的图形。然后执行"剪切"、"圆角"命令编辑图形。

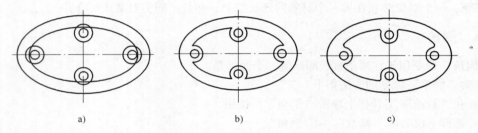

a) b) c)

图 4-22 图形"剪切"与"圆角"

操作步骤：

1）先画好图 4-22a 所示的图。

2）剪切对象如图 4-22b 所示。

命令：TRIM

当前设置：投影 = UCS，边 = 延伸

选择剪切边 ...

选择对象或 < 全部选择 >： 指定对角点：找到 12 个

选择对象：

选择要修剪的对象，或按住【Shift】键选择要延伸的对象，或

［栏选（F）/窗交（C）/投影（P）/边（E）/删除（R）/放弃（U）］:

依次选择将被剪切的对象。

3）圆角对象如图 4-22c 所示。

命令：FILLET

当前设置：模式 = 修剪，半径 = 5.0000

选择第一个对象或［放弃（U）/多段线（P）/半径（R）/修剪（T）/多个（M）］: r

指定圆角半径 < 5.0000 >：3

选择第一个对象或［放弃（U）/多段线（P）/半径（R）/修剪（T）/多个（M）］:

选择第二个对象，或按住【Shift】键选择要应用角点的对象:

依次选择其他将被圆角的对象。

4.4.8 编辑多段线

编辑"多段线"命令用于编辑创建的多段线或将多条直线、曲线转换成多段线。

"多段线"命令调用方法如下:

1）选择下拉菜单"修改"→"对象"→"多段线"。

2）在命令行输入 PEDIT 命令。

执行命令后，命令行提示信息如下:

命令: PEDIT

选择多段线或［多条（M）］:（选择要编辑的多段线或选择其他类型线段，将其转换成多段线）

输入先项［闭合（C）合并（J）/宽度（W）/编辑顶点（E）/拟合（F）/样条曲线（S）/非曲线化（D）/线型生成（L）/放弃（U）］:

各项含义如下:

闭合（C）：将没有闭合的多段线闭合。

合并（J）：将多条多段线或其他类型线段转换为一条多段线，各线段必须相邻。

宽度（W）：赋予多段线一定的线宽。

小结

在实际的绘图工作中，仅利用基本的绘图命令是难以快速而有效地绘制出复杂图形的。AutoCAD 2012 为用户提供了许多实用的编辑对象的命令。图形编辑即指对已有的图形对象进行移动、复制、镜像、缩放、删除、旋转等操作。使用这些编辑命令可以对利用基本绘图命令绘制出的图形进行编辑，构成复杂的图形。

本章主要介绍了拾取对象、复制对象、旋转、缩放、移动、剪切、删除、倒角、圆角、延伸、打断、打断于点等若干的编辑菜单。并用一定的实例加以说明，使操作过程更加形象具体。通过本章的学习，读者应熟练掌握 AutoCAD 2012 中图形编辑的方法。

习题

4-1 选择题

1）AutoCAD 中清理不用的和未被其他对象参照的命名对象的命令是（　　）。

    A. DELETE   B. ERASE   C. PURGE   D. UNDO

2）关于图元选择，下列说法不正确的是（　　）。

    A. 编辑时可以先发出命令再选择对象或先选择对象再发出编辑命令

    B. 快速选择可以按图元特性选择，例如选择颜色为红色的对象

    C. 如果定义了对象编组，可以一次选择一个组

    D. 一个选择集创建后，可以任意删除其中的对象或添加对象到该选择集

3）用 RECTANGLE 命令画成的一个矩形，它包含（　　）图元。

    A. 1 个   B. 2 个   C. 不确定   D. 4 个

4）编辑多段线的命令是（　　）。

    A. PEDIT   B. MLEDIT   C. SPLINEDIT   D. EDIT

5）关于 CHAMFER 和 FILLET 命令，下列说法正确的是（   ）。

    A. FELLET 命令用于将两个非平行对象倒角

    B. CHMFER 命令用于圆角

    C. 如果倒角的距离为 0，会使两个对象相交

    D. 可以一次给一个矩形或多段线进行倒角或圆角操作

6）关于多段线，下列说法正确的是（   ）。

    A. 整条多段线具有相同的颜色、线型和图层

    B. 矩形、多边形可以看成是多段线的特例

    C. 可以使用编辑命令 PEDIT 改变矩形的四个边为宽度不同的线

    D. 可以使用编辑命令 PEDIT 将非多段线改变成多段线

4-2　填空题

1）在 AutoCAD 中，可以使用系统变量＿＿＿＿＿＿＿＿控制文字对象的镜像方向。

2）偏移命令是一个单对象编辑命令，在使用过程中，只能以＿＿＿＿＿方式选择对象。

3）在"修改"工具栏中单击＿＿＿＿＿按钮，可以将对象在一点处打断成两个对象。

4）在 AutoCAD 中，可以利用＿＿＿＿＿、＿＿＿＿＿＿、＿＿＿＿＿、＿＿＿＿＿、＿＿＿＿＿等命令实现复制功能。

5）修剪命令必须指定＿＿＿＿＿＿＿＿＿和＿＿＿＿＿＿＿＿＿。

6）阵列命令可以实现＿＿＿＿＿＿＿＿＿阵列和＿＿＿＿＿＿＿＿＿阵列。

4-3　简答题

1）AutoCAD 2012 有哪两种编辑和修改的方式？

2）默认方式选择实体时，从左上到右下的选择窗口和从右下到左上的选择窗口有什么不同？

3）如何通过过滤器选择实体？如何从选中的实体中去掉部分选择实体？

4）使用镜像操作后，怎样才能保持文本的方向不变？

5）比例缩放实体时，是否可以设置不同的 X、Y 比例？

6）复制或移动实体时，位移的基点必须在实体上吗？

7）常用的编辑命令有哪些？熟悉它们的各个选项的含义。

8）在 AutoCAD 中，"打断"命令与"打断于点"命令有何区别？

上机实训题（2 小时）

1. 使用阵列命令绘制图 4-23 所示的图形。

图 4-23　上机操作题 1

2. 使用定数等分、绘制圆命令及修剪命令绘制图 4-24 所示的图形。

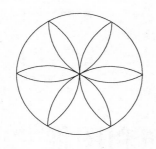 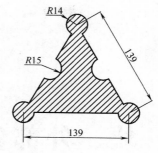

图 4-24　上机操作题 2

3. 使用正多边形、偏移、剪切、圆角等命令绘制图 4-25 所示的图形。

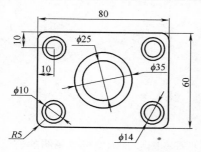 

图 4-25　上机操作题 3

4. 使用旋转、镜像偏移命令绘制图 4-26 所示的图形。

5. 用正多边形、修剪、缩放、移动命令绘制图 4-27 所示图形。

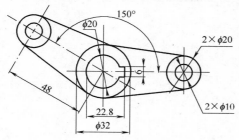 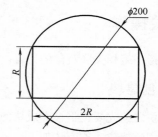

图 4-26　上机操作题 4　　　　　　　图 4-27　上机操作题 5

6. 使用偏移、倒角命令绘制图 4-28 所示的图形。

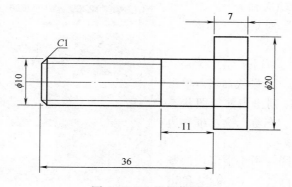

图 4-28　上机操作题 6

第 5 章

块、外部参照和图像

【学习要点】
    1）块的创建、保存和插入。
    2）属性块。
    3）动态块。
    4）外部参照。

在绘图过程中，往往会碰到一些重复出现的非基本图形，例如机械制图的公差符号、基准符号和各种标准件等。如果碰到每个重复的图形都重新绘制，既费时费力，又会增加存储这些文件所需的磁盘空间。为此，AutoCAD 提出了块的概念。块的特点是能够快捷准确地组织、生成可以修改的图形，并且在插入块时还可以随意按比例进行缩放和旋转角度。

5.1 块操作

块是指一组相关联对象的集合。

5.1.1 创建块

创建块之前先要把将被做成块的图形画好。

启动创建块命令的方法如下：

1）在"绘图"工具栏上单击"创建块" 🔧按钮。

2）选择下拉菜单"绘图"→"块"→"创建"。

3）在命令行输入 BLOCK 命令。

系统弹出"块定义"对话框，如图 5-1
所示。

该对话框中各选项含义如下：

（1）"名称"文本框　给图块命名。单击右侧的下拉按钮 ✔，可以列出当前绘图状态下已经创建的块的名称。"名称"文本框右边区域是预览区。

（2）"基点"选项区　用于指定块的基点，默认基点是坐标原点（0，0，0）。单击"拾取点" 🔧按钮可在绘图窗口中指定基点。

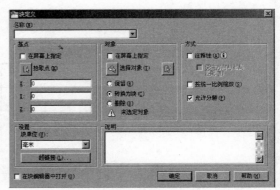

图 5-1　"块定义"对话框

这个基点就是块插入时的对准基点，也是块被插入时缩放和旋转的基准点。

（3）"对象"选项区　用于选择组成块的对象。单击"选择对象" 按钮可在绘图窗口中选择对象，也可单击右侧的"快速选择" 按钮，弹出"快速选择"对话框，在该对话框中确定所选择对象的过滤条件。

选中"保留"单选按钮，表示在图形中创建块后，定义为块的对象仍然保留在原图形中，不会被删除，并且它们仍然作为单独的对象被保存。

选中"转换为块"单选按钮，表示在图形中创建块后，定义为块的对象存在于原图形中但也被转换为块。

选中"删除"单选按钮，表示创建块后，定义为块的原对象将从原图形中删除。

（4）"设置"选项区　"块单位"下拉列表框：用于指定所创建块的长度尺寸单位，一般应为原单位 mm。

（5）"方式"选项区　"注释性"：通常用于注释图形的对象有一个特性称为注释性。使用此特性，用户可以自动完成缩放注释的过程，从而使注释能够以正确的大小在图纸上打印或显示。以下对象通常用于注释图形，并包含注释性特性：文字、标注、图案填充、公差、多重引线、块的属性。

"按统一比例缩放"复选框：如果选中该复选框，那么，当插入块时，该块的 X、Y 方向缩放倍数必须一致。不选该复选框，则在 X、Y 方向可以进行非等比例缩放，此时图形将显示为被拉长或挤压的形状。

"允许分解"复选框：用于确定块被插入后是否允许将其分解为各原始图元。

（6）"说明"文本框　用于输入与块定义相关联的文字说明。

（7）"超链接"按钮　单击该按钮，将弹出"插入超链接"对话框。利用该对话框可能将块和其他图形文件建立链接关系。

注意：块定义一般要在 0 图层中进行，并把颜色、线型和线宽设置为 ByLayer。这样的好处在于以后插入块的时候，块的颜色、线型和线宽将与插入块所在的图层的颜色、线型和线宽一致。

例 5-1　绘制图 5-2 所示的表面粗糙度符号，并将其定义为块。

绘制步骤：

1）打开正交，使用正多边形命令，绘制等边三角形，分解、延长与 X 轴正方向呈 60°的一边至 2 倍，得到表面粗糙度符号。

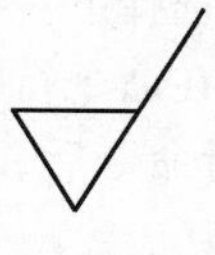

2）执行 BLOCK（创建块）命令，弹出"块定义"对话框。

3）在"块定义"对话框中，在"名称"文本框中输入块名

图 5-2　表面粗糙度符号

称：ccd。

4）在基点选项区中，单击"拾取点"按钮，选择下角点为插入块时的对准基点。单击"选择对象"按钮选择要被建立块的所有对象，然后选中"转换为块"单选按钮，设置"块单位"为毫米。然后单击"确定"按钮就创建好表面粗糙度块了。

（8）"在块编辑器中打开"单选按钮　在块编辑器中打开当前定义的块。

注意：这时的块称之为内存块，如果关闭当前绘图文件，则内存块消失。

5.1.2　保存块

BLOCK 命令创建的块只保存在其所属的图形中（称为内部块），只能在该图形中插入块，而不能将块插入到其他图形中。但是，有些块在许多图形中都经常用到，用 WBLOCK 命令把内部

块以图形文件"＊.dwg"的形式保存在磁盘中（外存块），以备在其他图形中也能插入这些块。

执行 WBLOCK 命令后，弹出"写块"对话框，如图 5-3 所示。

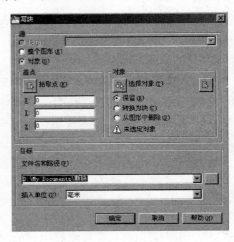

该对话框各选项含义如下：

（1）"源"选项区　用于指定要保存为外部块的图形对象。

选中"块"单选按钮，表示选择当前图形中已创建的一个内部块，将其保存在磁盘中。

选中"整个图形"单选按钮，表示选择当前绘图中的整个图形保存成外部块。

选中"对象"单选按钮，表示选择当前图形中的某些对象保存成外部块。

（2）"基点"和"对象"选项区　这两个选项区的作用和图 5-1 所示"块定义"对话框中的"基点"、"对象"选项区含义一样，这里不再赘述。

图 5-3　"写块"对话框

（3）"目标"选项区

"文件名和路径"下拉列表框用于指定块保存的路径和文件名，单击 按钮打开"浏览图形文件"对话框，在该对话框中指定存储路径和文件名。

"插入单位"下拉列表框用于指定存储块插入时的单位。

注意： 保存块命令相当于图形的局部保存。以这种方式保存的图形文件"＊.dwg"和通过"文件"→"保存"方式保存的图形文件没有任何差别，都能以块的形式插入另一个图形中。

5.1.3　插入块

插入块是指将预先定义好的块插入当前图形中。

启动插入块命令方法：

1）在"绘图"工具栏上单击"插入块" 按钮。

2）选择下拉菜单"插入"→"块"。

3）在命令行输入 INSERT 命令。

执行命令后，系统弹出"插入"对话框，如图 5-4 所示。

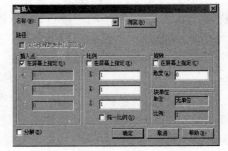

该对话框中各选项含义如下：

（1）"名称"文本框　用于输入要插入的块的名称。单击右侧的 按钮，将列出当前图形中已创建内部块的名称，可通过单击"浏览"按钮打开不在当前图形文件中的块（外部块）。"名称"文本框右边区域是预览区。

（2）"插入点"选项区　指定块插入至当前图形的

图 5-4　"插入"对话框

插入点，该点将与创建块时指定的图块基点重合。选中"在屏幕上指定"复选框，在绘图窗口指定插入点，也可通过下面的文本框输入插入点坐标值。

（3）"比例"选项区　指定插入块的缩放比例。插入到当前图形中的块可以被任意缩放。相对于 SCALE 命令，SCALE 命令只能按统一比例缩放，而这里 X、Y 缩放倍数可以不同。

（4）"旋转"选项区　指定插入块时的旋转角度。"角度"文本框输入的角度为相对于块原始位置的旋转角度。

（5）"块单位"选项区　显示插入块的单位和比例。

（6）"分解"复选框　选中该复选框，则块插入后分解为各自独立的对象，不再当成块看待。如果在定义块时未选中"允许分解"，那么此时的块是无法分解的。

例 5-2　绘制图 5-5 所示的电路图。

绘制步骤：

1）利用基本绘图命令绘制图 5-6 所示的图形。

2）执行 BLOCK（创建块）命令，打开"块定义"对话框，把图 5-6 所示的基本图形以最右边的端点为插入的基点转换成块，命令为"电阻"。

3）执行 INSERT（插入块）命令，打开"插入"对话框，各选项设置如图 5-7 所示。

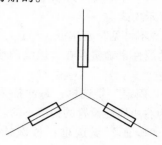

图 5-5　电路图

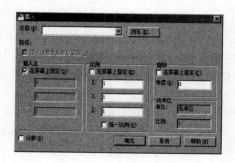

图 5-6　基本图形　　　　　图 5-7　"插入"对话框

单击"确定"按钮后，命令行提示信息如下：

命令：INSERT

指定插入点或 ［基点（B）/比例（S）/X/Y/Z/旋转（R）/预览比例（PS）/PX/PY/PZ/预览旋转（PR）］：（指定一个点作为插入点）

指定旋转角度 <0>：（指定竖直方向的一条电阻，旋转 90°）

重复命令，分别插入一个旋转角度为 150°和 -30°的电阻块，完成图形。

5.2　属性块

带有属性的块称为属性块，块的属性与商品上的标签功能类似，它描述了商品的各种信息，例如制造商、原材料等。块中的这些信息就称为块的属性，它是块的一个组成部分。

定义一个属性块后，每次插入块时，可以指定不同的属性值。

块的属性有两个基本用途：

1）作为块的注释信息。

2）提取存储在图形数据文件中的块的数据。

5.2.1　定义块的属性

块的属性的定义方法如下：

1）选择下拉菜单"绘图"→"块"→"定义属性"。

2）在命令行输入 ATTDEF 命令。

执行命令后，弹出图 5-8 所示的"属性定义"对话框。

该对话框各选项含义如下：

（1）"模式"选项区　用于选择块的属性的显示模式。

"不可见"复选框：尽管定义了块的属性，块的属性也确实存在，但绘图窗口没有显示该信息。

"固定"复选框：每次插入块时，属性的值为右边属性设置的初值不变。

"验证"复选框：每次插入块时，Auto-CAD 都会提示输入新值。

"预设"复选框：每次插入块时，Auto-CAD 都会自动填入初值，等同于"固定"的效果。

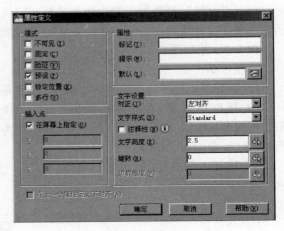

图 5-8　"属性定义"对话框

"锁定位置"复选框：锁定块参照中属性的位置。解锁后，属性可以相对于使用夹点编辑的块的其他部分移动，并且可以调整多行文字属性的大小。

"多行"复选框：指定属性值可以包含多行文字。选定此复选框后，可以指定属性的边界宽度。

（2）"属性"选项区　用于设置属性值。

"标记"文本框：用于标识属性的名称（变量名）。

"提示"文本框：插入块时将显示提示内容，提示用户输入块的属性的值（提示文本）。

"默认"文本框：用于设置块的属性的默认值（给变量赋初值）。

（3）"插入点"选项区　用于指定"标记"的插入点位置。

（4）"文字设置"选项区　用于确定块的属性的文字样式。

定义好块的属性后，还可以对块的属性进行修改，修改方法如下：

1）选择下拉菜单"修改"→"对象"→"文字"→"编辑"。

2）在命令行输入 DDEDIT 命令。

执行命令后，提示选择对象，选择好对象后，弹出"编辑属性"对话框，如图 5-9 所示。用户可在该对话框中修改属性定义。

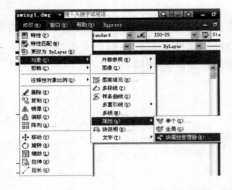
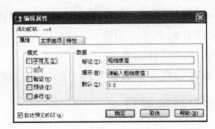

图 5-9　"编辑属性"对话框

5.2.2　创建带属性的块

创建属性块的步骤：

1）绘制一组要定义为块的图形对象。

2）定义块的属性，此时绘图窗口中出现"标记"文本框的内容。

3）关联块与块的属性。

执行创建块命令，弹出"块定义"对话框。在该对话框中的"对象"选项区选择对象时，把准备创建为块的图形对象和块的属性"标记"（文本框的内容将显示在绘图窗口中）一起选择。

这样，创建好块后，插入块时，命令行提示信息如下：

命令：INSERT

指定插入点或［基点（B）/比例（S）/X/Y/Z/旋转（R）/预览比例（PS）/PX/PY/PZ/预览旋转（PR）］：（指定插入点）

输入属性值

输入粗糙度值＜3.2＞：（输入块的属性的值，输入的信息将显示在绘图窗口中）

其中"输入粗糙度值"即为前面创建块的属性时"提示"文本框里的内容，随"提示"文本框设置的不同而不同。

至此，块的属性就附着在块上，与块构成一个整体。

注意：用这种方式创建的块的属性和文字说明是不同的。块的属性和块构成一个整体而输入文字说明的话，是两个对象。

5.2.3　编辑、管理块的属性

1. 编辑块的属性

如果需要修改块的属性，可以执行下面的命令，编辑块的属性。

1）选择下拉菜单："修改"→"对象"→"属性"→"单个"。

2）在命令行输入 EATTEDIT 命令。

执行命令后，命令行提示选择要修改属性的块，选择块后，弹出"增强属性编辑器"对话框，如图5-10所示。

该对话框各选项含义如下：

（1）"属性"选项卡　用于修改块的属性的值。

（2）"文字选项"选项卡　用于修改文字的格式。

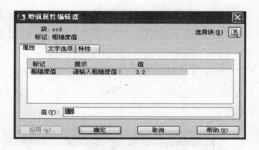

图 5-10　"增强属性编辑器"对话框

（3）"特性"选项卡　用于修改属性文字的图层和颜色、线型、线宽等。

2. 管理块的属性

如果块有很多个属性，这时就可以通过打开"块属性管理器"对话框来管理块的属性。

打开"块属性管理器"对话框的方法如下：

1）选择下拉菜单"修改"→"对象"→"属性"→"块属性管理器"。

2）在命令行输入 BATTMAN 命令。

执行命令后，弹出图5-11所示的"块属性管理器"对话框。

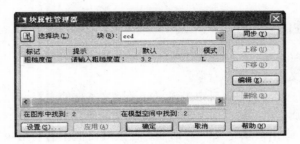

图 5-11 "块属性管理器"对话框

5.3 动态块

　　动态块是 AutoCAD 2006 以后版本的新增功能。动态块中有一些自定义特性，可用于在位调整块，而无需重新定义该块或插入另一个块。要成为动态块至少应包含一个参数以及一个与该参数关联的动作。

　　参数定义了自定义特性，并为块中的几何图形指定了位置、距离和角度。

　　动作定义了在修改块为动态块时几何图形如何移动和改变。将动作添加到块中时，必须将它们与参数和几何图表关联。

　　例如，插入图 5-12 所示的"时钟"块时，如果希望插入某个位置时时针指向不同的方向来表示不同的时间，这在 AutoCAD 以前的版本中，只能重新定义块，也就是说，要插入不同状态的开关，必须创建不同的块。而在 AutoCAD 2006 之后的版本中，只需要创建一个动态块，就可以插入表示不同时间的块。

图 5-12 "时钟"块

5.3.1 创建动态块

　　创建普通块后，把块转换成动态块有以下方法：

　　1）在"标准"工具栏上单击"块编辑器" ✍按钮。

　　2）选择下拉菜单"工具"→"块编辑器"。

　　3）在命令行输入 BEDIT 命令。

　　执行命令后，弹出"编辑块定义"对话框，如图 5-13 所示。

　　在该对话框中选择要编辑的块，单击"确定"后弹出"块编辑器"，此时绘图窗口如图 5-14 所示。

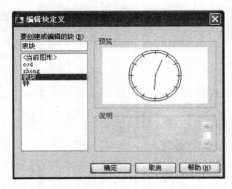

图 5-13 "编辑块定义"对话框

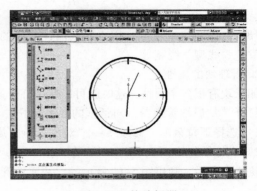

图 5-14 块编辑器

在"块编辑器"中，有 3 个选项卡，分别是参数、动作和参数集。

"参数"选项卡：指定动态块动作参数，例如基点、旋转半径、拉伸位移等。

"动作"选项卡：指定动态块的动作，例如旋转、拉伸、缩放等。"动作"必须与"参数"关联后才起作用。

"参数集"选项卡：用于一次操作设定多个"参数"，多个"参数"都必须有相应动作关联才起作用。

对图形设置参数和动作后，单击 按钮保存块定义，然后单击 关闭块编辑器(C) 按钮关闭编辑器，所定义的块就成为动态块，可以通过夹点设置一些自定义动作。

例 5-3 创建图 5-15 所示的动态块，使两根指针能绕中心点随意转动，以表示不同的时间。

创建步骤：

1）创建普通块。根据创建普通块的方法，创建图 5-15 所示的"时钟"块。

2）转换为动态块。单击"标准"工具栏上的 按钮执行"块编辑器"命令，在弹出的"编辑块定义"对话框中选择"时钟"块。单击"确定"按钮关闭"编辑块定义"对话框，弹出"块编写选项板"，如图 5-16 所示。

图 5-15 "时钟"动态块   图 5-16 块编写选项板

在该选项板的"参数"选项卡中，单击 旋转参数 按钮，这时命令行提示信息如下：

命令：BPARAMETER 旋转

指定基点或 [名称（N）/标签（L）/链（C）/说明（D）/选项板（P）/值集（V）]：（指定旋转基点，选择时钟的中心点 A）

指定参数半径：（指定旋转的半径，选择时针的长度作为旋转半径）

指定默认旋转角角或 [基准角度（B）] <0>：（选择时针端点位置）

指定标签位置：（选择时针端点位置）

重复命令，赋予分针旋转参数。完成上面步骤后，块将显示半径和角度轨迹，如图 5-17 所示，"!"图标表示该参数尚未和动作关联。

切换到"动作"选项卡，单击 旋转动作 按钮，这时命令行提示信息如下：

命令：BACTIONTOOL 旋转

选择参数：[选择前面定义的参数，即选择参数轨迹线（虚线）]

图 5-17 动态块旋转参数轨迹

指定动作的选择集

选择对象：（选择时针；注意：仅仅选择时针与箭头，而不是整个块）

选择对象：（回车，结束对象选择）

指定动作位置或［基点类型（B）］：［选择时针端点位置（箭头顶点）］

重复命令设置分针动作，此时图形如图 5-18 所示。

单击图 5-14 所示上方动态块工具栏的 按钮保存块定义，单击 关闭块编辑器(C)按钮关闭块编辑器。至此，动态块制作完成。

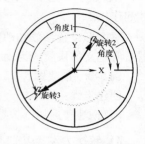

图 5-18　关联动作

5.3.2　动态块的应用

执行 INSERT（插入块）命令，把创建的"时钟"动态块插入图形中，这时，单击该块，将出现图 5-17 所示的圆形夹点。选中夹点，就可将指针旋转到任意角度，如图 5-19 所示。时针与分针的位置要相互配合，才能表达正确的时间。

图 5-19　动态块夹点

注意：虽然块已经改变状态，但再次插入块时，块的状态仍然和创建块时的形状一致。例如，再次插入"时钟"块时，指针仍为 12：40 的状态。

一个动态块可以同时有几个动作，这个时候就要定义多个参数和动作。为方便操作，提高效率，AutoCAD 的"块编写选项板"有"参数集"选项卡，在该选项卡中，用户可一次操作定义几个参数。

5.4　外部参照

外部参照提供了比块更为灵活的图形引用方法。外部参照是把已有的其他图形文件链接到当前图形文件中。外部参照具有以下优点：

1）外部参照中每个图形的数据仍然保存在各自的图形文件中，当前图形中保存的只是外部参照的名称和路径，所以外部参照相对于块来说比较小。

2）作为外部参照的图形会随着原图形的修改而更新。

5.4.1　插入外部参照

插入外部参照的方法如下：

1）选择下拉菜单"插入"→"外部参照"。

2）在命令行输入 XATTACH 命令。

执行命令后，弹出"选择参照文件"对话框，如图 5-20 所示。打开参照图形文件后，弹出图 5-21 所示的"外部参照"对话框。

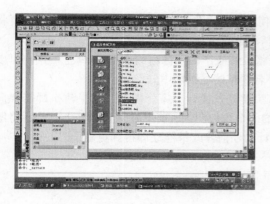

图 5-20 "选择参照文件"对话框

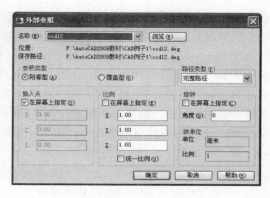

图 5-21 "外部参照"对话框

"外部参照"对话框各选项含义如下：

（1）"名称"下拉列表框 指定设置为外部参照的文件名称。单击右侧的"浏览"按钮，将弹出图 5-20 所示的"选择参照文件"对话框，重新选择外部参照文件。

（2）"参照类型"选型组 指定外部参照的类型。选中"附着型"单选按钮，表示显示嵌套参照中的嵌套内容；选中"覆盖型"单选钮，表示不显示。

其他选项的含义和"插入"对话框中的选项一样，这里不再赘述。

5.4.2 管理外部参照

当外部参照数目比较多，参照图形比较复杂时，最后通过"外部参照"管理器来管理外部参照。

"外部参照"管理器调用方法：

1）选择下拉菜单"插入"→"外部参照"。

2）在命令行输入 XREF 命令

执行命令后，弹出"外部参照"管理器对话框，如图 5-22 所示。通过该对话框可以对外部参照进行管理。

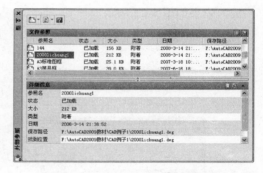

图 5-22 "外部参照"管理器对话框

5.5 附着光栅图像

光栅图像是指由一些称为像素的小方块或点的矩形栅格组成的图像。AutoCAD 2009 提供了对多数常见图像格式的支持，包括 bmp、jpg、gif、pcx、tif 等。这些光栅图像可以像外部参照一样附着到 AutoCAD 图形文件中。

可以使用链接图像路径将对光栅图像文件的参照附着到图像文件中。图像文件可以从 Internet 上访问。

可以参照图像并将它们放在图形文件中，但与外部参照一样，它们不是图形文件的实际组成部分。图像通过路径名链接到图形文件，可以随时更改或删除链接的图像路径。通过使用链接图像路径附着图像或使用 DesignCenter™ 拖动图像，可以将图像放入图形中，但这会稍微增加图形文件的大小。

附着图像后，就可以像块一样将其多次重新附着。插入的每个图像都有自己的剪裁边界和自己的亮度、对比度、淡入度和透明度设置。

注意：AutoCAD 2000、AutoCAD LT 2000 及更高版本不支持"LZW"压缩的"TIFF"文件，

但在美国和加拿大销售的英语版除外。如果拥有使用"LZW"压缩创建的"TIFF"文件，要将其插入到图形中，则必须在禁用"LZW"压缩的情况下，重新保存"TIFF"文件。

通过 Internet 访问光栅图像设计师和制造商可将设计或产品图像存储在 Internet 上。用户可以轻松地从 Internet 上访问图像文件。URL 图像文件名将存储在图形中。

从 Internet 上访问图像可以节省时间，还可以快速分发设计方案。例如，如果建筑师需要向客户展示定做的橱柜，他可以让制造商创建橱柜的一个渲染图像，将其发送到网站上，然后将图像作以 URL 形式附着到图形文件中。这样，对设计的任何修改都能立即得到更新。

打开"光栅图像参照"的方法如下：

1）选择下拉菜单"插入"→"光栅图像参照"。

2）在命令行输入 IMAGEATTACH 命令。

3）单击工具栏上的"光栅图像参照" ▦ 按钮。

附着图像的步骤如下：

1）在"选择图像文件"对话框中，从列表中选择文件名或在"文件名"框中输入图像文件名称。单击"打开"按钮。

2）在"图像"对话框中，使用以下方法之一指定插入点、比例或旋转角度：

① 选择"在屏幕上指定"，可以使用定点设备在所需位置、按所需比例或角度插入图像。

② 清除"在屏幕上指定"，然后在"插入点"、"比例"或"旋转角度"下输入值。

要查看图像测量单位，单击"详细信息"。

3）单击"确定"按钮。

插入效果如图 5-23 所示。

图 5-23　光栅图像插入

小结

本章主要介绍 AutoCAD 2012 图块的操作方法。首先介绍了图块的含义和作用；然后通过对一个名为"表面粗糙度"的图块操作程序的介绍讲解了如何定义图块、保存图块、插入图块、分解图块。最后，介绍图块属性基本知识，包括：属性定义、属性使用、属性定义修改、属性编辑、属性提取。通过本章的学习，读者应掌握图块的常用知识，并能根据实例进行实际操作。

习题

5-1　选择题

1）块定义中的 3 要素是（　　　）。

A. 块名、属性、对象　　　　　　　　　　B. 基点、属性、对象

C. 块名、基点、对象　　　　　　　　　　D. 属性、块名、基点

2)"WBLOCK"命令保存的文件的扩展名是（　　）。

A. dwg　　　　　　　B. exe　　　　　　　C. txt　　　　　　　D. xls

3) 下面选项是关于块属性的叙述，正确的选项是（　　）。

A. 块必须定义属性　　　　　　　　　　　B. 多个块可以共用一个属性

C. 一个块可以定义多个属性　　　　　　　D. 一个块最多可以定义一个属性

4) 块属性不能使用下面（　　）作为标记名。

A. 下画线　　　　　　B. 括号　　　　　　C. 空格　　　　　　D. 斜杠

5) 在 AutoCAD 2012 中插入外部参照时，路径类型不正确的是（　　）。

A. 完整路径　　　　　B. 相对路径　　　　C. 无路径　　　　　D. 覆盖路径

5-2　填空题

1) 块是一个或多个_____形成的集合，常用于绘制复杂、重复的图形。

2) 在 AutoCAD 2012 中，块属性的模式有 4 种，分别是_____、_____、_____
和_____。

3) 在 AutoCAD 2012 中，使用_____命令可以将块以文件的形式存储至磁盘。

4) 在图形中插入外部参照时，不仅可以设置参照图形的插入点位置、比例及旋转角度，还可以选择
参照的_____和_____。

5) 使用_____对话框，可以将图形文件以外部参照的形式插入到当前图形中。

5-3　简答题

1) 简述图块的作用。

2) 插入图块的主要步骤有哪些？

3) 在"属性定义"对话框中，"属性"选项区域的文本框的名称和作用分别是什么？

上机实训题（4 小时）

1) 将表面粗糙度符号定义成块。

2) 绘制图 5-19 所示的钟表的动态块并插入动态块。

3) 使用画直线或矩形命令绘图，使用偏移、修剪、延伸等命令进行编辑，绘制标准标题栏，如图 5-24
所示，此标题栏可用于零件图，也可用于装配图。

注意：无论绘制多大的实体，标准标题栏大小是不变的；若实体尺寸超过所选图框，则不要在图框中
绘图，否则在打印图样时，标题栏尺寸会发生变化（请不要给表格做尺寸标注）。

图 5-24　标准标题栏

4）使用画直线或矩形命令绘图，使用偏移、修剪、延伸等命令进行编辑，绘制标准明细表如图 5-25 所示，只有装配图上才使用明细栏。

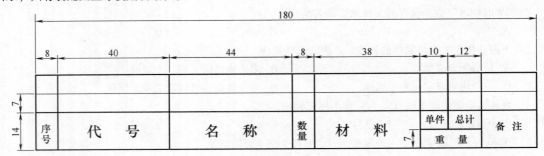

图 5-25　标准明细表

5）用画矩形或直线、分解、偏移、修剪、延伸等命令，绘制 A4、A3、A2、A1、A0 图框，外框细、内框粗线，并用移动命令将标题栏放进图框内。再将每一种图框制作外部块文件，以备将来之需。

6）绘制 A3 图纸，如图 5-26 所示，其中表面粗糙度符号使用块操作，画好后，将整个图形放进 A3 图框内。

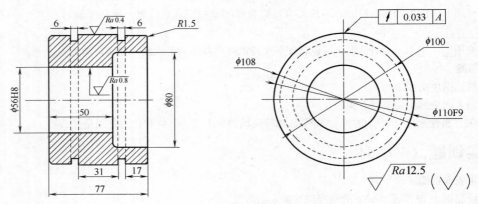

图 5-26　活塞

第6章

尺寸标注

【学习要点】
1）尺寸标注的组成。
2）尺寸标注的设置。
3）标注尺寸。

图形仅仅表征了实体的形状，而实体的真实大小和相对位置必须用尺寸标注来表达，所以实体尺寸大小主要以标注尺寸为准。

6.1 尺寸标注的组成

在 AutoCAD 中，尺寸标注由尺寸线、尺寸界线、箭头和文本组成，如图6-1所示。尽管尺寸标注是由几部分组成的，但选择尺寸标注对象时，尺寸标注被当成一个整体对象看待。

1. 尺寸线

尺寸线表示标注的范围。尺寸线通常使用箭头作为尺寸线的起始点，如图6-1所示。

2. 尺寸界线

尺寸界线表示从被标注对象延伸到尺寸线的直线。通常情况下，尺寸界线垂直于尺寸线，如图6-1所示。

3. 箭头

箭头显示在尺寸线的末端，表示测量的开始和结束位置，如图6-1所示。

4. 文本

文本用于表示测量值和标注说明，如图6-1所示。

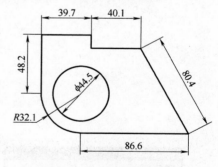

图6-1 尺寸标注组成

6.2 设置尺寸标注样式

尺寸标注样式是尺寸标注设置的命名集合，可用来控制标注的外观，如箭头样式、文字位置和尺寸公差等。打开 AutoCAD 新图形时，系统默认的标注样式为"ISO-25"。用户可创建新的标注样式或在标注过程中修改标注样式。

设置尺寸标注样式方法：

1）在"标注"工具栏单击"标注样式" 按钮。

2）选择下拉菜单"格式"→"标注样式"。

3）在命令行输入 DDIM 命令。

执行命令后，弹出"标注样式管理器"对话框，如图 6-2 所示。

该对话框中各选项含义如下：

（1）"样式"文本框　列出存在的所有标注样式的名称。

（2）"当前标注样式"文本框　当前选中的标注样式的预览。

（3）"置为当前"按钮　单击该按钮，将样式文本框选中的样式置为当前使用的标注样式。

（4）"新建"按钮　用于创建一个新的尺寸标注样式。单击该按钮，将弹出图 6-3 所示的"创建新标注样式"对话框。

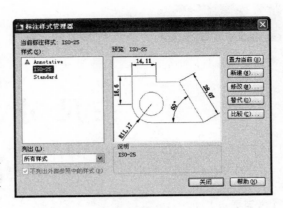

图 6-2　"标注样式管理器"对话框

"创建新标注样式"对话框各选项含义如下：

1）"新样式名"文本框：用于输入要创建的标注新样式的名称。

2）"基础样式"文本框：选择一种原有的标注样式作为新样式的基础样式，新样式可在基础样式上修改形成。默认基础样式为 ISO-25。

3）"用于"文本框：指定新样式的应用范围。

设置好上述各选项后，单击"继续"按钮，弹出"新建标注样式：机械设计"对话框，如图 6-4 所示。

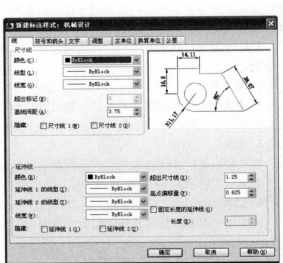

图 6-3　"创建新标注样式"对话框

图 6-4　"新建标注样式：机械设计"对话框

（5）"修改"按钮　用于修改当前尺寸标注样式，修改后，已有的尺寸标注被替换为修改后的标注样式。修改后的标注样式同时应用于即将标注的尺寸，但只对当前图形文件有效，不能应用于其他图形文件。单击该按钮，弹出内容和"创建新标注样式"对话框完全一样的"修改标注样式"对话框。

（6）"替代"按钮　单击该按钮，弹出内容和创建新标注样式对话框完全一样的"替代当前样式"对话框。

（7）"比较"按钮　用于比较两个不同标注样式的差别。

下面将详细介绍"创建新标注样式"、"修改标注样式"、"替代当前样式"对话框的各项含义，这 3 个对话框的内容是完全一样的。

6.2.1　"线"选项卡

"线"选项卡用于设置尺寸线和尺寸界线的样式，如图 6-4 所示。该选项卡各选项含义如下：

（1）"尺寸线"选项区　用于设置尺寸线的颜色、线型和线宽，默认为 ByBlock（随块）。建议取 ByLayer（随层），便于整体改变尺寸标注的线型、颜色和线宽等。

"超出标记"微调框：当箭头使用建筑标注（小斜线）时，用于指定尺寸线超出尺寸界线的距离。

"基线间距"微调框：当使用"基线标注"命令时，设置基线标注的尺寸线之间的距离。

"隐藏"复选框：用于设置是否隐藏一条或两条尺寸线。

（2）"延伸线"选项区　该选项区左边区域各选项含义和"尺寸线"选项区对应选项一样。

"超出尺寸线"微调框：用于指定尺寸界线在尺寸线上方伸出的距离，如图 6-5 所示。

"起点偏移量"微调框：用于指定尺寸界线起点与被标注对象的距离，如图 6-5 所示。

"固定长度的延伸线"单选框：用于设置固定长度的尺寸界线，在"长度"后面输入具体数值，该数值就是尺寸界线的长度。

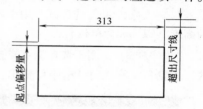

图 6-5　尺寸界线设置

6.2.2　"符号和箭头"选项卡

"符号和箭头"选项卡用于设置圆心标记、弧长符号和箭头等的样式，如图 6-6 所示。

该选项卡各项含义如下：

1）"箭头"选项区："第一个"、"第二个"都是用于尺寸线的箭头类型；"引线"用以选引线标注的类型。"箭头大小"用于指定箭头的长度大小，单位为 mm，如图 6-7 所示。

2）"圆心标记"选项区：用于控制直径标注和半径标注的圆心标记和中心线的外观。DIMCENTER、DIMDIAMETER 和 DIMRADIUS 命令使用圆心标记和中心线。对于 DIMDIAMETER 和 DIMRADIUS，仅当将尺寸线放置到圆或圆弧外部时，才绘制圆心标记。

3）"弧长符号"选项区：用于控制弧长标注中圆弧符号的显示位置。

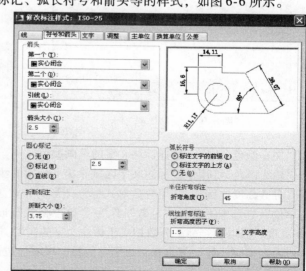

图 6-6　"符号和箭头"选项卡

4）"半径折弯标注"选项区：用于控制折弯（Z字形）半径标注的显示，折弯半径标注通常在圆或圆弧的圆心位于页面外部时创建。"折弯角度"用于确定折弯半径标注中，尺寸线的横向线段的角度，如图6-8所示。

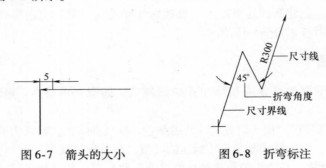

图6-7　箭头的大小　　　　　　图6-8　折弯标注

6.2.3　"文字"选项卡

"文字"选项卡用于控制标注文字的样式，如图6-9所示。

该选项卡中各项含义如下：

1）"文字外观"选项区：用于设置文字的外观特征。在"文字高度"微调框中可指定文字的高度（以mm为单位）。

"文字样式"：用于选择文字样式，单击其右边的 ⋯ 按钮，将打开图6-10所示的"文字样式"对话框，在该对话框中可新建、设置文字的样式。

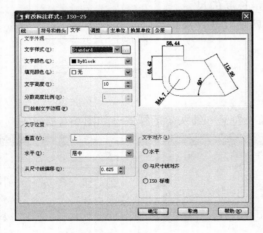
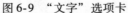

图6-9　"文字"选项卡　　　　　　图6-10　"文字样式"选项卡

"文字颜色"：用于选择标注文字的笔画颜色。

"填充颜色"：用于在标注文字区域涂抹上指定的颜色背景。

"分数高度比例"：当用分数形式标注图形时，设置相对于标注文字的分数比例。只有当在"主单位"选项卡上选择"分数"作为"单位格式"时，此选项才可用。在此处输入的值乘以文字高度，可以确定标注分数相对于标注文字的高度。

"绘制文字边框"复选框：用于是否给文字添加边框。

2）"文字位置"选项区：用于设置文字与尺寸线、尺寸界线的位置关系。其中"从尺寸线偏移"为文字对齐点距尺寸线的距离。

3)"文字对齐"选项区：用于设置文字的放置方式。选中"水平"，则文字始终水平放置；选中"与尺寸线对齐"，则文字和尺寸线平行；选中"ISO 标准"，则当文字在尺寸线内时，文字和尺寸线平行，文字在尺寸线外时，文字水平放置。通常选择"ISO 标准"。

6.2.4 "调整"选项卡

"调整"选项卡用于当文本、尺寸线、尺寸界线、箭头某项不能满足其设置时，调整它们中的相互位置关系，如图 6-11 所示。

该选项卡各选项含义如下：

1)"调整选项"选项区：用于当尺寸界线空间不足时，确定箭头和文本相对尺寸界线的放置位置。

2)"文字位置"选项区：用于确定文本移出尺寸线后的放置方式。

3)"标注特征比例"选项区中内容如下：

"使用全局比例"：用于设置标注和被标注对象之间的比例关系，在其右边的文本框中可以输入比例系数。例如当标注长度为 1000 的直线时，为了能清楚地辨认标注尺寸的数值，可通过设置大于 1 的全局比例，利用这种方式标注，标注显示仍然是 1000，但文字高度、箭头等尺寸组成变大了，这种情形在标注大图时经常使用。

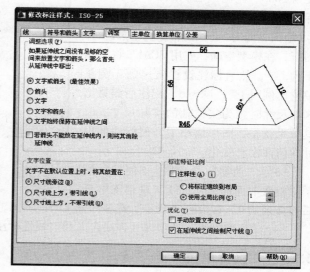

图 6-11 "调整"选项卡

"将标注缩放到布局"：用于布局空间标注。这是很重要的一个按钮，只能用于布局空间，当选中该项时，不管图形对象实际大小，标注尺寸的大小只与当前视图大小相关但显示标注值仍为图形真实大小值。

4)"优化"选项区：选中"手动放置文字"复选框，则当用户标注尺寸时可以手动调整文字的位置。"在尺寸界线之间绘制尺寸线"用于确定当文本不在尺寸界线内时，是否显示尺寸线。

6.2.5 "主单位"选项卡

"主单位"选项卡用于设置尺寸数值的精度及文本标注的前缀和后缀，如图 6-12 所示。

该选项卡中各选项含义如下：

(1)"线性标注"选项区

1)"单位格式"：用于设置单位格式，机械制图一般采用小数。

2)"精度"：用于设置单位的精度，精度的形式随单位格式不同而不同。

3)"分数格式"：用于设置分数的显示形式。只有当"单位格式"选择建筑和分数时才可设置其显示形式。

4)"小数分隔符"：用于设置小数和整数分隔符的样式，即"小数点"的样式。

5)"舍入"：用于指定测量值的舍入规则。例如，当指定该数值为 5 时，舍入规则就是四舍五入。

6）"前缀、后缀"：用于指定标注文本包含的前缀和后缀，可以输入文字或用控制代码显示特殊字符。

（2）"测量单位比例"选项区 "比例因子"用于指定标注数值相对于对象真实值的比例因子。例如，如果对象长度为2000，比例因子为0.5，那么尺寸标注显示的数值为1000。绘图时采用1:1绘图，如有5m长的轴，要求放进A0图纸，在模型空间，先用SCALE将其缩小为1:5，然后标注设置就用到"测量单位比例因子"，设为5，标注所测量出来的尺寸时则为实体轴的实际尺寸5m，其效果就是，图形缩小了，但标注的尺寸数值并没有变化。

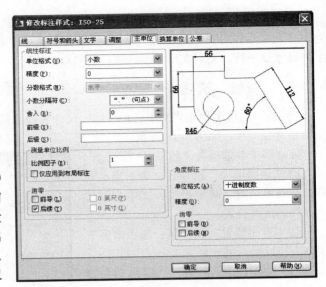

图6-12 "主单位"选项卡

（3）"消零"选项区 "前导"则消除整数前面的，"后续"则消除数值后面多余的0。右边的"消零"选项区含义与此相同，只是该选项是针对角度设置的。

（4）"角度标注"选项区 各项含义和"线性标注"对应选项相同，此处是针对角度而言。

6.2.6 "换算单位"选项卡

"换算单位"选项卡用于将一种标注单位换算成另外一种标注单位，如图6-13所示。

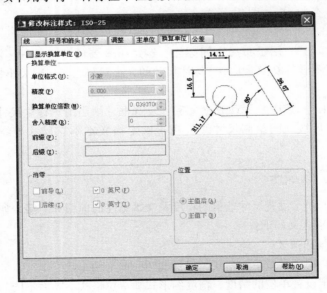

图6-13 "换算单位"选项卡

"换算单位倍数"：用于指定新标注单位相对于旧标注单位的比例因子。例如，假设标注单位为小数2.4，比例因子为2，设置新标注单位为分数，那么新的标注数值变成24/5（即2.4×2=4.8的分数形式）。

6.2.7 "公差"选项卡

"公差"选项卡：用于设置公差格式及显示形式，如图 6-14 所示。

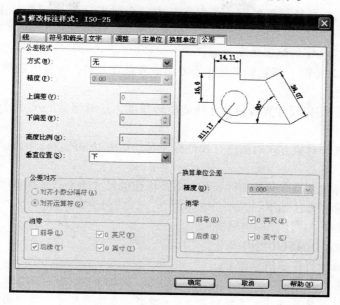

图 6-14 "公差"选项卡

该选项卡中"公差格式"选项区各选项含义如下：

"方式"：用于设置公差的显示方式，有对称、极限偏差、极限尺寸、公称尺寸 4 种方式。

"上偏差、下偏差"：用于指定偏差的值。

"垂直位置"：用于设置偏差值对公称尺寸的对齐方式。

6.3 标注尺寸

尺寸标注用于表达图形的大小、位置以及图形间的相对关系，是绘图过程的一个重要环节。

6.3.1 线类标注

1. 线性标注

线性标注用于标注水平尺寸、垂直尺寸和旋转尺寸。

启动线性标注命令方法如下：

1）选择下拉菜单"标注"→"线性"。

2）在命令行输入 DIMLINEAR 命令。

执行命令后，命令行提示信息如下：

命令：DIMLINEAR

指定第一条尺寸界线原点或＜选择对象＞：（指定一点作为尺寸界线的起始点，直接按【Enter】键则提示选择要进行标注的对象）

指定第二条尺寸界线原点：（指定另一条尺寸界线的起始点）

指定尺寸线位置或［多行文字（M）/文字（T）/角度（A）/水平（H）/垂直（V）/旋转

（R）]：（指定尺寸线的位置）

上述选项含义如下：

多行文字（M）、文字（T）：用于编辑尺寸标注的文本。这个功能可以用于对标注作进一步说明。例如，标注 4 个半径相等的圆，可以在其中一个的半径值 R 前面加上 4-R 表示 4 个圆半径。

角度（A）：指定文字的倾斜角度。

水平（H）、垂直（V）：指定标注是水平方向或者垂直方向，没有指定则系统根据光标的位置判定为水平和垂直。

旋转（R）：用于指定尺寸界线和尺寸线的旋转角度，这时测量的尺寸数值是尺寸界线间的距离。

提示：当使用选择对象方式对圆进行线性标注时，系统以圆的直径作为标注值。

2. 对齐标注

对齐标注用于标注两点之间的实际长度。对齐标注的尺寸线平行于两点间的连线。

启动对齐标注命令方法如下：

1）选择下拉菜单"标注"→"对齐"。

2）在命令行输入 DIMALIGEND 命令。

执行命令后，命令行提示信息如下：

命令：DIMALIGEND

指定第一条尺寸界线原点或＜选择对象＞：（指定一点作为尺寸界线的起始点）

指定第二条尺寸界线原点：（指定另外一条尺寸界线的起始点）

指定尺寸线位置或［多行文字（M）/文字（T）/角度（A）]：（指定尺寸线的位置各选项含义和线性标注的对应选项含义一样）

例6-1 图 6-15 所示为线性标注和对齐标注示例，步骤略。

3. 基线标注

基线标注是自同一基线处测量的多个标注，可自当前任务的最近创建的标注中以增量方式创建基线标注。也就是说，基线标注用于标注一系列基于同一条尺寸界线、间隔相等的尺寸线距离的线性或角度标注。使用基线标注之前，必须先创建一个线性标注、坐标或角度标注。它是从上一个尺寸标注的第一尺寸界线为第一界线开始测量的，除非指定另一点作为原点。

启动基线标注命令方法：

1）选择下拉菜单"标注"→"基线"。

2）在命令行输入 DIMBASELINE 命令。

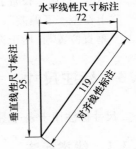

图 6-15 线性标注和对齐标注

执行命令后，命令行提示信息如下：

命令：DIMBASELINE

选择基准标注：（选择已经存在的第一条尺寸界线）

指定第二条尺寸界线原点或［放弃（U）/选择（S）]＜选择＞：（选择第二条尺寸界线起点）

标注文字＝自动测量的长度值

指定第二条尺寸界线原点或［放弃（U）/选择（S）]＜选择＞：（继续选择尺寸其他尺寸界线）

例6-2 图 6-16 所示为基线标注示例。

4. 连续标注

连续标注是首尾相连的多个标注，每一个尺寸的第二条界线是下一个尺寸的第一条尺寸界线，如图 6-17 所示。使用连续标注之前，必须先创建一个线性标注、坐标或角度标注。

启动连续标注命令的方法如下：

1）选择下拉菜单"标注"→"连续"。

2）在命令行输入 DIMCONTINUE 命令。

执行命令后，命令行提示信息如下：

命令：DIMCONTINUE

选择连续标注：（选择已经存在的第一条尺寸界线）

指定第二条尺寸界线原点或［放弃（U）/选择（S）］＜选择＞：（选择第二条尺寸界线原点）

标注文字＝488

指定第二条尺寸界线原点或［放弃（U）/选择（S）］＜选择＞：（继续选择其他尺寸界线）

例 6-3　图 6-17 所示为连续标注示例，步骤略。

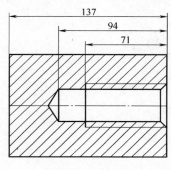

图 6-16　基线标注

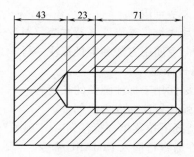

图 6-17　连续标注

6.3.2　圆类标注

1. 半径标注

半径标注用于标注圆或圆弧的半径。

启动半径标注命令方法如下：

1）选择下拉菜单"标注"→"半径"。

2）在命令行输入 DIMRADIUS 命令。

执行命令后，命令行提示信息如下：

命令：DIMRADIUS

选择圆弧或圆：（选择圆或圆弧）

标注文字＝152（该数值即圆或圆弧的半径）

指定尺寸线位置或［多行文字（M）/文字（T）/角度（A）］：（指定尺寸线的位置）

2. 折弯标注

折弯是一种标注圆或者圆弧半径的方法。

启动折弯标注命令方法如下：

1）选择下拉菜单"标注"→"折弯"。

2）在命令行输入 DIMJOGGED 命令。

执行命令后，命令行提示信息如下：

命令：DIMJOGGED

选择圆弧或圆：（选择圆或圆弧）

指定中心位置替代：（指定中心位置，该位置是引线的末端）

标注文字 = 320

指定尺寸线位置或 [多行文字（M）/文字（T）角度（A）]：（指定尺寸线位置）

指定折弯位置：（指定折弯位置）

3. 直径标注

直径标注用于标注圆或圆弧的直径。

启动直径标注命令的方法如下：

1）选择下拉菜单"标注"→"直径"。

2）在命令行输入 DIMDIAMETER 命令。

执行命令后，命令行提示信息如下：

命令：DIMDIAMETER

选择圆弧或圆：

标注文字 = 192

指定尺寸线位置或 [多行文字（M）/文字（T）/角度（A）]：

这个命令使用方法和半径标注一样。

4. 弧长标注

弧长标注用于标注圆弧的长度。

启动弧长标注命令方法如下：

1）选择下拉菜单"标注"→"弧长"。

2）在命令行输入 DIMARC 命令。

执行命令后，命令行提示信息如下：

命令：DIMARC

选择弧线段或多段线弧线段：（根据提示选择弧）

指定弧长标注位置或 [多行文字（M）/文字（T）/角度（A）/部分（P）/引线（L）]：（指定尺寸线的位置）

标注文字 = 825

其中，"引线"选项用于设置是否显示一条从尺寸线到弧的引线，如图 6-18 所示。

例 6-4　图 6-18 所示为半径、直径、折弯、弧长标注示例，步骤略。

6.3.3　其他标注

1. 坐标标注

坐标标注用于标注某点的 X 轴坐标或 Y 轴坐标。

启动坐标命令的方法如下：

1）选择下拉菜单"标注"→"坐标"。

2）在命令行输入 DIMORDINATE 命令。

执行命令后，命令行提示信息如下：

命令：DIMORDINATE

指定点坐标：（指定要标注的点）

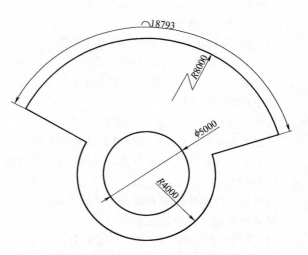

图 6-18　半径、直径、折弯、弧长标注

指定引线端点或［X 基准（X）/Y 基准（Y）/多行文字（M）/文字（T）/角度（A）］：（指定引线端点，其中 X 基准（X）、Y 基准（Y）用于指定标注 X 方向的值或 Y 方向的值）

2. 角度标注

角度标注用于测量两条直线或 3 个点之间的角度。

启动角度命令的方法如下：

1）选择下拉菜单"标注"→"角度"。

2）在命令行输入 DIMANGULAR 命令。

执行命令后，命令行提示信息如下：

命令：DIMANGULAR

选择圆弧、圆、直线或 < 指定顶点 >：（选择圆弧、圆或直线）

选择第二条直线：（如果是选择圆或圆弧则提示"指定角的第二个端点："）

指定标注弧线位置或［多行文字（M）/文字（T）/角度（A）］：（指定弧线位置）

标注文字 = 57

例 6-5 如图 6-19 所示为角度标注，步骤略。

3. 多重引线标注

引线标注指利用旁注引线（可以是折线或样条曲线）表明图形上某些特殊部位需要的特征信息。在菜单中选择"标注"→"多重引线"命令，或在"功能区"选项板选择"注释"选项卡，如图 6-20 所示，在"多重引线"面板中单击"多重引线" 按钮旁的 按钮，命令提示行将出现如下提示信息：

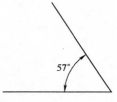

图 6-19　角度标注

命令：MLEADER

指定引线箭头的位置或［引线基线优先（L）/内容优先（C）/选项（O）］< 选项 >：

图形中单击确定引线箭头的位置，然后在打开的文字输入窗口输入注释内容即可，如图 6-21 所示。

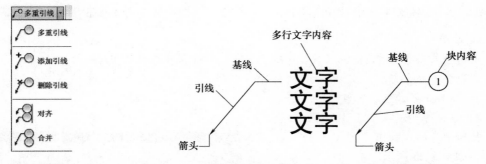

图 6-20　"多重引线"面板　　　　图 6-21　带有文字内容的引线和带有块内容的引线

在二维草图与注释工作空间的"注释"选项板中，在"多重引线"面板上单击"添加引线" 按钮，可以为图形继续添加多个引线和注释；单击"删除引线" 按钮将引线从现有的多重引线对象中删除；单击"对齐" 按钮将选定的多个多重引线对象对齐并按一定距离排列；单击"合并" 按钮将包含块的选定多重引线组织到行或列中，并使用单引线显示结果。

在"AutoCAD 经典"工作空间中，单击"格式"→"多重引线样式"，弹出"多重引线样式管理器"对话框，如图 6-22 所示。

"多重引线样式管理器"对话框和"标注样式管理器"对话框功能相似，可以设置多重引线的格式、结构和内容。单击"新建"按钮，在打开的"创建新多重引线样式"对话框中可以创建多重引线样式，如图 6-23 所示。

设置了新样式的名称和基础样式后，单击该对话框中的"继续"按钮，将打开"修改多重引线样式"对话框，可以创建多重引线的格式、结构和内容，如图 6-24 所示。用户自定义多重引线样式后，单击"确定"按钮，然后在"多重引线样式管理器"对话框将新样式置为当前即可。

图 6-22 "多重引线样式管理器"对话框

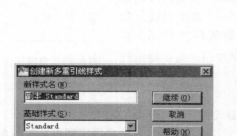

图 6-23 "创建新多重引线样式"对话框

图 6-24 "修改多重引线样式"对话框

4. 公差

形位公差⊖是表示特征的形状、轮廓、方向、位置和跳动的允许偏差。

启动公差命令方法：

1）选择下拉菜单"标注"→"公差"。

2）在命令行输入 TOLERANCE 命令。

执行命令后，弹出"形位公差"对话框，如图 6-25 所示。

该对话框各项含义如下：

（1）"符号"选项区 设置形位公差的项目。

（2）"公差"选项区 设置公差带符号。

（3）"基准"选项区 设置形位公差的基准符号。

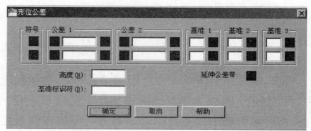

图 6-25 "形位公差"对话框

⊖ 按 GB/T 1182—2008，"形位公差"应改称为"几何公差"。因软件中用的是"形位公差"，故不作修改。

单击对话框的"符号"下面的■方框，将弹出"特征符号"对话框，如图 6-26 所示。

5. 圆心标记

圆心标记用于标注圆或圆弧的圆心。

启动圆心标记命令的方法如下：

1）选择下拉菜单"标注"→"圆心标记"。

2）在命令行输入 DIMCENTER 命令。

图 6-26 "特征符号"对话框

执行命令后，命令行提示信息如下：

命令：DIMCENTER

选择圆弧或圆：(选择圆弧或圆)

小结

尺寸、文本、尺寸偏差、形位公差、装配公差对零件的加工、部件或机器的装配起着至关重要的作用。在机械制图课程和机械设计课程要学会标注文本、尺寸、表面粗糙度的方法，在公差与技术测量课程要学会公差与偏差的标注方法，而在计算机辅助设计课程里要学会用 AutoCAD 来实现计算机绘图的标注操作方法。这些注解是整个设计和绘图的画龙点睛之所在。

上机实训题（2 小时）

1. 标注图 6-27 所示的螺钉。

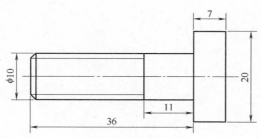

图 6-27　螺钉

2. 标注图 6-28 所示的图形，并建立图层。

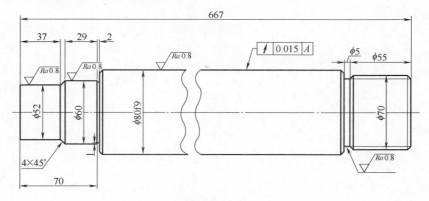

图 6-28　轴

3. 绘制并标注图 6-29 所示 A2 幅面的图形。建六个层：粗框线层 0.5、细线层、剖面线层、标注层、实体层 0.4、中心线层，注意各层的线型、颜色、笔（线）宽。

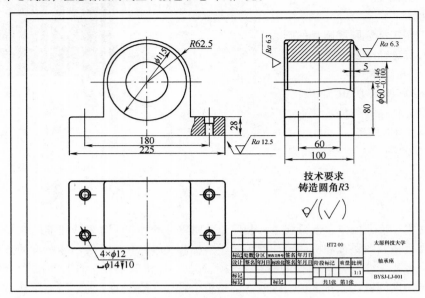

图 6-29　轴承座

第 7 章

图纸布局与打印

【学习要点】
1）认识工作空间与布局。
2）熟练使用打印样式表。
3）掌握图样打印和输出方法。

绘制图形完成后，可以通过打印机或绘图仪将图形输出在纸上，也可以通过 EPLOT 电子打印将图形存储为"DWF"格式文件，再传送到站点上以供其他用户通过 Internet 访问，这时，我们就需要进行打印设置。

7.1　工作空间与布局

在 AutoCAD 中，系统提供了两个并行的工作环境：模型空间（模型）和图纸空间（布局）。模型空间一般用做草图和设计环境，创建二维图形和三维模型。布局空间用来安排、注释和打印在模型空间绘制的多个视图，如图 7-1 所示。

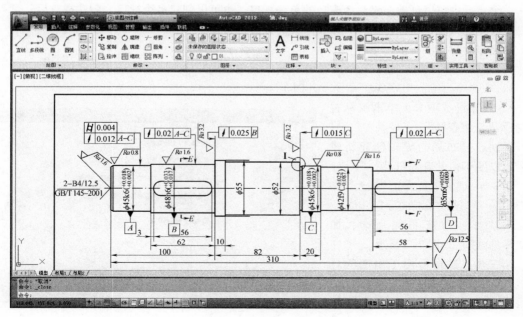

图 7-1　工作环境

一般都是在模型中绘图、编辑、标注，准备输出图形时，可以通过单击"布局"选项卡来创建要打印的布局。创建布局时，AutoCAD 页面上会显示单一视口（显示图形的窗口），虚线表示在当前打印机默认配置情况下的可打印区域，如图7-2所示。

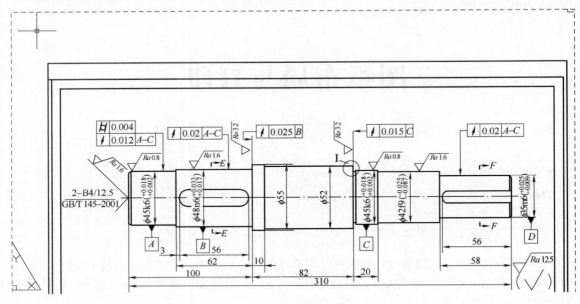

图7-2　单一布局视口

图纸空间是用来模拟图形在图纸页面内的状况的一种工具，用以安排图形的输入布局。设置了布局后，可以为布局的页面进行设置，如打印机选择、页面尺寸选择、打印区域等。

默认情况下，AutoCAD 有两个布局选项卡，即"布局1"和"布局2"。我们可以在布局选项卡上单击鼠标右键，以创建更多的布局或给布局命名，每一个布局可以有不同的名字以表达不同的布局内涵。

一个布局中可以创建布满整个窗口的单一视口，也可以创建多个视口。创建视口后，可以根据需要改变其大小、特性、比例，以及对其位置进行移动。

创建布局的方法有如下三种：

1）选择下拉菜单"插入"→"布局"→"新建布局"。

2）在命令行输入 LAYOUT 命令，并回车。

3）在布局选项卡上单击鼠标右键选择"新建布局"。

下面通过布局向导来创建新建布局，以便于初学者练习。

第一步：选择下拉菜单"插入"→"布局"→"创建布局向导"。

第二步：为新布局命名，如"A2零件图"，如图7-3所示。

第三步：选择可用于出图的打印机或绘图仪。如果没有实体打印机可供选择，那么可以选择"DWF6 ePlot. pc3"电子打印机，用于在需

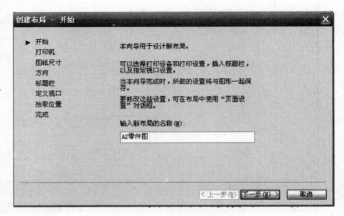

图7-3　创建布局开始

要的时候将布局好的图形输出到一个文件中保存起来，如图 7-4 所示。

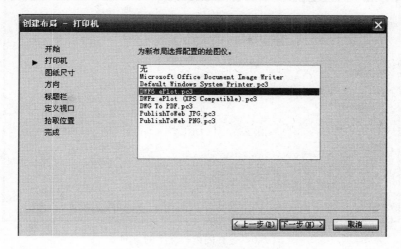

图 7-4　创建布局时选择打印机

第四步：选择图形单位和图纸尺寸，即为将来打印在合适大小的图纸上，本例为 A2，如图 7-5 所示。

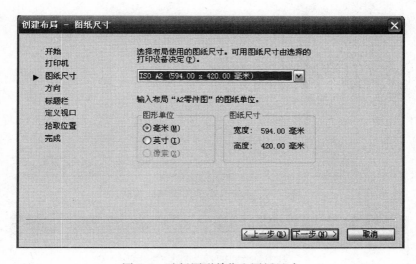

图 7-5　选择图形单位和图纸尺寸

第五步：根据文字正方向与图纸方向的匹配关系，选择布局为纵向或横向。本例图形是横向布置的，文字"A"的方向要与图纸方向一致，所以选择"横向"，如图 7-6 所示。

第六步：选择用于此布局的标题栏。可以选择插入标题栏为外部参照标题栏，将标题栏放在图纸的右下角。本例中，图形已带边框和标题栏，应选择"无"，如图 7-7 所示。如果有适合的边框及标题栏，就可在列表中选取。如果自己需制作合适的边框及标题栏，就在模型空间跟绘制普通图型一样绘制，然后保存成图块文件，放在指定的位置，就可以选择并使用了。

第七步：指定布局中视口的设置及比例。每个视图可由不同观察方向生成，并可以将图纸通过比例缩放，以比较合适的比例放入该视图。如果选择"按图纸空间缩放"，图形将自动放满视口，如图 7-8 所示。

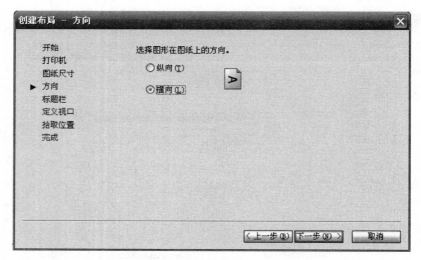

图 7-6　选择图纸与文字的方向

图 7-7　选择合适的图框与标题框

图 7-8　视口设置和视口比例的选择

第八步：在布局窗口中确定矩形两对角点，以便将图形放入矩形视口内。可以直接单击"下一步"按钮，按照上一步选定的比例自动居中放置，如图 7-9、图 7-10 所示。

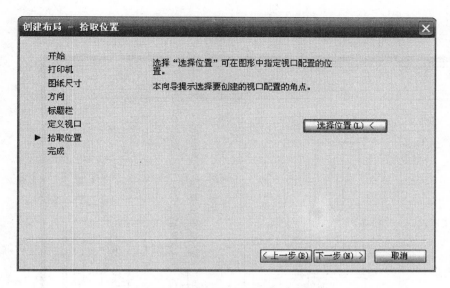

图 7-9 在图形中指定视口配置的位置

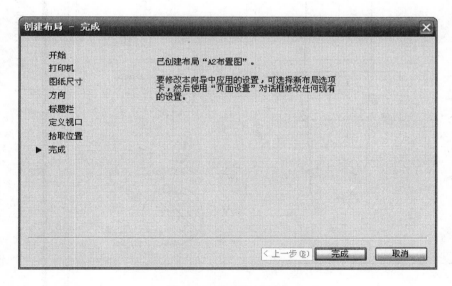

图 7-10 完成布局创建

第九步：矩形视口确定后，单击"完成"按钮。如图 7-11 所示，由外往里数，最外边的矩形框为本例 A2 图纸的边界，第二个矩形框为视口框，第三个矩形框为图形的外边框，最里边的矩形框为图纸的内边框。

其实，可在图层特性管理器中，将视口所在图层关闭，效果如图 7-12 所示，虚线框表示可打印的范围。此框与外层图纸边框的间距即为上下左右边距。

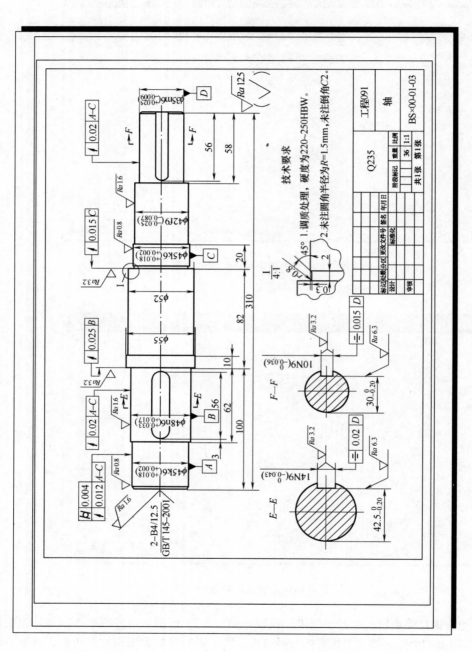

图 7-11 完成布局结果

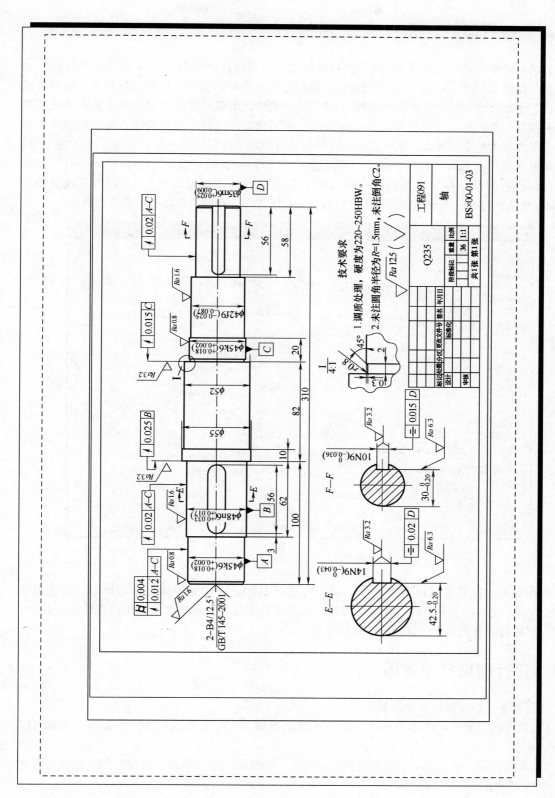

图 7-12 虚框代表可打印范围

7.2 直接打印的方法

如果在模型空间中已将图型和图框绘制在一起，就可以从"文件"菜单中调用"打印"功能，显示如图 7-13 所示的打印设置对话框。在此打印设置对话框中，选择可使用的合适型号的打印机、图纸尺寸；打印范围一般选择"窗口"方式后，用矩形框的左上和右下角点来选择要打印的范围，并将图形按"打印比例"缩放后，输出到指定的打印设备上；一般选择整个图形相对于图纸居中的布图方式，也可以指定打印起始点相对于指定图纸的左下角的 X 和 Y 向偏移；缩放单位选择"毫米"；"打印样式表（画笔指定）"下拉列表框中选择"monochrome.ctb"可将图中任何颜色的线条打印成黑色；打印选项中要选择"打印对象线宽"，否则所有线宽均按 0.25mm 默认值打印；图形正方向"A"要适合于图纸方向，否则会打印不全或浪费图纸。

图 7-13　打印设置对话框

打印模型选择完成后可直接单击"确定"进行打印。往往为了确保打印成功，可在单击"确定"前，先单击左下角的"预览"按钮，来浏览打印效果，确定可以打印后再单击"确定"按钮，然后打印在图纸上，以减少纸张的浪费。

7.3 自行创建打印布局

自行创建打印布局的步骤如下：

1）设置绘图界限，图形有多大，设置的界限就取多大；然后执行 ZOOM 命令，选择 ALL 选项。

2）设置图层，除了正常绘图所用到的粗线层、细线层、中心线层、剖面线层、标注层等之外，再增加图框层、视口两层。

3）在模型空间按照 1∶1 绘图、标注，如图 7-14 所示。

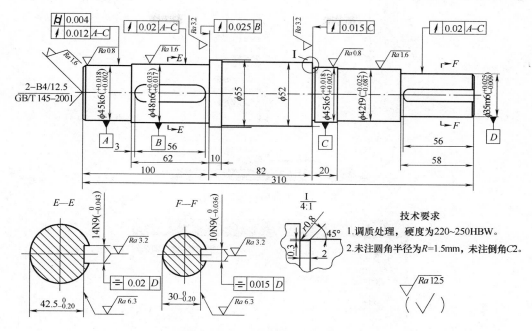

图 7-14　在模型空间 1:1 绘图

4）绘制适合国家标准的图框及标题栏、明细栏，分别写成块文件保存起来，可供以后调用。

5）创建一个打印布局。

1）建一个布局如图 7-15 所示，然后右击"自建布局"标签，弹出一个"布局快捷"菜单，如图 7-16 所示，选择"页面设置管理器"，弹出图 7-17 所示的"页面设置管理器"对话框，单击"修改"按钮，弹出图 7-18 所示的"页面设置"对话框，然后按照 7.2 节介绍的方法进行页面设置。

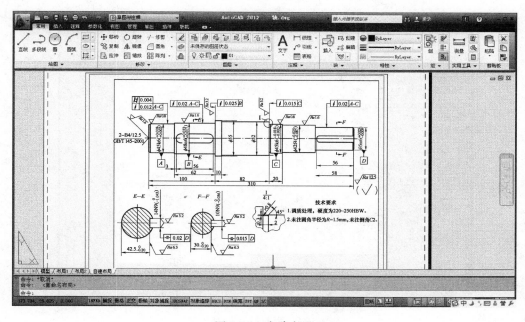

图 7-15　自建布局

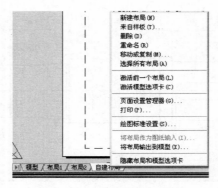

图 7-16 "布局快捷"菜单

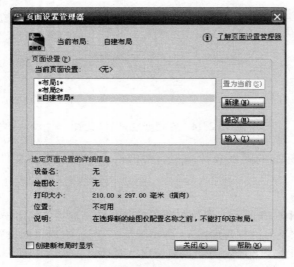

图 7-17 "页面设置管理器"对话框

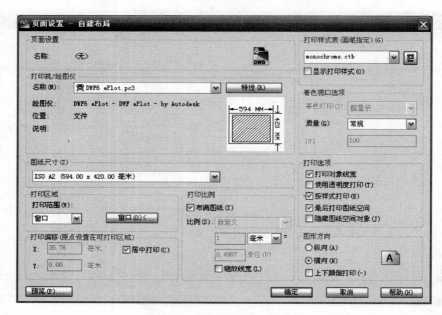

图 7-18 "页面设置"对话框

2）在图 7-18 所示的界面上，单击"打印机/绘图仪"选项区的"特性"按钮，弹出如图 7-19 所示的"绘图仪配置编辑器"对话框。单击"设备和文档设置"标签，在"修改标准图纸尺寸"框中，选择 ISO A2（594.00×420.00），单击"修改"按钮，弹出图 7-20 所示的"自定义图纸尺寸-可打印区域"对话框。

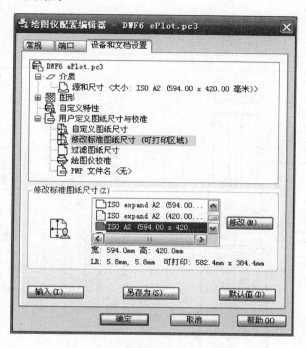

图 7-19 "绘图仪配置编辑"对话框

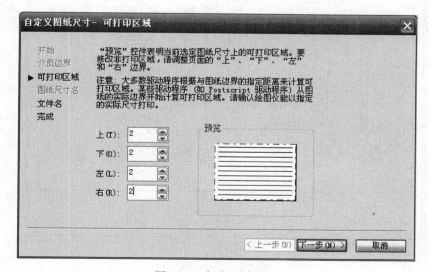

图 7-20 打印区域设置

可以修改边界的值，得到合适的打印区域，然后单击"下一步"按钮，再单击"下一步"按钮，最后单击"完成"按钮；返回到图 7-19 所示的界面，连续两次单击"确定"按钮；返回到图 7-18 所示的界面，再单击"确定"按钮；再返回到 7-17 所示的界面，单击"关闭"按钮。设置完毕后，打印范围的虚线框扩至外边界附近，如图 7-21 所示。

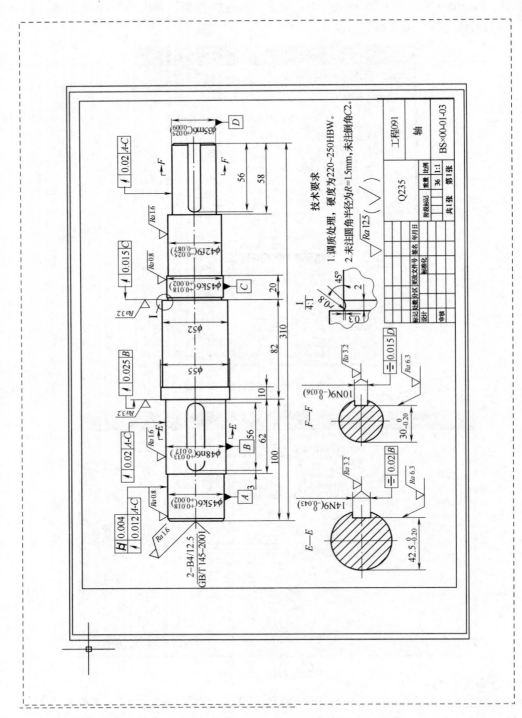

图 7-21 打印区域变化 "虚线框"

3）删除图 7-21 所示的视口框，得到图 7-22 所示的界面。

图 7-22 删除视口的界面

4）将图框层置为当前，插入事先前做好的 A3 图框块，如图 7-23 所示。

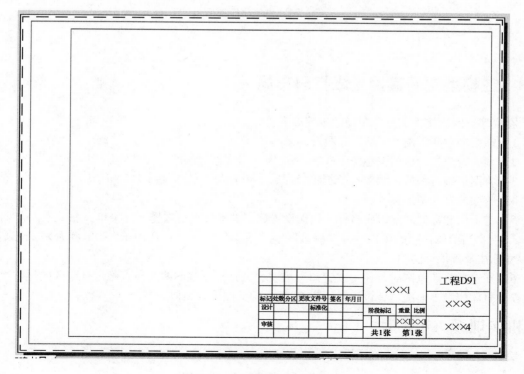

标记	处数	分区	更改文件号	签名	年月日							工程D91	
设计			标准化						×××1				
								阶段标记	重量	比例		×××3	
审核									××	××			
								共1张	第1张			×××4	

图 7-23 把图框插入打印区域

5）将视口层置为当前，调出视口工具栏，选择合适的视口方式，以分割窗口，可以得到多视图或单视图。本例选用多边形视口，沿着图框内的多边形边框（图示的粗线框）围成一个视口，自动以适当比例放进模型窗口的图型，如图 7-24 所示，也可以自行调整比例，以得到最佳视图，然后调用"文件"菜单的打印功能，以布局的方式打印即可。

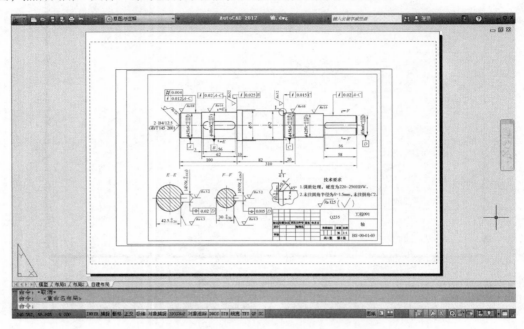

图 7-24　生成相应视口

7.4　在模型空间直接生成打印布局

在模型空间直接生成打印布局的步骤如下：

1）在模型空间，按 1:1 绘制好图形。

2）调入希望打印出图大小的图框块，如 A0（事先做好的图块文件）。

3）将图形进行缩放，如 2m 长的轴，要放入 A0 图纸，就需要按 1:2 缩小。

4）将缩放好的图形移入图框。

5）进行尺寸标注之前，应将标注比例设置好，设置过程是选择下拉菜单"格式"→"标注样式"→"当前所使用的样式"→"修改"→"主单位"→"比例因子"（本例为 2），然后进行尺寸标注及其他标注项。

6）在选择打印范围时，使用"窗口"方式，并选择图框的两对角点确定打印区域。

7）打印模型界面的其他设置与图 7-18 所示的页面设置类似。

上机实训题（6 小时）

绘制图 7-25 和图 7-26 所示的图形。

齿数	z_2	148
法向模数	m_n	2
齿形角	α	20°
齿顶高系数	h_{an}^*	1
螺旋角	β	10.36°
螺旋方向		左旋
径向变位系数	χ	0
精度等级		8HK GB/T 10095—2001
配对齿轮	图号	
	齿数	z_1	33
齿轮副中心距及其极限偏差	$a\pm f_a$	184±0.036
检验项目	代号	公差或极限偏差
径向跳动公差	F_r	0.073
齿距累积总公差	F_p	0.091
单个齿距极限偏差	f_{pt}	±0.019
齿廓总公差	F_α	0.029
螺旋线总公差	F_β	0.023
公法线平均长度及其偏差	W_{nK}	$176.67_{-0.230}^{-0.183}$
跨测齿数	K	18

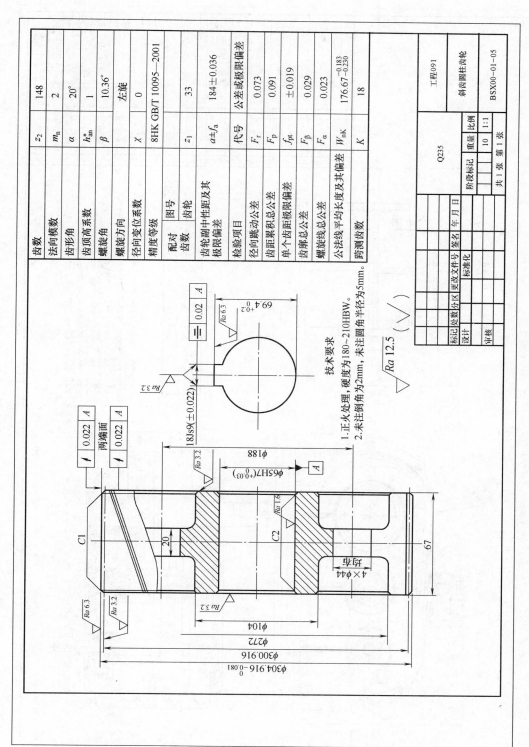

技术要求
1. 正火处理，硬度为180~210HBW。
2. 未注倒角为2mm，未注圆角半径为5mm。

图 7-25　上机训练 1

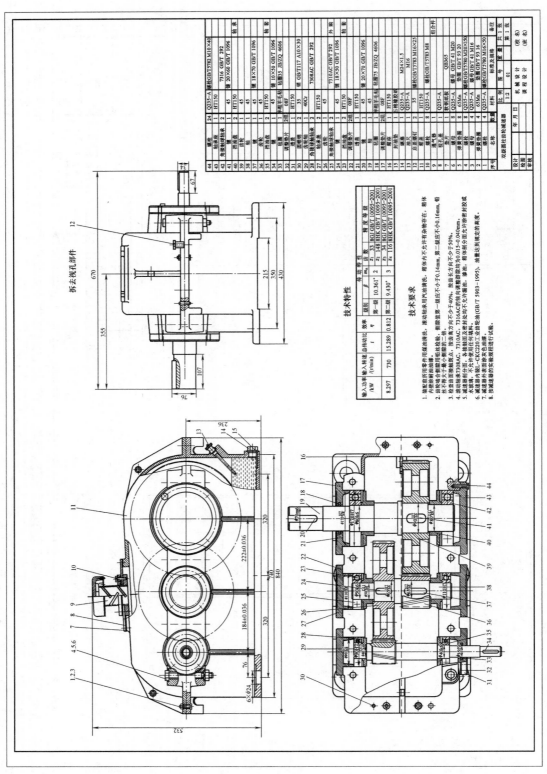

图 7-26 上机训练 2

第8章

Pro/E 5.0 界面简介与
基本操作

【学习要点】
1）Pro/E 5.0 的安装。
2）Pro/E 5.0 操作界面简介。
3）三维模型显示控制。
4）Pro/E 5.0 基本操作。

Pro/E 5.0 是美国 PTC 公司研制的一套由设计至生产的机械自动化软件，是一个参数化、基于特征的实体新型造型系统，并且具有单一数据库功能。

8.1 Pro/E 5.0 的安装

1. 软、硬件配置要求

Pro/E 5.0 是 PTC 公司于 2009 年推出的版本，可以在工作站或 PC 上运行。表 8-1 列出了 Pro/E 5.0 快速稳定运行的推荐软、硬件配置。当然，未达到这些配置要求的计算机也可以满足 Pro/E 5.0 的启动和运行，但运行速度非常缓慢，尤其是在进行大型装配操作时。

表 8-1　Pro/E 5.0 运行的推荐软、硬件配置

项　目	推 荐 配 置
操作系统	Windows 2000/XP/Vista
CPU	1.0GHz 以上（建议 2.0GHz 以上）
内存	1.0GHz 以上（建议 2.0GHz 以上）
显卡	显存 256MB 以上，推荐使用 Geforce4 以上显卡
硬盘	全部为 4.0GB，建议安装在 10GB 以上分区
显示器	17 英寸以上（建议使用大屏幕液晶显示器）
网卡	必须安装网卡（或使用虚拟网卡）
鼠标	三键滚轮鼠标（推荐使用光电鼠标）

2. 中文环境设置

Pro/E 5.0 系统默认的是英文界面，如果要显示简体中文界面，在安装前需进行中文环境设置，设置环境变量"lang"的值为"chs"。以 Windows XP 操作系统为例，具体操作步骤如下：鼠标右键单击桌面上"我的电脑"图标，在弹出的快捷菜单中选择"属性"命令，系统弹

出"系统属性"对话框，切换到"高级"选项卡。如图 8-1 所示单击 ▭环境变量(N)▭ 按钮，系统弹出"环境变量"对话框，单击 ▭新建(W)▭ 按钮，系统弹出"新建系统变量"对话框，输入变量名"lang"，变量值为"chs"，依次单击各对话框中的 ▭确定▭ 按钮。

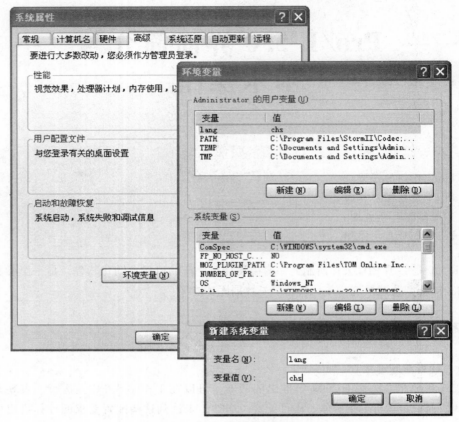

图 8-1　中文环境变量设置

3. 软件使用许可证

安装 Pro/E 5.0 之前，必须获得合法的 PTC 软件许可证，这是一个许可证文件"License. dat"，该文件是根据用户计算机的网卡号赋予的，具有唯一性。

网卡号的查找步骤如下：单击 Windows 操作系统左下角的 ▭ 开始 ▭ → ▭ 所有程序(P) ▭ → ▭ 附件 ▭ → ▭ 命令提示符 ▭，打开"命令提示符"界面，输入"ipconfig/all"命令并回车，即显示计算机的网卡号，如图 8-2 所示。获得网卡号后，将安装盘里面提供的"License. dat"复制到一个相对固定的位置，如"C：\ crack5.0"。然后用记事本打开，将其中的"00-00-00-00-00-00"用本机的网卡号全部替换掉，对于本书中的计算机来说就是用图 8-2 中的"00-25-11-52-AA-BD"替换掉"00-00-00-00-00-00"，然后保存就可以了。在这里需要注意的是，一旦"License. dat"放到一个固定位置后，不要轻易移动，否则会导致 Pro/E 5.0 无法启动。

4. 虚拟光驱设置

Pro/E 5.0 安装建议采用虚拟光驱安装，这样会使这个安装过程更快。首先安装虚拟光驱软件，如 DEAMON Tools，然后将安装光盘分别映像到虚拟驱动器中。

5. 安装步骤

1）当将安装盘映像到虚拟光驱之后，会自动启动安装程序，出现图 8-3 所示的安装提示，几秒钟后，进入图 8-4 所示的安装界面。如果未能自动执行安装程序，可以通过运行镜像文件根目录下的 "setup. exe" 文件，进入安装界面。

图 8-2　查找计算机网卡号

图 8-3　Pro/E 5.0 自动安装提示

 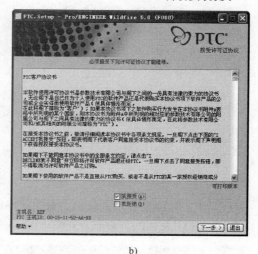

a)	b)

图 8-4　Pro/E 5.0 安装界面 1

2）在图 8-4a 所示的安装界面中单击 下一步> 按钮，在图 8-4b 中勾选 "我接受" 后，然后单击 下一步> 按钮，Pro/E 5.0 即准备开始安装。

3）弹出图 8-5 所示的对话框，选择 Pro/ENGINEER & Pro/ENGINEER Mechanica 即开始安装，在这里注意的是，不要选择 PTC License Server，直接选择前者进行 Pro/E 5.0 的安装。

4）弹出图 8-6 所示的对话框，指定程序安装的路径，单击 下一步> 按钮。

5）根据需要选择 "公制" 或 "英制"，然后单击 下一步> 按钮，如图 8-7 所示。一般选择 "公制"，因为在我国，单位的标准是 "公制"。

6）弹出图 8-8 所示的对话框，单击 添加 按钮，弹出 "指定许可证服务器" 对话框，如图 8-9 所示。选择其中的第三个选项，然后单击 📁 按钮，浏览找到已经改过的授权文件的位置，单击 确定(Q) 按钮，然后单击图 8-8 中的 下一步> 按钮（先前该按钮一直为灰色）。

图 8-5　Pro/E 5.0 安装界面 2

图 8-6　指定安装路径

图 8-7　择 Pro/E 5.0 单位标准

图 8-8　添加许可证服务器

7）弹出图 8-10 所示的对话框，设置程序快捷方式（可以采用默认值）后，单击 下一步> 按钮。弹出图 8-11 所示的对话框，安装可选实用工具（可以采用默认值）单击 下一步> 按钮。

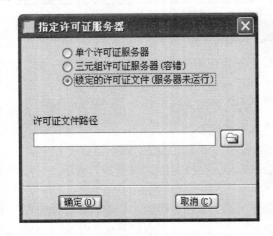

图 8-9　"指定许可证服务器"对话框

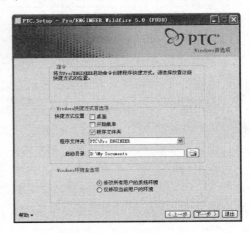

图 8-10　设置程序快捷方式

8）ProductView Express 安装路径设置，可以采用默认设置，然后单击"下一步"按钮，如图 8-12 所示。

图 8-11　安装可选实用工具

图 8-12　ProductView Express 安装路径设置

9）弹出如图 8-13 所示的对话框，开始安装。

10）安装完成，单击 下一步> 按钮。返回图 8-5 所示的对话框。如果还要安装 Pro/E 5.0 其他产品，可以选择相应的选项进行安装。否则，单击 退出 按钮，退出安装程序，结束 Pro/E 5.0 的安装。

11）运行 proe 补丁程序：在光盘里面"WF5_ Win32_ crk"目录下找到名为"WF5_ Win32_ crk. exe"的文件，并复制到 ProeWildfire 5.0 \ i486_ nt \ obj 目录下运行，如图 8-14 所示。

12）运行 mechanic 补丁（没安装此组件的跳过此步）：在光盘里面 WF5_Win32_crk 目录下找到名为"proe_mech_WF5_Win32_#1_crk. exe"的文件，并复制到 proeWildfire 5.0 \ mech \ i486_nt \ bin 目录下运行，如图 8-15 所示。

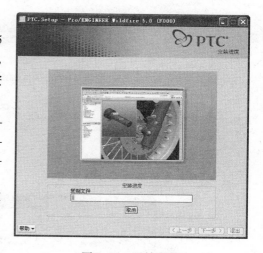

图 8-13　开始安装

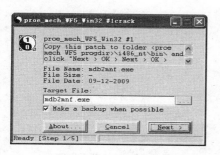

图 8-14　运行 proe 补丁程序

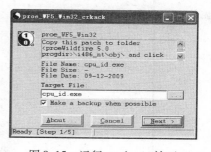

图 8-15　运行 mechanic 补丁

至此，Pro/E 5.0 安装结束。

我们可以从开始菜单中进入 Pro/E 5.0，依次选择"开始"→"所有程序"→"PTC"→"Pro ENGINEER"→"PTC"→"Pro ENGINEER"；也可以在桌面上直接单击 Pro/E 5.0 的快捷方式也可以启动 Pro/E 5.0。

8.2 Pro/E 5.0 操作界面简介

8.2.1 Pro/E 5.0 界面概览

图 8-16 所示的是进入 Pro/E 5.0 的开始界面，界面左侧显示硬盘的文件夹及默认的工作目录，右侧为网页区。当创建新的零件或打开已有的 Pro/E 零件后，操作界面如图 8-17 所示。

图 8-16 进入 Pro/E 5.0 的开始界面

图 8-17 中各功能区域介绍如下：

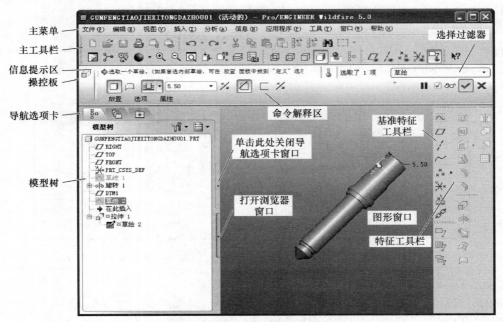

图 8-17 Pro/E 5.0 的操作界面

（1）图形窗口　图形窗口是几何模型的显示区域。

（2）主菜单　Pro/E 5.0 的所有操作与模型处理功能都可以通过主菜单实现，但主菜单的命令大都可以由图标按钮更加快捷地执行。表 8-2 列出了 Pro/E 5.0 主菜单功能的简要说明。

（3）主工具栏　以图标的形式列出了常用的命令。将鼠标指针悬停在每一个图标按钮上，系统会在该图标旁边显示该图标的名称或简要说明。表 8-3 列出了 Pro/E 5.0 常用的主工具栏按钮的功能说明。

表 8-2　Pro/E 5.0 主菜单功能的简要说明

"文件"	文件处理	"信息"	显示模型的各种相关信息
"编辑"	模型编辑及模型设计变更	"应用程序"	提供了钣金、CAE 分析、焊接、机构分析与机械模拟应用、模具/铸造等不同的应用模块
"视图"	模型显示设置与三维视角控制	"工具"	包括关系、参数、程序、族表以及工作环境等工具
"插入"	添加各类特征，其中大部分选项在特征工具栏中都有对应的图标按钮	"窗口"	窗口控制
"分析"	模型几何分析	"帮助"	提供帮助信息

表 8-3　Pro/E 5.0 常用的主工具栏按钮的功能说明

工具栏按钮	功能说明	工具栏按钮	功能显示
	新建、打开、保存、打印文件		模型放、缩显示
	发送邮件		模型在窗口中以最佳大小显示
	撤消、恢复操作		定位模型视图方向
	复制、粘贴、选择性粘贴		切换到标准视图或保存的视图方向
	参数修改后再生模型		设置层的有关状态
	在模型树中按照搜索条件搜索对象		启动视图管理器
	确定选择对象框的形状		模型显示模式：线框或着色或增强真实感的显示模式
	重新绘制当前图形		基准面、基准轴、基准点、基准坐标系的显示开关
	切换是否显示模型的旋转中心		在线帮助

（4）特征工具栏　位于窗口右侧，提供了特征创建常用的工具按钮，是模型创建中使用最频繁的部分。凡显示为灰色的工具，表示当前不能进行该项操作。

（5）导航选项卡　包括四个页面选项即"模型树或层树"、"文件夹浏览器"、"收藏夹"和

"连接"。其中：

模型树：以树形列表的形式显示零件的特征组成和改造过程（在装配环境下，以树形列表的形式显示产品的零件组成或装配体的装配过程）。

层树：用以有效管理模型中的层。

文件夹浏览器：用于浏览硬盘上的文件。

（6）操控板　创建特征时，特征的各个选项、各种信息会显示其中，引导使用者完成操作。

（7）信息提示区　在设计过程中，信息提示区不断给出下一步操作的提示，或要求用户输入必要的数据，初学者应充分利用这一功能。在信息提示区，可以获得大量关于下一步操作或者用户必须输入的信息，充分利用信息提示区的信息是学习 Pro/E 5.0 的一个好习惯。

（8）选择过滤器　当处理复杂的设计模型时，常出现无法顺利选取到目标对象的情形，此时可通过设置"选择过滤器"限定所选取的对象类型。

8.2.2　文件操作

1. 设置工作目录

Pro/E 5.0 在运行过程中将大量的文件保存在当前目录（默认目录）中，并且打开文件最快捷的目录也是当前目录。为了更好地管理与 Pro/E 5.0 软件有关联的文件，进入 Pro/E 5.0 后，应立即进行当前工作目录的设定，其操作步骤如下：

1）选择主菜单"文件"→"设置工作目录"。

2）在系统弹出的如图 8-18 所示的对话框中，选取适当的工作目录，如"E：\ proeworking"。

3）单击对话框中的 确定 按钮。

完成上述操作之后，"E：\ proework-ing"即成为当前的工作目录。在下一次更改工作目录之前，文件的创建、保存、自动打开、调用、删除等操作都将在该目录下进行。

图 8-18　"选取工作目录"对话框

2. 新建文件

1）选择主菜单"文件"→"新建"，或单击主工具栏上的 □ 按钮，系统弹出如图 8-19 所示的"新建"对话框。

2）根据需要指定文件类型和子类型。Pro/E 5.0 常用的文件类型及功能如下：

① 草绘：二维草图绘制，文件扩展名为".sec"。

② 零件：三维零件设计，文件扩展名为".prt"。

③ 组件：三维装配设计，文件扩展名为".asm"。

④ 制造：模具设计、NC 加工等，文件扩展名为".mfg"。

⑤ 绘图：二维工程图制作，文件扩展名为".drw"。

⑥ 格式：二维工程图图框制作，文件扩展名为".frm"。

3）确定是否使用默认模版。注意：Pro/E 5.0 的默认模板采用的是英制标准，所以一般不要采用默认模板。

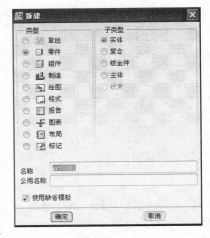

图 8-19　"新建"对话框

4）输入新文件名。

5）单击对话框的 确定 按钮。

3. 多个窗口切换及关闭窗口

Pro/E 5.0 可以同时打开多个文件，并在"文件"菜单和"窗口"菜单下显示打开的文件列表，可以通过在列表中单击相应的文件名实现文件窗口间的切换。

要关闭当前文件窗口，可以选择主菜单"文件"→"关闭窗口"，或选择主菜单里的"菜单"→"关闭"，或直接单击操作界面右上角的 ☒ 按钮。

提示： 窗口关闭以后，该文件仍然驻留在内存中。要想将已经关闭但依然驻留在内存中的文件从内存中清除，选择主菜单"文件"→"拭除"→"不显示"。要想当前文件关闭的同时从内存中清除，选择主菜单"文件"→"拭除"→"当前"。拭除已经关闭但仍驻留在内存中的文件，可以提高软件的运行速度。

4. 保存文件

（1）同名保存文件   选择主菜单"文件"→"保存"，或单击主工具栏中的 🖫 按钮，系统弹出"保存对象"对话框，注意这时只能进行文件的同名保存，因此只需单击对话框中的 确定 按钮即可。如果输入了新的文件名称，系统则不会有任何响应。

提示： 在每次同名保存之后，先前的文件并没有被覆盖掉，而是出现一个新的文件版本。例如第一次保存文件名为"car. prt. 1"，则第二次同名保存文件名称为"car. prt. 2"，依次类推。Pro/E 5.0 保存文件的这一特点有利于在重大的操作失误后顺利找到以前的设计结果，而不必像在其他软件中那样必须通过异名文件来保留必要的中间设计结果。选择主菜单"打开"命令打开文件时看到的总是文件的最新版本。

（2）异名保存文件   选择主菜单"文件"→"保存副本"命令等同于其他软件中的"另存为"命令，其操作方式也与其他软件中异名保存文件类似，这里不再赘述。

5. 打开文件

选择主菜单"文件"→"打开"，或单击主工具栏中的 🗁 按钮，系统弹出如图 8-20 所示的"文件打开"对话框。找到文件所在的位置后，选取文件名称，单击 打开 ▾ 按钮。在单击该按钮之前，还可以单击 预览 ▾ 按钮，预览该文件的缩略图以确认是否要打开该文件。

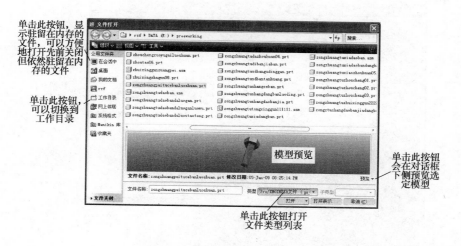

单击此按钮，显示驻留在内存的文件，可以方便地打开先前关闭但依然驻留在内存的文件

单击此按钮，可以切换到工作目录

单击此按钮会在对话框下侧预览选定模型

单击此按钮打开文件类型列表

图 8-20   "文件打开"对话框

6. 删除硬盘上的 Pro/E 文件

在 Pro/E 5.0 操作界面上直接删除硬盘上的 Pro/E 文件,选择"文件"→"删除"→"旧版本",可以删除当前文件的旧版本;选择"文件"→"删除"→"所有版本",可以删除当前文件的所有版本,这个操作相当于从硬盘上直接删除,因此执行这个操作要慎重。

8.3 三维模型显示控制

首先设置工作目录为"E:\example\ch8",然后打开文件"ex01.prt"。

在 Pro/E 5.0 下进行三维设计的过程中,用户可以对模型进行旋转、平移、缩放、精确地视角定位等显示控制,实现对模型任意角度、任意细节的逼真观察。因此,三维模型的显示控制是开始熟悉 Pro/E 5.0 的最关键操作。

提示(模型动作对应的鼠标操作):

模型旋转:按住鼠标中键并拖动鼠标。

模型缩放:滚动鼠标中键的滚轮。

模型平放:同时按住键盘上的【Shift】键和鼠标中键并拖动鼠标。

将模型恢复到默认的三维视角和最佳大小显示:按下键盘上的【Ctrl + D】键。

1. 模型缩放

单击主工具栏上的 🔍 按钮,然后在模型上框选要放大的部分,即可将该部分模型放大显示。

单击主工具栏上的 🔍 按钮,即可缩小模型显示。

单击主工具栏上的 🔍 按钮,模型以当前视角和最佳显示大小显示在图形窗口中。

2. 精确定位观察视角

单击主工具栏中的 ⟲ 按钮,或选择主菜单"视图"→"方向"→"重定向",系统弹出图 8-21 所示的"方向"对话框,按图示步骤进行操作,即可将模型视角定为 A 面朝前、B 面朝上的视角方向。

继续执行图 8-22 所示的操作步骤,可将这一视角方向保存下来,视图名称为"view1",如图 8-22 所示。

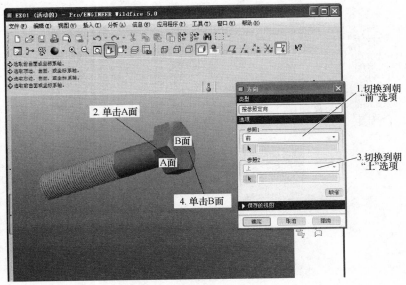

图 8-21　精确定位观察视角

3. 切换到标准视角

单击主工具栏中的 按钮，会在该图标下方弹出图 8-23 所示的"切换到标准视角"菜单，菜单显示出标准视图和已保存的视图名称，单击不同的视图名称，就可以将模型切换到相应的标准视角。

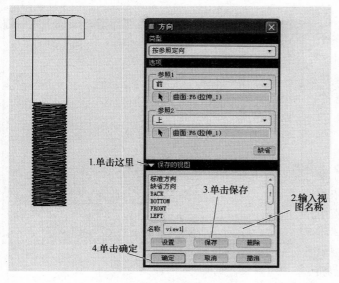

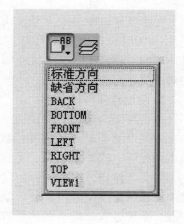

图 8-22　保存视图方向 　　　　　　　　　图 8-23　切换到标准视角

4. 模型显示模式

Pro/E 5.0 中的模型显示模式有四种，分别是线框、隐藏线、无隐藏线和着色模式。单击主工具栏上对应上述四种模式的按钮 ，可以切换到相应的显示模式，图 8-24 所示为 4 种显示模式的显示效果。相比以前的版本，Pro/E 5.0 在显示模式中增加了一个"增强的真实感" 按钮。按下这个按钮，可以使模型的立体感更强，如果显存不是很大，最好不要使用它。

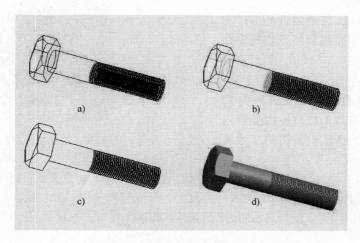

图 8-24　三维模型的四种显示模式

a)　线框显示模式　b) 隐藏线显示模式　c) 无隐藏线显示模式　d) 着色显示模式

8.4　Pro/E 5.0 的基本操作

为了在一开始就对 Pro/E 5.0 环境下的设计有一个具体的机会，请完成以下步骤，实现一个最简单的三维实体模型的设计。

1. 新建零件文档

参照 8.2.2 节的内容，新建一个"零件"文档"ex02"，进入零件设计界面。在图形窗口中显示三个默认的基准平面：TOP、FRONT、RIGHT。这三个基准平面，相当于一个三维坐标系，方便对绘图空间进行描述。

2. 启动拉伸特征

单击特征工具栏的 按钮，会在窗口上方弹出图 8-25 所示的操控板。依次单击操控版中的 放置 按钮，上滑面板中的 定义... 按钮、图形窗口的任意一个基准平面（如 FRONT），最后单击鼠标中键，系统进入二维草图绘制界面，如图 8-26 所示。

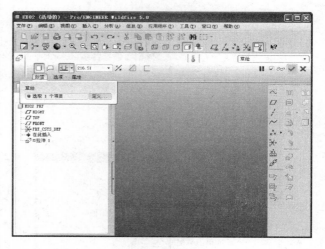

图 8-25　操控板

3. 绘制二维草图

单击窗口右侧工具栏中的 按钮后，在图形窗口断续单击鼠标左键绘制图 8-26 所示的圆形，并在图形完成后按下鼠标中键结束画线命令，最后单击窗口右侧工具栏的 按钮。

4. 完成拉伸特征

系统返回图 8-25 所示的零件设计界面，在图 8-25 所示操控板的下拉列表框中输入数据（如 200）并回车，最后单击操控板中的 按钮。

同时按下键盘上的【Ctrl】键和【D】键，在图形窗口的任意空白处单击鼠标左键，屏幕上将显示创建的三维模型，如图 8-27 所示。

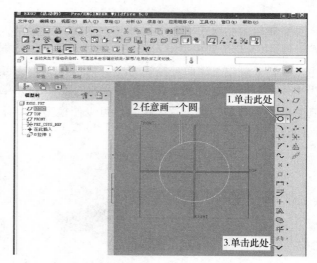

图 8-26　绘制二维草图

至此，完成了一个最简单的三维模型的创建，这一模型的几何意义是：将一个平面上绘制的二维封闭图形沿平面的垂直方向拉伸成一定高度，形成三维实体。请在此基础上复习 8.2 节和 8.3 节的内容，相信读者会逐渐熟悉 Pro/E 5.0 基本的操作界面，并对 Pro/E 5.0 下的三维模型设计有初步的认识和收获。

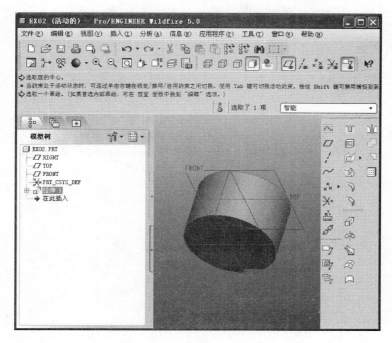

图 8-27　生成的三维模型

小结

本章主要介绍了 Pro/E 5.0 的安装方法；Pro/E 5.0 的操作界面；文件操作，包括打开文件、保存文件、多界面操作等；三维模型显示控制，包括缩放、旋转、平移、精确定位观察视角等；通过一个简单的拉伸命令来熟悉 Pro/E 5.0 的基本操作。通过这一章的学习以达到熟悉 Pro/E 5.0 的目的，熟悉其界面和简单的拉伸命令，为以后的学习打下坚实的基础。

上机实训题（2 小时）

1) 熟悉 Pro/E 5.0 的操作界面。

2) 熟悉 "exercise/ch8/01. prt" 和 "connect- rod. prt"，进行模型的旋转、缩放、定位、特殊视角、线框与着色等操作，注意熟练使用模型显示的快捷键。

3) 练习 Pro/E 5.0 的文件操作。

4) 熟悉拉伸特征的创建。

第9章

Pro/E 5.0 参数化二维操作

【学习要点】
1）Pro/E 5.0 的特征简介。
2）二维草绘的基本步骤。
3）二维草绘举例。

9.1　Pro/E 5.0 的特征简介

Pro/E 5.0 中特征是进行三维实体造型的基本操作单元，如拉伸实体、旋转实体、拉伸切割、钻孔、抽壳等操作。设计时，可以在原有模型的基础上通过不断添加新的特征来完成模型的创建；修改时，首先找到不满意细节所在的特征，通过修改该特征达到修改模型的目的。Pro/E 5.0 特征包括以下三种：

1. 草绘特征

草绘特征将一个或多个二维草绘图形通过一定的方式变化成三维实体或三维曲面。Pro/E 5.0 常用的草绘特征包括：

（1）拉伸特征　如图 9-1a 所示，将一个二维图形沿图形平面的垂直方向拉伸生成一个三维实体或三维曲面。

（2）旋转特征　如图 9-1b 所示，将一个二维图形沿该图形平面内的一根轴旋转生成三维实体或三维曲面。

（3）扫描特征　如图 9-1c 所示，平面上一个二维图形沿某一路径扫描生成三维实体或三维曲面。

（4）混合特征　如图 9-1d 所示，在两个或多个二维图形间自由过渡混合生成三维实体或三维曲面。

之所以将二维图形称为二维草绘是因为 Pro/E 是参数化造型系统。在绘制二维图形时，只需草草勾绘图形的基本形状，然后通过添加约束和修改尺寸来驱动图形变化，就能得到精确尺寸的二维图形。

2. 点放特征

点放特征是指在特征创建过程中无需绘制二维草图，而只需点取一个位置并输入一定参数，就可以将某一形式特征放在那个位置。例如，"倒圆角特征"的创建只需点取倒角部位并输入圆角半径值即可完成；如"孔特征"的创建只需确定孔的放置位置并输入孔的直径和深度即可完成。

3. 基准特征

在产品设计中往往要借助一些辅助的点、线、面才能完成模型的创建，这些辅助的点、线、面就是基准特征。例如，进入零件设计界面后，会在图形窗口显示三个互相垂直的面（TOP、FRONT、RIGHT），在三个面的交汇处显示一个笛卡尔坐标系（PRT_ XSYS_ DEF）。这些都是系统给出的最基本的基准特征，为用户提供一个三维设计空间。随着设计的进行，只借助这些系统给出的基准特征可能无法完成模型的创建，这时就需要用户创建更多的基准特征。

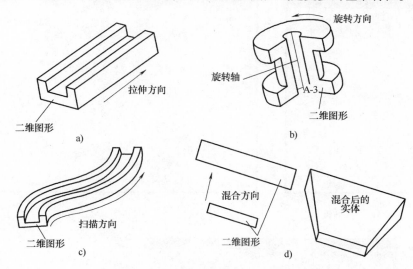

图 9-1　Pro/E 5.0 草绘特征

采用 Pro/E 5.0 进行三维零件设计，就是通过不断向模型添加相应的特征来完成。有关特征创建的步骤和利用特征进行零件设计的方法将在下一章作具体的介绍。在 Pro/E 5.0 三种类型的特征中，草绘特征是最基本的，点放特征只能在草绘特征的基础上创建。创建草绘特征最基本的步骤是画一个正确的二维草图。因此，学会 Pro/E 5.0 的第一步是要学会二维草图的绘制，这就是本章要解决的问题。

9.2　二维草绘的基本步骤

9.2.1　进入草绘界面的方法

（1）方法一　单击主工具栏中的 按钮，系统会弹出图 9-2 所示的"新建"对话框，选择文件类型为"草绘"，输入草绘文件名称或直接使用默认的名称，单击 确定 按钮，进入 Pro/E 5.0 的草绘界面，如图 9-3 所示。

在图 9-3 所示的草绘界面进行的二维草图是绘制，并将其保存为草绘文件。在这里绘制成的草绘图形不能直接生成三维实体，只能留待以后的设计进程调用。

建议初学者不要使用这种方法，因为在这里可以随意绘制二维图形，无论图形正确与否，都可以保存成功，因此不利于初学者绘制出合格的草图。

（2）方法二　单击主工具栏的 按钮，在弹出的"新建"对话框中，选取文件类型为"零件"，输入零件名称，单击 确定 按钮，进入 Pro/E 5.0 的零件设计界面，如图 9-4 所示。

单击特征工具栏中的草绘工具 按钮，系统弹出"草绘"对话框，并在信息提示区显示操作提示，按提示选取绘制二维图形的平面（如在图形窗口点选 FRONT 面），单击鼠标中键。进入二维绘图界面，如图 9-5 所示。

图 9-2 "新建"对话框

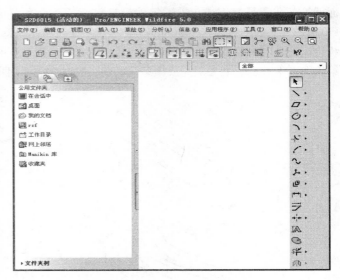

图 9-3 草绘界面

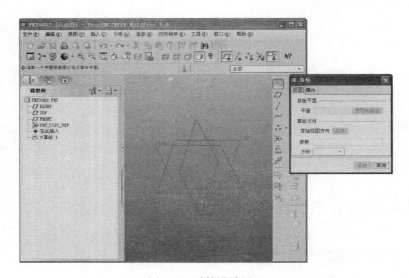

图 9-4 零件设计界面

在图 9-5 所示的二维绘图界面进行草图的绘制，然后单击右侧工具栏中的 ✔ 按钮完成草图的绘制，系统重新返回图 9-4 所示的零件设计界面。

建议初学者不要采用这种方法，因为在这里也可以随意绘制二维图形，无论图形正确与否，都可以成功退回到零件设计状态。当然，对于熟练使用 Pro/E 5.0 的用户，草绘工具 ⌇ 还是非常有用的。

（3）方法三 首先依照方法二中的步骤，进入零件设计界面。

单击特征工具栏中的某个草绘特征工具按钮（如拉伸特征工具 ⌷ 按钮），会在窗口下方弹出操控板，单击操控板 放置 按钮，再次单击上滑面板中的 定义… 按钮（定义拉伸特征的二维草

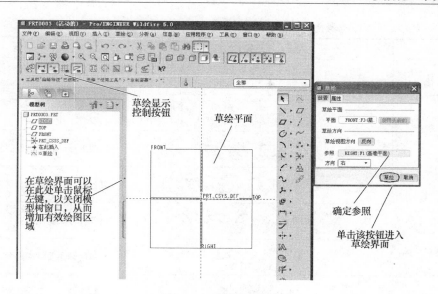

图 9-5　二维绘图界面

绘图形），系统弹出"草绘"对话框，选取绘制二维图形的平面（如在图形窗口单击 FRONT 面），最后单击鼠标中键，进入图 9-5 所示的二维绘图界面。图 9-5 所示的界面为刚刚进入草绘界面的显示窗口，初学者可以先不必追究右侧"草绘"对话框的作用，按默认设置即可。

建议初学者采用这种方法进入草绘界面进行草绘训练，因为在草绘界面绘制的二维图形合格，退出草绘界面之后，可直接生成三维实体。且只有在图形绘制正确后才能退出草绘界面，这就便于提示初学者不断检查自己绘制的二维图形，达到训练的目的。

9.2.2　二维草绘界面

提示：Pro/E 5.0 草绘器默认的背景是灰黑色的混合背景，本书为了达到更好的印刷效果，将 Pro/E 5.0 的背景颜色设置成白色，其设定步骤为："视图"→"显示设置"→"系统颜色"命令，系统将弹出图 9-6 所示的"系统颜色"对话框，切换到"布置"页面，选择"白底黑字"选项，单击 确定 按钮。

通过"系统颜色"对话框还可以改变系统的其他颜色方案，如可以改变草绘中心线、构造线和标准尺寸等的颜色。初学者最好不要随意改变系统的配色方案。

图 9-5 所示的二维绘图界面与零件设计界面比较相似，主要区别在于草绘工具栏、下拉菜单和草绘显示控制按钮。

1. 草绘工具栏

草绘工具栏取代了零件设计界面的特征工具栏，提供了二维草绘最常用的工具按钮，其中在工具按钮右侧带有小黑三角的图标（如 ＼ ）表示其包含有类似的工具按钮，单击这些小黑三角，可以弹出其下一级命令按钮，然后就可以选择其中的命令了。表 9-1 列出了草绘工具栏各图标工具的命令及功能。

图 9-6　"系统颜色"对话框

表 9-1　草绘工具栏各图标工具的命令及功能

类　　别	图标工具及其子工具	功　　能
选取工具		选取图元
几何图元绘制工具		绘制直线、公切线及中心线、几何中心线
		绘制矩形、斜矩形及平行四边形
		以各种方式绘制圆、椭圆
		以各种方式绘制圆弧
		绘制倒圆角及倒椭圆角
		绘制倒角
		绘制几何点、几何坐标系
		借用或偏移现有零件上的边线
		添加文字
尺寸标注工具		添加各种尺寸标注
修改尺寸工具		修改尺寸
约束工具		设置对称、竖直、水平、垂直、相切等约束
图元编辑工具		图元的修剪、延伸、打断
		图元的镜像、缩放、旋转
特殊图元绘制工具		调色板
退出草绘工具		完成草绘，确认图形并退出草绘器
		放弃绘制并退出

2. 下拉主菜单

草绘界面比零件设计界面多一个"草绘"菜单，"草绘"菜单中大部分命令可以由草绘工具栏实现。另外，草绘界面中"编辑"菜单的内容也不同于零件设计界面。

3. 草绘显示控制按钮

图9-7中所示的主工具栏中的草绘显示控制按钮是 Pro/E 5.0 草绘界面特有的，其功能如图9-7所示。

9.2.3 绘制二维图形的基本步骤

1）分别运用草图绘制工具和草图编辑工具绘制、编辑几何元素。

2）指定和修改约束（尺寸也是一种约束）。

3）修改尺寸。

4）图形绘制正确后，单击草绘工具栏中的 ✓ 按钮，退出草绘界面。

在草图绘制中，以上的1）、2）、3）步骤通常要交叉进行。如果图形绘制不正确，步骤4）中单击 ✓ 按钮后，会出现错误提示，这时需要返回1）、2）、3）步骤修改草绘。

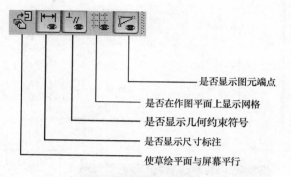

是否显示图元端点
是否在作图平面上显示网格
是否显示几何约束符号
是否显示尺寸标注
使草绘平面与屏幕平行

图9-7 草绘显示控制按钮

9.2.4 几何图形绘制

在绘制几何图形之前，新建一个"零件"文档，进入零件设计界面，依次单击特征工具栏在的 按钮、操控板中的 放置 按钮，上滑面板中的 定义… 按钮、图形窗口的任意一个基准平面，最后单击鼠标中键，系统进入二维草图绘制界面。

下面介绍常用的几何图形绘制命令，在这里都是通过单击窗口右侧的草绘工具按钮来启动相应命令。这些命令在"草绘"菜单中都有相对于的选项，读者也可以通过选菜单的方式来执行这些命令进行图元绘制。

1. 绘制直线

（1）直线工具 ＼

1）如图9-8a所示，单击草绘工具栏中的 ＼ 按钮，移动鼠标到绘图区，分别拾取图示两点，画出两点间的一条线段，可以继续移动鼠标并拾取点来连续画线，如果不想继续画线，按下鼠标中键。屏幕上除显示所画线段之外，同时显示线段的所有尺寸（包括长度尺寸和位置尺寸）。

2）继续依照上述方法绘制直线，完成图9-8b所示的图形，为了清楚地显示图形，将 两个按钮设置为关闭状态，草绘界面上不显示尺寸和约束符号。

3）单击草绘工具栏的 ✓ 按钮，试图确认并结束草图绘制。这时在屏幕中心弹出图9-8c所示的提示框，提示"截面不完整"。分析原因，是因为图9-8b的图形不封闭，无法拉伸成三维实体。

4）单击提示框中的 否(N) 按钮，重新返回草绘界面。再次单击草绘工具栏中的 ＼ 按钮，在图形缺口处绘制直线，使图形封闭，如图9-8d所示。

5）单击草绘工具栏中的 ✓ 按钮，顺利退出草绘界面，返回零件设计界面。在操控板的输入框中输入拉伸的高度并回车，按下操控板中的 ✓ 按钮。在图形窗口的任意空白处单击鼠标左键，按下并拖动鼠标中键旋转模型，如图9-8e所示。

（2）公切线工具 ✕ 该按钮用来绘制两个图形（圆或圆弧）的公切线，如图9-9所示。其操作步骤是：单击 ✕ 按钮，移动鼠标到绘图区，分别选取圆形图元上的两点。系统将根据选取两点的位置决定绘制内公切线还是外公切线。有些情况下不能成功绘制公切线，这是由于公切线不存在，或者选取的图元不是圆弧形图元。

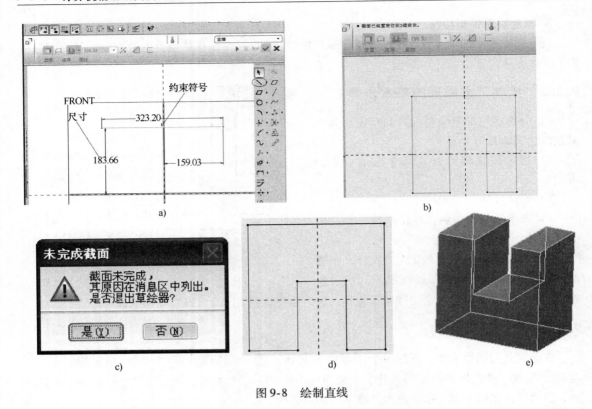

图 9-8   绘制直线

（3）中心线工具 单击草绘工具栏中的"中心线"按钮，移动鼠标到绘图区，分别选取两点后即可完成一条中线的绘制。中心线是一条无限延伸的直线，可以作为二维图形镜像操作的作图辅助线。

（4）几何中心线工具 单击草绘工具栏中的"几何中心线"按钮，移动鼠标到绘图区，分别选取两点后即可完成一条几何中心线的绘制。

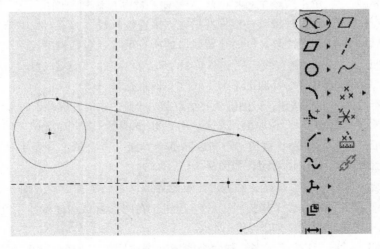

图 9-9   绘制公切线

提示：Pro/E 5.0 新增几何中心线的创建可以在草绘时创建参考轴，比如创建旋转特征时需要的旋转轴。相比以前的版本，Pro/E 5.0 将中心线和几何中心线区分开来，这样使得概念更加明显。

2. 绘制矩形、平行四边形

（1）绘制矩形工具　单击草绘工具栏中的 □ 按钮，移动鼠标到绘图区，分别选取两个对角点，即可生成图 9-10 所示的矩形。

（2）绘制斜矩形工具　单击草绘工具栏中的 ◇ 按钮，移动鼠标到绘图区，分别选取两个对角点，确定斜矩形的一边，然后在该边的垂直方向上延伸一段距离再单击一点即可生成图 9-11 所示的斜矩形。

（3）绘制平行四边形工具　单击草绘工具栏中的 ▱ 按钮，移动鼠标到绘图区，分别选取两个对角点，确定平行四边形的一边，然后在该边的任意方向上延伸一段距离再单击一点即可生成图 9-12 所示的平行四边形。

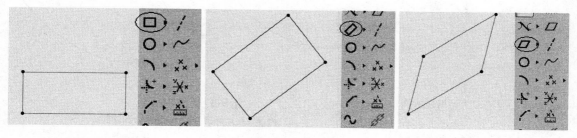

图 9-10　绘制矩形　　　　图 9-11　绘制斜矩形图　　　　图 9-12　绘制平行四边形

3. 绘制圆、椭圆

（1）圆心加半径方式绘制圆　单击草绘工具栏中的 ○ 按钮，移动鼠标到绘图区，单击鼠标左键确定圆心位置（第一点）后，出现一个随着鼠标移动而变化的圆，在适当位置（第二点）按下鼠左键，便绘制出以第一点为圆心，第一点到第二点的距离为半径的圆，如图 9-13 所示。

（2）同心圆　单击 ○ 按钮后弹出子菜单按钮 ○ ◎ ⌒ ⬡ ⊘ ⌀ ，单击其中的 ◎ 按钮，移动鼠标到绘图区，在上面所绘制的圆上单击，出现一个随着鼠标移动而变化的同心圆，在适当位置按下鼠标左键，便绘制出一个同心圆，如图 9-14 所示。继续移动鼠标并在适当位置单击，可以绘制出多个同心圆，要停止连续绘图，按下鼠标中键即可。

提示：在绘图区域内，已经有一个圆的情况下才能使用同心圆工具绘制同心圆，否则该图标呈灰色，不可用。

（3）三点绘制圆　单击草绘工具栏中的 ○ 按钮移动鼠标至绘图区，单击三个点，便绘制出过这三点的圆，如图 9-15 所示。

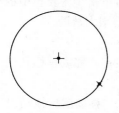 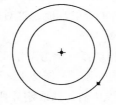 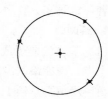

图 9-13　圆心加半径方式绘制圆图　　　图 9-14　同心圆绘制　　　图 9-15　三点绘制圆

（4）与三个图元相切的圆　单击草绘工具栏中的 ○ 按钮，移动鼠标到绘图区，拾取三个图元，便绘制出与这三个图元相切的圆，如图 9-16 所示。

（5）轴端点椭圆　单击草绘工具栏中的 ⬭ 按钮，移动鼠标到绘图区，单击鼠标左键确定椭圆的一个端点，然后再次单击鼠标左键以确定椭圆的另外一个长轴端点出现一个随着鼠标移动而变化的椭圆，在适当的位置按下鼠标左键，绘制出如图9-17a所示的椭圆。

（6）中心和轴椭圆　根据椭圆的中心和长短轴端点创建一个椭圆。单击草绘工具栏中的 ⊘ 按钮，移动鼠标到绘图区，单击鼠标左键确定椭圆的一中心位置，然后再次单击鼠标左键以确定椭圆长轴的一个端点，这时会出现一个随着鼠标移动而变化的椭圆，在适当位置按下鼠标左键，绘制出图9-17b所示的椭圆。

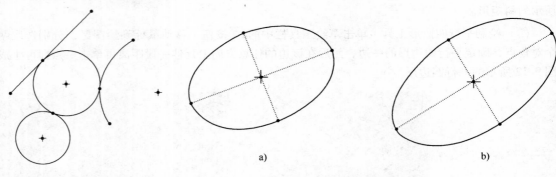

图9-16　与三个图元相切的圆

图9-17　绘制椭圆
a）绘制轴端点椭圆　b）绘制中心和轴椭圆

提示（草绘中的智能导航功能）：Pro/E 5.0的很多草绘命令都可以反复或者连续进行，前面讲解的命令都可以，当不想重复或连续执行这一命令时，可以按下鼠标中键结束当前命令。

在进行二维草绘时，系统会提供智能导航功能，来试图捕捉设计者的意图。例如绘制直线时，如果沿着大致水平（或竖直）的方向移动鼠标，就会出现提示符号（一般称为约束符号）"H"（或"V"），引导用户绘制出精确的水平（或竖直）直线，如图9-18a、b所示。但是，如果想绘制一条与水平方向（或竖直方向）夹角很小（如0.5°）的线段则很难，因为这时鼠标移动方向接近水平（或竖直），系统会引导绘制水平线或（铅直线）。一般采用的方法是绘制一条倾角很大（如接近20°）的线段，以后通过改变角度为0.5°来得到需要的线段。

系统还能自动捕捉到已有图元上的一些关键点（如切点、端点、中点、圆心、交点等）来引导用户绘制出精确的图形。

此外，系统还会根据绘图者的设计意图自动捕捉平行、垂直、相等、相切等约束，并显示相应的约束符号，只要在出现这些约束符号时按下鼠标左键，就能绘制出与已有图元平行、垂直、相等、相切的图形，如图9-18c、d、e、f所示。

如果在草绘环境界面上并没有出现图9-18所示的约束符号，可单击主工具栏中的 ⁺☒ 按钮。初学者一定要充分利用草绘中的智能导航功能，这对提高绘图效率有很大帮助。

4. 绘制弧

（1）三点绘制弧或绘制连续相切弧　单击草绘工具栏中的 ⟍ 按钮，移动鼠标到绘图区，选取三个点，便能绘制出过这三点的圆弧，如图9-19a所示。

再一次单击草绘工具栏中的 ⟍ 按钮，选取刚才所绘制弧的端点，移动鼠标拖动出一条相切弧，在适当位置单击鼠标左键，便完成一条相切弧的绘制，如图9-19b所示。

如果要绘制图9-19c所示的连续但不相切的弧，则在选取已有图元的端点作为圆弧起点之后，鼠标要远离可能绘制出相切弧的位置，然后就可以以三点方式绘制连续但不相切的弧。

（2）同心弧　单击 ⟍ ˅ 按钮后弹出下一级子菜单 ⟍ ⟋ ⌒ ⊙ ，单击其中的 ⟋ 按钮，选取一个圆或圆弧，如图9-20所示，选取点2、点3分别作为圆弧的起点和终点。

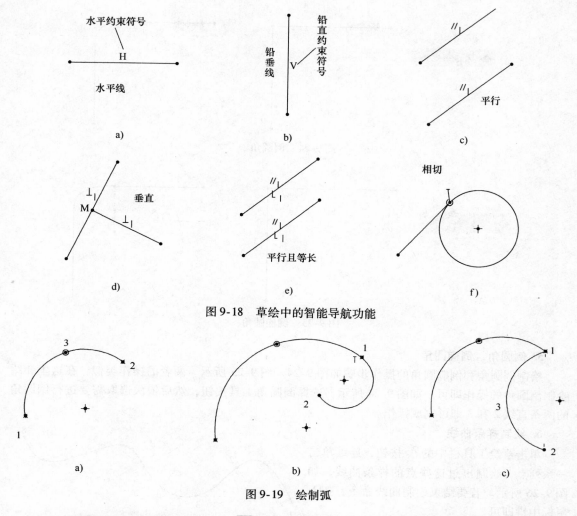

图 9-18　草绘中的智能导航功能

图 9-19　绘制弧

（3）圆心加端点方式绘制弧　单击 ⌐ 按钮，依照图 9-21 所示的步骤完成操作。首先在绘图区单击一点作为圆心，然后单击两点作为圆弧的起点和终点即可完成操作。

（4）绘制三相切弧　单击 ⌐ 按钮，依照图 9-22 所示的步骤完成操作。鼠标依次选取该圆弧需要相切的三个图元即可完成操作。但如果所选三个图元的公切弧不存在时，命令失败。

（5）绘制圆锥曲线　单击 ⌐ 按钮，依照图 9-23 所示的步骤完成操作。鼠标依次选择点 1 和点 2 作为圆锥曲线的起点和终点，然后单击点 3 来确定圆锥曲线的角度。

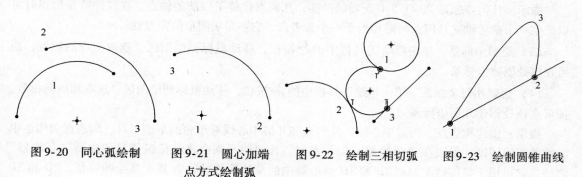

图 9-20　同心弧绘制　　图 9-21　圆心加端　　图 9-22　绘制三相切弧　　图 9-23　绘制圆锥曲线
　　　　　　　　　　　点方式绘制弧

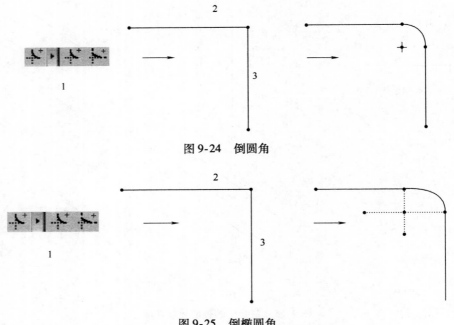

图 9-24　倒圆角

图 9-25　倒椭圆角

5. 倒圆角、倒椭圆角

绘制倒圆角和倒椭圆角的操作步骤如图 9-24、图 9-25 所示。两者的操作类似，在这里介绍绘制倒圆角的操作即可。如图 9-24 所示，选择倒圆角工具按钮，然后依次选取需要进行倒圆角的两条直线 2 和 3 即可完成操作。

6. 绘制样条曲线

单击草绘工具栏中的 ～ 按钮，连续单击一系列点，绘制出过这些点的样条曲线，如图 9-26 所示。若要结束绘制曲线命令，按下鼠标中键即可。

图 9-26　绘制样条曲线

7. 绘制点、坐标系

（1）绘制点（构造点）　单击草绘工具栏中的 × 按钮，移动鼠标到绘图区，选取相应的位置，便可在该处创建点，其在绘图区显示为 ×。注意，创建一些不必要的点可能造成图形错误。

（2）绘制几何点　单击草绘工具栏中的 × 按钮，与创建点的方法一致。

提示：几何点也是 Pro/E 5.0 新增的功能，几何点代替了以前的轴点，在拉伸特征创建时可以产生一个参考轴。几何点同时相当于一个参考点，它不影响图形的完整性。

（3）绘制坐标系　单击草绘工具栏中的 ⊁ 按钮，移动鼠标到绘图区，选取相应的位置，便可在该处创建坐标系。

（4）绘制几何坐标系　单击草绘工具栏中的 ⊱ 按钮，移动鼠标到绘图区，选取相应的位置，便可在该处创建几何坐标系。

提示：创建构造点、构造中心线、几何点和几何中心线有单独的草绘工具。构造点和构造中心线是草绘辅助，无法在"草绘器"以外参照。几何图元则会将特征级信息传达到"草绘器"之外，它可用于将信息添加到 2D 和 3D 草绘器中的草绘曲线特征和基于草绘的特征。2D 和 3D

可以相互转换，选择图元后右键单击，然后从快捷菜单中选择"构建"（Construction）或"几何"（Geometry）来将其状态从几何更改为构建，反之亦然。可以这样理解：构造点、构造中心线可以看做是二维绘图的辅助线，而几何点和几何中心线则另有别用，到具体命令的时候再介绍。

8. 添加文字

单击草绘工具栏中的 按钮，选取图中 1、2 两点确定文字的高度和走向，系统弹出"文本"对话框，如图 9-27 所示，在其中选定文字字体、长宽比、倾斜角后，在文本框中输入文本内容，如"Pro/E 5.0"，单击 确定 按钮，如图 9-27 所示。

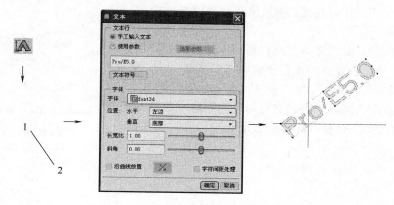

图 9-27　"文本"对话框

如果选中图 9-27 所示"文本"对话框中的"沿曲线放置"复选框，选择一条已经绘制的曲线（在图 9-28 中选择的是下面的圆弧），可以得到图 9-28 所示的文字。

9.2.5　几何图元编辑

1. 选取工具

要编辑图元，首先需选中要编辑的对象。选取图元的方法是：单击草绘工具栏中的 按钮，然后移动鼠标至绘图区，当鼠标指向某一图元（或尺寸、约束）时，该对象显示为加深的亮色，此时单击鼠标左键即可选中对象，选中的对象以深红色显示（不同的系统显示的颜色可能不一样，但都为亮色）。选取图元的方式包括：

图 9-28　沿曲线放置的文字

（1）单选　在图元的任意位置单击鼠标左键。

（2）多选　按下键盘上的【Ctrl】键的同时，拾取多个图元。

（3）框选　在绘图区按下鼠标左键并拖动，拉出一个方块，选入多个图元。

2. 撤销和恢复

单击主工具栏上的 按钮实现撤销和恢复功能，其使用方法与大多数 Windows 软件类似。

3. 删除图元

删除图元有以下两种方法：

1）方法 1：选中图元，按下键盘上的【Delete】键。

2）方法 2：选中图元，在绘图窗口单击鼠标右键，在弹出的快捷菜单中选择"删除"命令如图 9-29 所示。

4. 通过动态拖动图元进行编辑

单击草绘工具栏中的 ▶ 按钮，将鼠标移向图元，当图元的某一部分（如端点、圆心或整个图元）呈现浅蓝色时按下鼠标左键并拖动鼠标，可以实现图元的动态变化。主要方法包括：

1）抓取直线的一个端点拖动鼠标：直线绕另一侧端点旋转并随鼠标所指位置改变长度。

2）在圆心处拖动鼠标左键：移动该圆。

3）在圆周处拖动鼠标左键：缩放该圆。

5. 图元修剪

如图 9-30 所示，图元修剪工具包括三个工具按钮，用来进行图元的修剪、修整、分割操作，分别对应"编辑"→"修剪"菜单下的"删除段""拐角"和"分割"三个命令。

（1）图元修剪　当多个图元交截时，能删除交截图元的某些图元段，如图 9-31 所示。当所选图元不与其他图元交截时，删除整段图元。

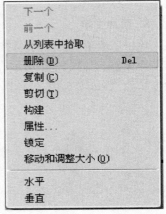

图 9-29　删除图元

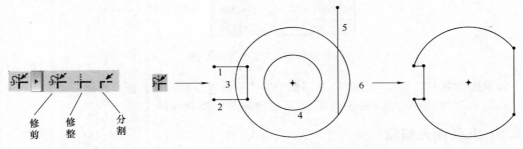

图 9-30　图元修剪工具　　　　　　图 9-31　图元修剪

按下鼠标左键，在多段线条上掠过，可以将鼠标碰到的图元段成批修剪，如图 9-32 所示。建议使用后者，这样画图的效率更高一些。

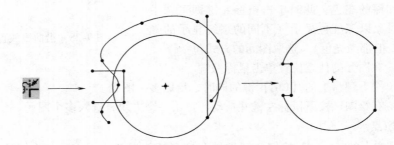

图 9-32　图元批量修剪

（2）图元修整　使两个图元通过延长（或删掉）的方式整齐地相交，如图 9-33 所示。

（3）图元分割　将一个图元分开，形成多个图元，如图 9-34 所示。注意应尽量减少不必要的图元分割。

6. 图元镜像

在绘制对称图形时。一般先绘制一条对称轴，然后绘制一半图形，最后使用镜像工具 按钮完成整个图形。如图 9-35 所示，其绘图步骤为：

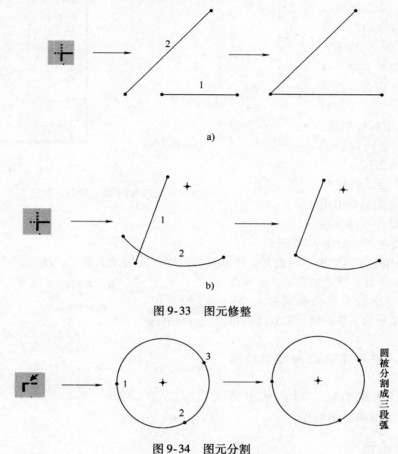

图 9-33　图元修整

图 9-34　图元分割

1）绘制一条中心线。

2）绘制左半部分的图形。

3）单击草绘工具栏的 按钮，选取图形 1 的全部 7 段线条（使用前面介绍的"框选"方式可以选取多段图元），单击镜像工具 按钮，在窗口下部的信息提示区提示 选取一条中心线. ，依照提示选取中心线，完成镜像操作。

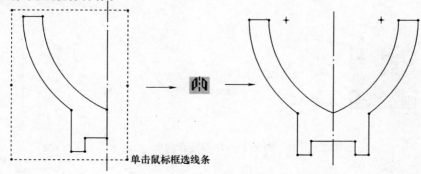

图 9-35　通过镜像工具绘制对称图形

7. 图元的平移、缩放、旋转

在 Pro/E 5.0 二维草绘中，图元的平移、缩放和旋转只需要用一个命令就可以同时完成，该命令的工具按钮是 下的 ，对应"编辑"菜单下的"移动和调整大小"命令。具体操作步骤是：

1）首先选取操作对象，如选取图 9-35 中镜像后的图形（最好用框选）。

2）单击草绘工具栏中的 按钮，所选图形周围出现一个红色方框，并在方框上显示三个操作把手，如图 9-36 所示。

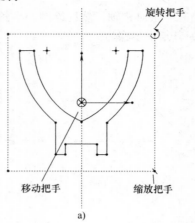
a)

b)

图 9-36 图元的平移、缩放、旋转

3）用鼠标单击相应的把手后松开，移动鼠标时图形随之动态变化，满意后按下鼠标左键，即可实现图形的平移、缩放和旋转。也可以在窗口右上角弹出的"移动和调整大小"对话框中输入精确的平移距离、缩放比例和旋转角度。

提示：输入平移距离之前需要选取参照。

4）单击"缩放旋转"对话框中的 按钮，确认并结束操作。

9.2.6 约束设置

在二维草图绘制的过程中，可以通过系统的自动导航功能实现图元的水平、竖直、平行、相切、对齐、垂直、相等、对称等几何限制。此外，对于已经绘制好的图元，还可以使用约束工具进一步施加约束。

单击草绘工具栏的 按钮右边的三角形，弹出图 9-37 所示的 9 种约束类型。单击某一约束按钮，选取要约束的单元，即可添加相应的约束，如图 9-38 ~ 图 9-42 所示的几个例子。

图 9-37 约束类型

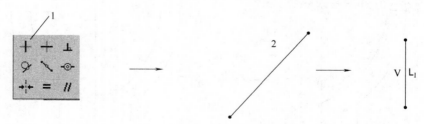

图 9-38 添加竖直约束

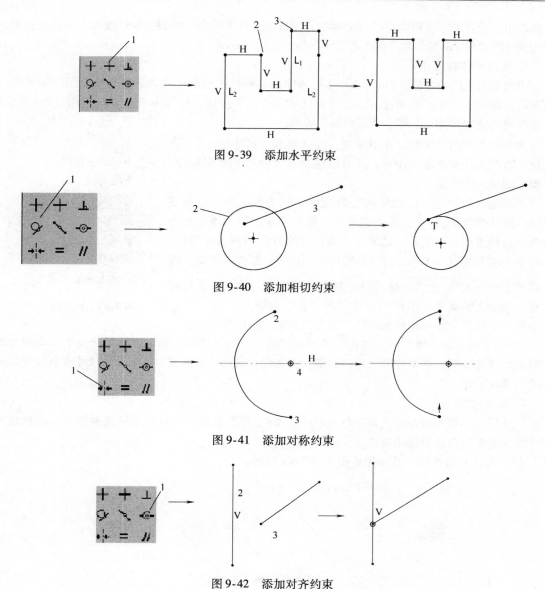

图 9-39　添加水平约束

图 9-40　添加相切约束

图 9-41　添加对称约束

图 9-42　添加对齐约束

提示：对齐约束还经常用来将当前草绘中的图元与模型上已有的部分点、线、面等对齐。

　　有时系统可能由于自动导航功能无意间添加了不需要的约束，或者是设计者错误地添加了不必要的约束，例如图 9-42 左边的一条线旁显示有约束符号"V"，表示这条线是竖直线。如果想通过拖过拖动鼠标调整这条线有一定的倾斜角度，就必须事先将其铅直约束解除，否则无论如何拖动这条线，它都是一直保持竖直。删除约束的操作方法是：选中该约束的约束符号，按下键盘上的【Delete】键。

9.2.7　添加及修改尺寸

　　在进行二维草绘时，一般只需大致勾画出图形形状，然后通过添加约束和尺寸，并修改尺寸来驱动图形变化，得到精确的图形，这和在二维软件（如 CAD、CAXA）中画图有着本质的区别。

　　Pro/E 5.0 对所画的二维图形和所创建的三维图形都赋予一定的参数，并将这些参数存放到数据库中。设计者只需修改这些尺寸参数，模型即可依照这些尺寸数据的修改作大小甚至是形状的变化，这就是 Pro/E 5.0 "参数化设计" 的一大优点。

1. 强尺寸和弱尺寸

当完成图元的绘制后，Pro/E 5.0 系统随即自动标出图元的尺寸。这些尺寸显示为颜色很淡的灰色，称为弱尺寸。系统自动标注的弱尺寸没有太多规律，往往不符合设计意图。Pro/E 5.0 是全约束的造型尺寸，否则会造成图形欠约束。

如果系统自动标注的尺寸不理想，可以单击 "尺寸标注" ↔ 按钮，按照设计意图增加尺寸，这时系统会自动删除某些弱尺寸，以保证图形的全约束。

手动添加的尺寸显示为较明亮的颜色（依据系统的配色方案而定，默认颜色是白色），称为强尺寸。强尺寸不会因为增加另外的尺寸或约束而自动删除。如果某个弱尺寸恰好是用户所需要的，不希望它被系统自动删除，可以将它变为强尺寸，操作方法是：按下草绘工具栏的 ↖ 按钮，单击尺寸数字义选定该尺寸，单击鼠标右键，在弹出的菜单（图9-43）中选择 "强" 命令。

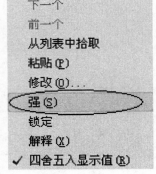

图9-43 设置强尺寸

当一个弱尺寸的数值被修改后，也会自动生成强尺寸。

图 9-43 所示的菜单中的 "锁定" 命令用于将一个尺寸锁定，锁定后的尺寸大小不会因为修改其他尺寸而变化，也不会因为用鼠标拖动而变化，其尺寸颜色变为黄色。强尺寸和弱尺寸都可以进行锁定操作。

2. 标注尺寸

尺寸标注的基本操作方式是：单击草绘工具栏的 ↔ 按钮，用鼠标左键选取图元，在欲放置尺寸文字的位置单击鼠标中键。

（1）标注直线长度 其操作步骤如图 9-44 所示。

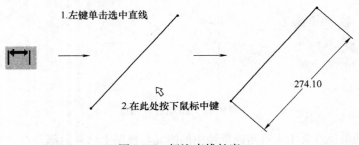

1.左键单击选中直线

2.在此处按下鼠标中键

274.10

图9-44 标注直线长度

1）点与点之间的标注。如图 9-45 所示，在标注点与点之间的尺寸时，系统会根据鼠标中键的不同位置，标注两点间的垂直距离、水平距离或斜线距离。在图 9-45c 中，由于已经标注了两点间的垂直和水平距离，在进行斜线距离标注时，会出现多余尺寸，此时弹出图 9-45d 所示的 "解决草绘" 对话框，可以从中删除三个尺寸之一。

2）线与线之间的标注。如图 9-46 所示，当两条线平行时，标注距离；否则，系统自动标注两条线之间的角度。

3）点与线之间的标注。点与线之间的标注步骤如图 9-47 所示。

4）半径和直径的标注。图 9-48 所示为圆的半径和直径的标注，圆弧的半径、直径标注方法与之相同。

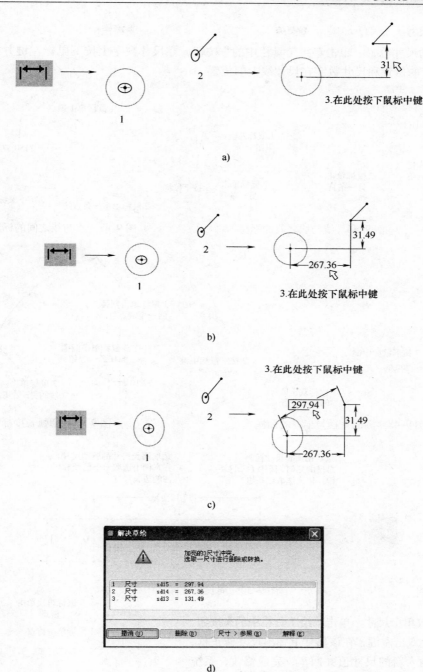

图 9-45　点与点之间的标注

5）圆弧角度的标注。其标注步骤如图 9-49 所示。

6）周长标注。其标注步骤如图 9-50 所示。

（2）创建参照尺寸　单击 ↦| ▸按钮，弹出 ↦| ⬚ ⬚ ⬚ ，再单击 ⬚ 按钮，就可以标注参照尺寸了，其标注方法与前面讲解的标注是一致的。参照尺寸与前面产生的尺寸相比，起辅助、参照作用。

（3）创建对称尺寸　其标注步骤如图 9-51 所示。

提示：必须要有中心线的情况下才能创建对称尺寸。

3. 修改尺寸

（1）移动尺寸位置　单击草绘工具栏中的 ▲ 按钮，在尺寸数字上按下鼠标左键并拖动鼠标，可以改变尺寸的位置和尺寸数字在尺寸线上的位置。

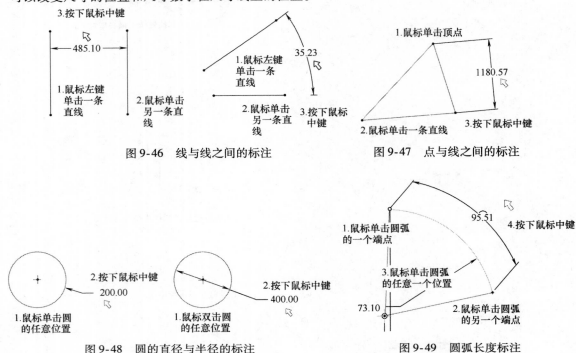

图 9-46　线与线之间的标注　　　　　　　图 9-47　点与线之间的标注

图 9-48　圆的直径与半径的标注　　　　　　图 9-49　圆弧长度标注

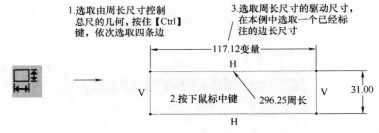

图 9-50　周长尺寸标注

（2）修改单个尺寸　单击草绘工具栏中的 ▲ 按钮，在尺寸数字上双击左键，在该尺寸上弹出尺寸修正框，在修正框中输入新的尺寸值并回车，完成修改，系统按照新的尺寸值重新生成图形。重复上述操作可以修改多个尺寸，但效率较低，采用下面的办法可以快速修改多个尺寸。

（3）修改多个尺寸　如图 9-52 所示，按住键盘上【Ctrl】键的同时选取多个尺寸（或框选多个尺寸），单击 ⎘ 按钮，弹出"修改尺寸"对话框，在对话框中连续输入多个尺寸的新值，然后单击 ✔ 按钮。

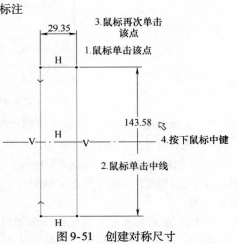

图 9-51　创建对称尺寸

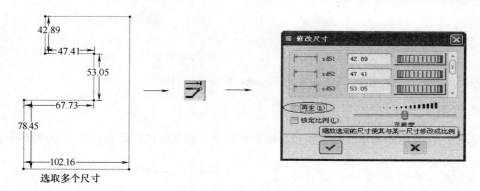

图 9-52　修改多个尺寸

当对话框的"再生"栏处于选中状态时，每修改一个尺寸，系统就要重新生成图形。当修改前后的尺寸数值相差太大时，立即计算出新的几何形状可能会使图形出现不可预计的形状，妨碍其后的尺寸修改。因此，建议不要将"再生"栏设置成选中状态。

4. 约束冲突

当增加的尺寸或约束与现有的强尺寸相互冲突或多余时（图 9-53a 是一个全约束的图形，并且它上面的尺寸和约束都为"强"，当试图添加图 9-53b 所示的另外一个尺寸时），草绘界面就会加亮显示①、②、③、④四个相互冲突（多余）的约束，同时弹出图 9-53c 所示的"解决草绘"对话框。其中：

删除(D) 按钮表示从列表中选定某个多余的尺寸或约束，将其删掉从而使问题得到解决。

撤消(U) 按钮表示取消这次标注尺寸的操作，重新回到图 9-53a 的状态。

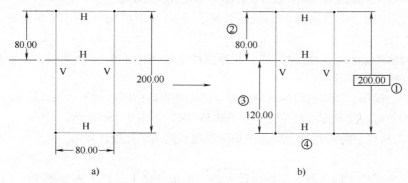

a)　　　　　　　　　　　　　　b)

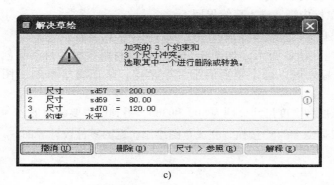

c)

图 9-53　解决约束冲突

9.3 二维草绘举例

在进行训练前，请将工作目录设置到"example \ ch9"下。

9.3.1 范例1

绘制图 9-54 所示的图形。这个图形虽然非常简单，但在机械产品的设计中却经常用到。

方法一：

1）新建一个零件文档，文件名为"ex01"，进入零件设计界面。

2）单击特征工具栏上的 按钮，选取 FRONT 面作为草绘面，按下鼠标中键，进入草绘界面，其中水平和铅直方向的两条虚线分别是 TOP 面和 RIGHT 面在草绘面 FRONT 上的投影，被默认为草图绘制的参照（水平和铅直方向上的尺寸标注基准），注意它们不是中心线。两条虚线交汇处是系统默认的坐标系，在这里成为图形绘制的原点。

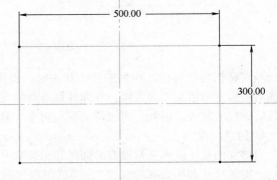

图 9-54　基本图形及尺寸标注

3）关闭 四个按钮，不显示基准面、基准坐标系等，使图形窗口变得干净清晰。

4）单击草绘工具栏上的 按钮，绘制图 9-55a 所示的矩形。

5）单击 按钮，绘制两条中心线，并使之分别与 TOP 面、RIGHT 面对齐，如图 9-55a 所示。

6）添加对称约束：单击 按钮，在弹出的下拉菜单中单击 按钮，然后进行图 9-55b 的操作，添加纵向的对称约束。

7）重复上面操作，添加横向的对称约束。添加约束后的图形如图 9-55c 所示。

8）修改的矩形长度和宽度尺寸分别为 500 和 300，如图 9-55d 所示。

单击草绘工具栏中的 按钮，完成图形的绘制，返回零件设计界面。

方法二：

1）新建一个零件文档，进入零件设计界面。单击特征工具栏上的 按钮，选取 FRONT 面作为草绘面，按下鼠标中键，进入草绘界面。

2）绘制两条中心线，并使之分别与 TOP 面、RIGHT 面对齐。

3）单击 按钮，绘制矩形。如图 9-56a 所示，利用系统的自动导航功能，当出现对称符号时，再按下鼠标左键以确定矩形的第二个角点，从而直接绘制出图 9-56b 所示的对称矩形。

4）修改矩形长度和宽度尺寸分别为 500 和 300，得到所需要的图形。

5）单击草绘工具栏中的 按钮，完成草图绘制，返回零件设计界面。

9.3.2 范例2

绘制图 9-57 所示的异形连杆。

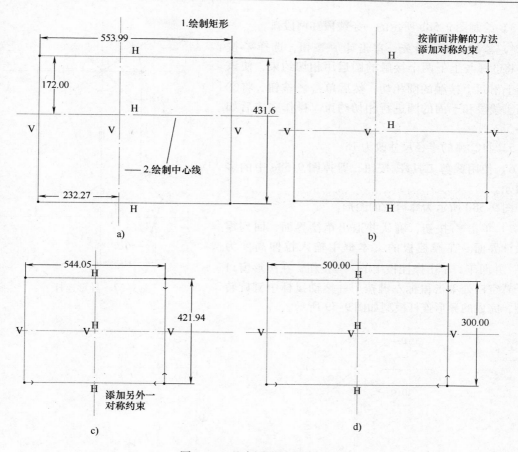

图 9-55　基本图形及尺寸标注

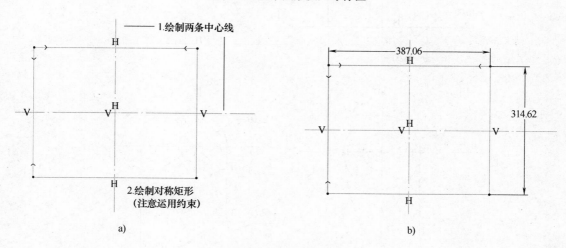

图 9-56　绘制矩形

1）新建一个零件文档，文件名为"ex02"，进入零件设计界面。选取 FRONT 面为草绘面，单击鼠标中键，进入草绘界面。

2）依次单击特征工具栏的 □ 按钮和操控板中的 放置 按钮，在其上滑面板中再次单击 定义... 按钮，绘制三条中心线、三个圆，并修改其尺寸，如图 9-58a 所示。

3）绘制图9-58b所示的一条线段和两段弧。

4）添加约束。首先，单击 ➕▸ 按钮，选择 ⑨ 按钮，将③弧与上下两个接触的圆运用相切约束，使该弧与上下两个接触的圆相切；然后单击 ⑨ 按钮，将②弧与①线段和下面的圆进行相切约束。操作完成后如图9-58c所示。

5）将②弧的半径尺寸改为15。

6）使用裁剪工具 ✂ 按钮，剪掉图9-58c中的多余图元。

图9-58d所示为修剪后的图形。

7）单击 ✔ 按钮，确认并退出草绘界面，回到零件设计界面。在操控板的文本框中输入拉伸高度为"10"并回车，单击操控板中的 ✔ 按钮。在图形窗口的任意空白处单击鼠标左键按下并拖动鼠标中键旋转模型，完成的异形连杆模型如图9-59所示。

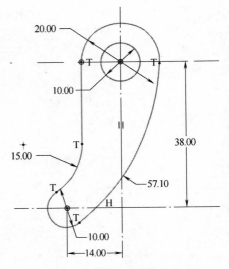

图9-57 异形连杆

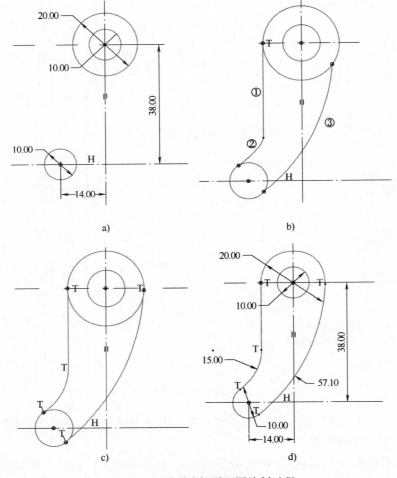

a)

b)

c)

d)

图9-58 异形连杆平面图绘制过程

9.3.3　范例 3

绘制图 9-60 所示的图形。

图 9-59　完成的异形连杆

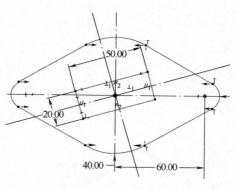

图 9-60　垫片

1）新建一个零件文档，文件名为"ex03"，进入零件设计界面。

依次单击特征工具栏的 按钮和操控板中的 放置 按钮，在其上滑面板中单击 定义... 按钮，进入草绘界面。

2）如图 9-61a 所示，绘制四条中心线、两个圆，标注并调整尺寸。注意在画图时运用约束，这样可以使得绘图更快捷。

3）如图 9-61b 所示，绘制分别与 R5 和 R40 的圆相切的两条相切线①、②。这里可以在绘制斜线时直接运用约束，或者先画两条斜线，然后进行约束。

4）如图 9-61c 所示，沿竖直中心线进行对称操作，并按图 9-61c 进行修剪。

5）如图 9-61d 所示，在中心添加一个斜的平行四边形。并运用对称约束，使得该斜的平行四边形与中心两条斜的中心线对称。并标注该平行四边形的形状尺寸，如图 9-61d 所示。

6）单击 按钮，确认并退出草绘界面，回到零件设计界面。在操控板的文本框中输入拉伸高度为"5"并回车，单击操控板中的 按钮。在图形窗口的任意空白处单击鼠标左键按下并拖动鼠标中键旋转模型，完成的垫片模型如图 9-62 所示。

9.3.4　二维草绘技巧

初学者绘制二维草图遇到的最大问题是：当单击工具栏中的 按钮以确认并退出草绘界面时，系统提示"不完整截面"，这说明所绘制图形有问题，必须解决这些问题才能退出草绘界面，并进一步用该草绘图生成草绘特征。不完整截面主要是指未封闭图形，所以要仔细检查所绘制的图形是否是一个（或多个）精确的首尾相连的图形。对于表面封闭的图形，如果系统提示"不完整截面"信息，可能是以下原因：

1）本应相交的图元没有绘制到位，局部有小缺口或过交叉，如图 9-63 所示。解决办法是用修整工具 按钮修齐。

2）图元部分或全部重叠，即使重叠的部分只有一点点，也会造成图形不封闭。例如在 9.3.3 节的范例 3 中，如果步骤 4）进行镜像操作时，除了选中其他图元之外，同时选到了 R40 的圆（框选时很容易出现这种情况），则镜像后就会在同一位置出现两个 R40 的圆，这种图元的完全重叠很不容易被发现。解决图元重叠的办法很简单，就是将重叠部分删除。

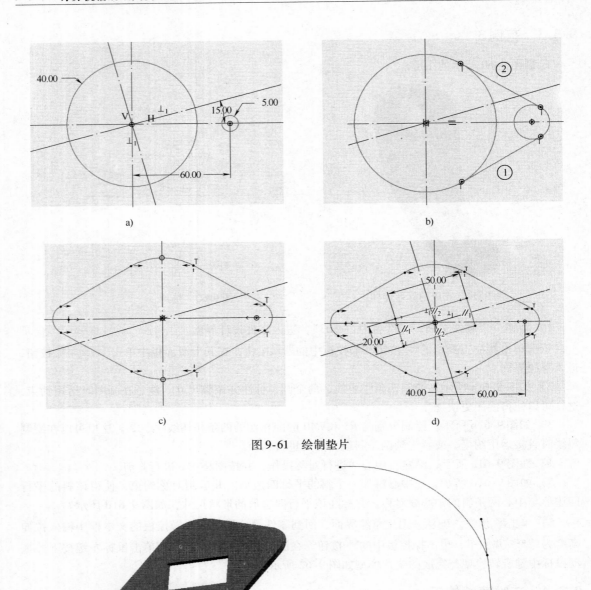

图 9-61　绘制垫片

图 9-62　垫片模型　　　　　图 9-63　有局部缺陷的图形

3）将图元逐个删除，如果发现某处删除一个图元之后还有线条，那这部分肯定是重叠的。读者尽可以放心地做删除操作，误删时单击"撤消" ↶ 按钮可以随时撤消操作。

4）将尺寸显示出来，如果发现图面上有不正常的尺寸，如果一条直线上还有一个小尺寸，那这里肯定重叠了不必要的图元，如图 9-64 所示。

5）将主菜单上的草绘显示状态设置为 ⬚ ⬚ ⬚ ⬚ ⬚，即只显示图元端点，如果某处有多余的端点，那么此处可能有问题。

6）局部放大图形，检查问题。

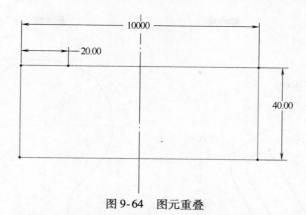

图 9-64　图元重叠

7）系统在提示"不完整截面"的同时会以红色亮显示图形的某些部分，这里往往会有问题。

8）多做练习，积累经验。

再次建议初学者采用 9.2.1 节中介绍的方法三进入草绘界面进行训练，如果采用方法一和方法二进入草绘界面，无论所绘制的图形问题有多少，系统都不会给出任何提示，且无法利用所绘制的图形进一步创建实体。

当然，在某些情况下，不封闭的草绘图形也能生成草绘特征或曲面特征，但是进行严格的训练还是非常必要的。

小结

本章主要介绍了 Pro/E 5.0 的参数化二维操作；二维草绘界面，包括进入二维草绘界面的方法、绘制二维图形的基本步骤等；各类基本图元的绘制，包括几何点、坐标系、直线、中心线、圆、椭圆、多边形、倒圆角、倒角等；各种尺寸标注；修改尺寸方法；各种约束工具，包括设置竖直、水平、垂直、相切、中点等。

所有的三维图形都是由简单的点、线、圆、多边形等多种基本图元组合的二维图形形成。熟练掌握本章内容是学好 Pro/E 5.0 的基础，可为以后的三维图形学习打下坚实的基础，初学者千万不要急于求成，把每一个基本命令练好练熟，以后才能运用自如。

上机实训题（2 小时）

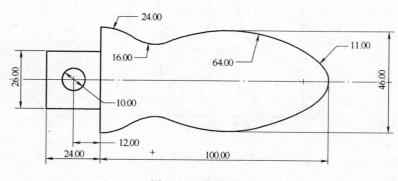

图 9-65　草绘练习 1

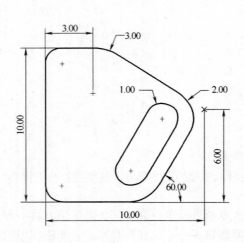

图 9-66 草绘练习 2

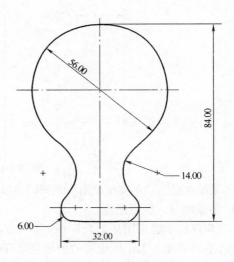

图 9-67 草绘练习 3

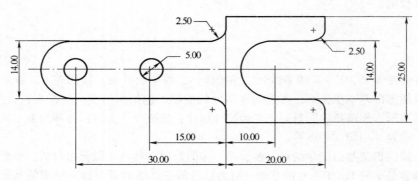

图 9-68 草绘练习 4

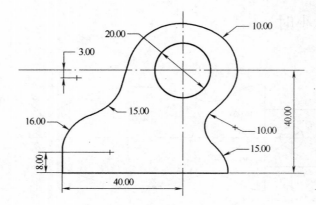

图 9-69 草绘练习 5

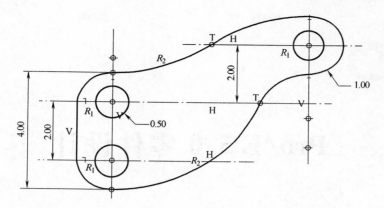

图 9-70　草绘练习 6

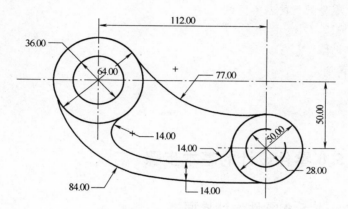

图 9-71　草绘练习 7

第 10 章

Pro/E 5.0 零件设计

【学习要点】

1）Pro/E 5.0 零件设计的基本步骤。

2）创建草绘特征。

3）创建工程特征。

4）创建基准特征。

5）特征编辑。

6）创建曲面特征。

10.1　Pro/E 5.0 零件设计的基本步骤

10.1.1　进入 Pro/E 5.0 零件设计界面

1）启动 Pro/E 5.0。

2）设置工作目录。

3）新建零件文档。单击主工具栏中的"新建"□按钮，系统弹出图 10-1 所示的"新建"对话框，选择文件"类型"为 ◎ □ 零件，"子类型"为 ◎ 实体，如图 10-1 所示。在"名称"后的文本框中输入新零件的文件名称。每次新建一个零件，Pro/E 都会给出一个默认的名称。如"prt0001"。取消选择"使用缺省模板"，然后单击"确定"按钮，系统弹出图 10-2 所示的"新文件选项"对话框。在对话框的模板列表中选择"mmns_ part_ solid"，即选择使用公制模板。单击 确定 按钮，进入零件设计界面。

提示："使用缺省模板"意为系统默认的模板，Pro/E 默认的零件模板是英制的"inlbs_ part_ solid"，即零件的单位是"in·lb·s"，这是英制单位，显然不是中国用户所需要的，因此在上面选用公制模板"mmns_ part_ solid"，即零件的单位是"mm·N·s"，这是国际标准单位。

10.1.2　模型分析与设计规划

Pro/E 是基于特征的参数化造型系统，特征是零件设计的基本单元。对于一个机械零件来说，首先要从特征的角度对其进行分解，分析它是由怎样的基本特征组成的，特征的先后次序如何，各个特征的形状如何，以及特征间的相互关系如何。经过这样的分析，就可以基本理清设计的思路，规划好设计的步骤了。

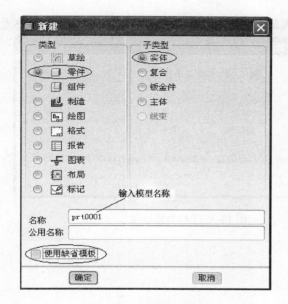

图 10-1　"新建"对话框

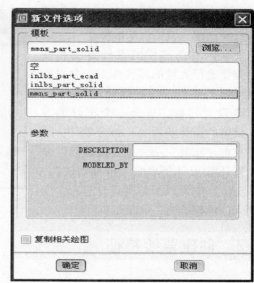

图 10-2　"新文件选项"对话框

图 10-3a 所示的零件，可以将其分解成由 7 个特征组成，其设计思路和过程如图 10-3b～图 10-3h 所示。

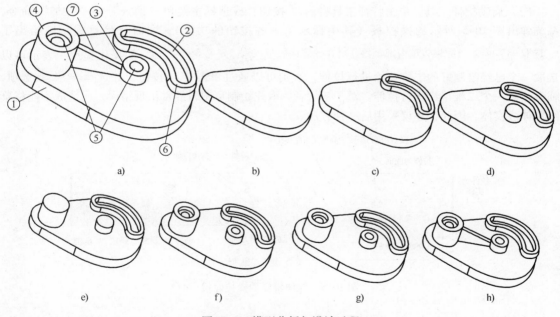

图 10-3　模型分析与设计过程

a）零件特征分析　b）～e）增加拉伸特征

f）增加孔特征　g）增加倒圆角特征　h）增加筋特征

10.1.3　利用特征创建零件

零件设计的基本思路确定后，就可以利用 Pro/E 5.0 的草绘特征、点放特征、基准特征功能不断添加和修改特征，进行零件的详细设计。因此，要熟练掌握零件设计的技能，首先必须熟悉各种特征创建与编辑的基本操作。

要掌握复杂零件的设计方法和技巧，需要进行大量的零件练习。拿来别人设计好的零件，通过设计过程回放，学习其设计过程，这是一个很好的方法。具体的操作步骤是：打开零件，选择主菜单"工具"→"模型播放器"命令。打开图 10-4 所示的"模型播放器"对话框，从中可以回放其设计过程，学习别人的建模思路，从而充实自己。

图 10-4 "模型播放器"对话框

10.2 创建草绘特征

10.2.1 拉伸特征

首先启动 Pro/E 5.0，并将工作目录设置为"example \ ch10"。

1. 创建第一个拉伸特征

（1）新建零件文档 新建一个零件文档"ex01. prt"。

（2）启动拉伸工具 单击特征工具栏的 ◻ 按钮，或选择主菜单"插入"→"拉伸"命令，系统弹出图 10-5 所示的操控板（其中标示出了各按钮的功能），同时在信息提示区给出了" 选取一个草绘。(如果首选内部草绘，可在放置面板中找到"定义"选项。) "的操作提示，表示可以选取一个已经绘制好的二维草绘进行拉伸，否则可以通过单击 放置 按钮，并选择 定义... 选项，临时绘制一个二维草绘进行拉伸。对于初学者，事先绘制草图时经常出现错误，而造成不能将草绘拉伸成实体，因此，建议采用后一种方法。

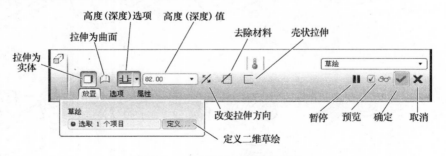

图 10-5 拉伸特征的操控面板

单击操控板的 放置 按钮，在其下拉面板中单击 定义... 按钮，弹出图 10-6 所示的"草绘"对话框，同时在信息提示区弹出" 选取一个平面或曲面以定义草绘平面 "的操作提示，选取 FRONT 面（或其他基准面）作为草绘平面，弹出" 选取一个参照 (例如曲面、平面或边) 以定义视图方向 "的提示，按要求选取参照面。在这里先不设置参照，直接单击 草绘 按钮（或在图形窗口按下鼠标中建）。有关草绘平面、参照面的概念和选取方法将在后面作详细介绍，在这里暂且接受系统给出的草绘方向和参照的默认设置，如图 10-6 所示。

如果不认可系统给出的默认绘图参照，可以另行增加或修改。在某些情况下，系统不能给出默认的参照，这时也需要用户指定参照。另外，在二维草绘的过程中，可能无意间删除了参照，或者需要更改或增加新的参照，这时可以选择主菜单"草绘"→"参照"命令，弹出"参照"对话框，重新定义绘图参照。

（3）绘制拉伸特征的二维草绘图　绘制图 10-7a 所示的异形垫板的封闭图形，单击工具栏中 ✔ 按钮，确认并退出草绘界面。

（4）确认拉伸高度　单击工具栏中 ✔ 按钮后，系统返回零件设计界面。将鼠标移至图形窗口，按下鼠标中键并拖动鼠标将模型旋转到图 10-7b 所示的方位，可以看到该拉伸特征的三维形状，单击图中

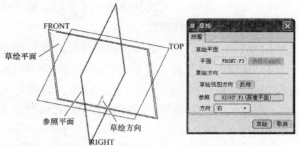

图 10-6　定义草绘平面和参照平面

的黄色箭头可以改变拉伸方向，其操作效果与操控板中的 ✗ 按钮相同。拖动模型上的小方框把手，可以动态调整拉伸高度，还可以通过在操控板中的文本框中输入数值来确定拉伸高度。

（5）确定拉伸方式　默认的拉伸方式 ▢ 意为"拉伸为实体"，如图 10-7c 所示。拉伸方式 ◻ 意为"拉伸为曲面"，如图 10-7d 所示。有关曲面特征将会在 10.6 节中作详细介绍。拉伸方式 ▣ 意为"拉伸为薄壳"，如图 10-7e 所示。当选择此选项时，可以通过操控板上的 ▢ 4.53 ▾ ✗ 部分确定薄壳的厚度及方向。在这里需要注意，✗ 按钮表示是薄壳的生长方向，分别向草绘的一侧、另一侧或者两侧生长。

拉伸方式 ▨ 意为"去除材料"，目前为不可选选项。这是因为目前还没有任何实体，无法去除材料。

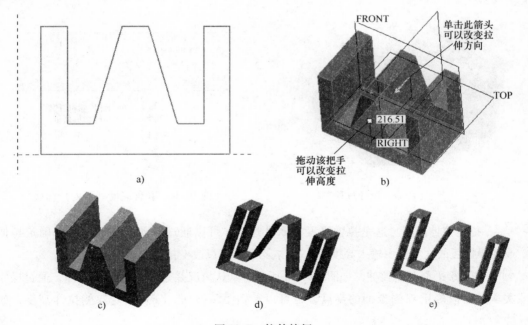

图 10-7　拉伸特征

a）绘制二维图形　b）定义拉伸高度　c）拉伸为实体　d）拉伸为曲面　e）拉伸为薄壳

在这里选择拉伸方式为▢，即"拉伸为实体"；在操控板中的文本框中输入数值"80"来确定拉伸高度。

（6）完成　拉伸高度及其他选项设定后，单击操控板中的✔按钮，完成该拉伸特征的创建。

2. 创建第二个拉伸特征

（1）启动拉伸工具　继续前面的例子，再一次单击▱按钮，启动拉伸工具。

（2）设定草绘平面　打开操控板单击 放置 按钮，单击其上滑面板中的 定义... 按钮，弹出"草绘"对话框，并提示选取草绘平面，在绘图区或者模型树上选择 RIGHT 平面。

（3）绘制拉伸特征的二维草绘图　单击"草绘"对话框的 草绘 按钮（或在图形窗口按下鼠标中键），从而进入草绘界面。将主工具栏上的模型显示模式切换为 ▱▣▱▱，即线框显示且隐藏线为暗色。在二维草绘时，经常需要将模型显示模式切换为这种状态，以达到更好的平面视觉效果并找到更多的绘图参照。

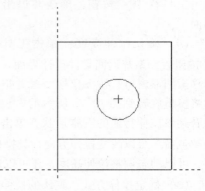

图 10-8　绘制二维图形

绘制图 10-8 所示的封闭图形（一个圆），单击✔按钮，退出草绘界面。

（4）拉伸高度选项　旋转模型如图 10-9 所示的方位。单击图中的黄色箭头改变拉伸方向。拖动模型上的小方框操作把手，可以动态调整拉伸高度（深度）。此外，单击 ↧▾ 按钮的下三角符号，弹出拉伸高度选项的工具菜单，如图 10-10 所示，可以更为灵活地确定拉伸高度。其中各图标含义如下：

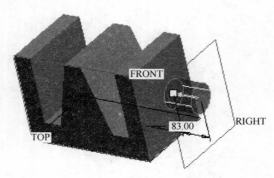

图 10-9　拉伸过程

单击此按钮打开其上面的图标菜单

图 10-10　拉伸高度（深度）选项

↧▾：指定拉伸高度。这是拉伸高度的默认选项，可以通过拖动操作把手动态确定拉伸高度，或在操控板的文本框中输入高度值，单击 ⁒ 按钮可以改变拉伸方向。

⊟：从草绘平面双侧拉伸。如图 10-11a 所示，默认情况是进行双侧对称拉伸，通过操作把手或文本框数值确定双侧拉伸的高度。也可以单击 选项 按钮，分别确定双侧拉伸高度，如图10-11b 所示。

≡：拉伸到零件的下一表面，如图 10-11c 所示。

╪：拉伸到零件的所有表面，如图 10-11d 所示。

↧：拉伸到指定表面，如图 10-11e 所示。

⊥⊥：拉伸到指定的点、曲线、平面或曲面，整个操作与上面的"拉伸到指定表面"选项类似。

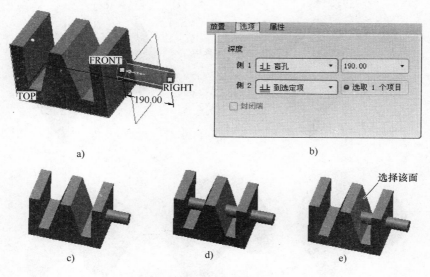

图 10-11 拉伸高度选项

（5）去除材料拉伸 对这个特征，可以单击⬜按钮选择"去除材料"的方式，如图 10-12a所示。

图 10-12b 所示为去除材料，拉伸高度（深度）为指定深度的模型；图 10-12c 所示为去除材料，拉伸高度为贯穿的模型；图 10-12d 所示为去除材料，薄壳状拉伸⬜、"拉伸到指定表面"的模型；图 10-12e 为去除材料，去除材料方向为外侧，拉伸高度（深度）为指定深度的模型。

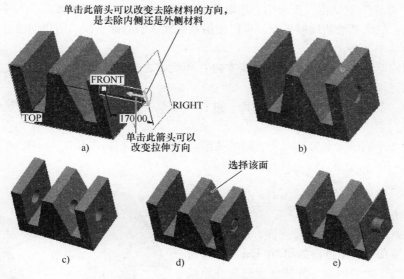

图 10-12 去除材料拉伸模型

读者可以自行绘制图 10-13 所示的名为"ex02. prt"拉伸模型，图 10-13a 所示图形为完成后的模型；图 10-13b 为本模型的模型树；图 10-13c 为第一次拉伸后的模型；图 10-13d 为第二次拉伸后的模型；图 10-13e 为第三次拉伸后的模型；图 10-13f 为第四次拉伸后的模型。

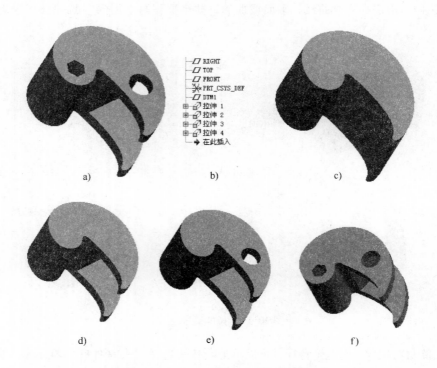

图中特征树内容如下：

- RIGHT
- TOP
- FRONT
- PRT_CSYS_DEF
- DTM1
- 拉伸 1
- 拉伸 2
- 拉伸 3
- 拉伸 4
- 在此插入

a) b) c)

d) e) f)

图 10-13 "ex02. prt" 拉伸模型建模过程

3. 有关草绘平面、草绘方向和操作面的内容

如前所述，创建草绘特征的前提是正确绘制二维草绘。在进入草绘界面之前，总是会打开图 10-6 所示的"草绘"对话框，要求用户选取草绘平面、草绘方向和参照面。其中各项含义如下：

草绘平面：二维草绘的绘制平面，可以使用系统默认的基准平面、用户创建的基准平面或者已有模型上的某个平面。

草绘方向：草绘平面有正面（外法线方向）和负面之分，草绘方向用来确定二维草绘绘制在草绘平面的正面还是负面上。

参照面：一个与草绘平面相垂直的面。进行二维草绘时，将草绘平面放置到与屏幕平行的位置。

下面通过一个例子来解释这三者之间的关系。打开光盘文件"ch10 \ ex03. prt"，如图 10-14 所示的模型。

1) 单击 ⬚ 按钮，启动拉伸工具。单击 放置 按钮，再次单击其上滑面板中的 定义... 按钮，弹出"草绘"对话框，并提示选取草绘平面，选取模型上表面作为草绘平面，草绘方向如图 10-15a 的箭头所示，选取右侧面作为参照面，并使该参照面在草绘平面的右侧。单击对话框的 草绘 按钮后，进入草绘界面，草绘平面相对屏幕的放置方式如图 10-15b 所示（相对于屏幕正面放置）。在这种状态下，非常便于绘制后续的草绘图形（文字 Pro/E）。

图 10-14 添加拉伸特征

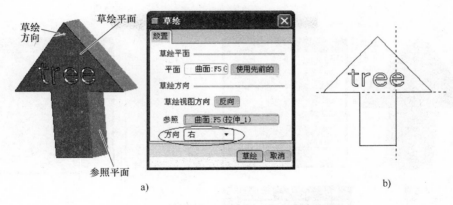

图 10-15 确定草绘平面、草绘方向和参照面例 1

2）按照图 10-16a 所示的方式确定草绘平面、草绘方向和参照面，仍然选取上表面作为草绘平面，但将草绘方向设为反向，即以草绘平面的背面作为草绘平面，参照面的选取与图 10-15a 相同。进入草绘界面后，草绘平面相对屏幕的放置方式如图 10-16b 所示（相对于屏幕反面放置）。在这种状态下，易使初学者混淆，不便于绘制后续的草绘图形。

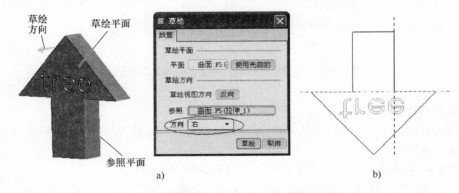

图 10-16 确定草绘平面、草绘方向和参照面例 2

3）按照图 10-17a 所示的方式确定草绘平面、草绘方向和参照面，仍然选取上表面作为草绘平面，草绘方向与图 10-15a 相同，选取前右上表面作为参照面，并使该参照面在草绘平面的右侧。进入草绘界面后，草绘平面相对屏幕的放置方式如图 10-17b 所示。这时会弹出图 10-17c 所示的"参照"对话框，这表示参照不够，需要增选参照。如图 10-17c 所示，增选了前左上表面作为参照面，就可以顺利关闭"参照"对话框，进入草绘界面，如图 10-17d 所示。在这种状态下，便于绘制后续的草绘图形。最后的草绘效果图如图 10-18 所示。

从上面的例子可以看出，草绘平面、草绘方向、参照面选取得是否正确，可能会影响二维草绘的方便与否。在比较简单的情况下，选定草绘平面后，系统会自动确定草绘方向，并自动找一个与草绘平面垂直的面作为参照面，在以前的例子中，一直都使用了系统默认的参照面和草绘方向。当情况复杂时，系统给出的默认选项可能无法满足用户的要求，或者系统无法找到可用的参照面，例如图 10-17 所示的例 3 选择参照面时，系统根本找不到给定参照面的一个垂直面，这时就必须由用户来设定。但是对图 10-17 所示的选择参照面的方法不能完全否定。后续的草绘图形（文字 Pro/E）要与选择的这个参照面平行，效果图如图 10-18 所示。

"草绘"对话框中的 使用先前的 按钮意为使用前一个草绘的草绘平面、草绘方向和参照面，当需要在同一个表面上创建多个特征时，这个选项非常有用。

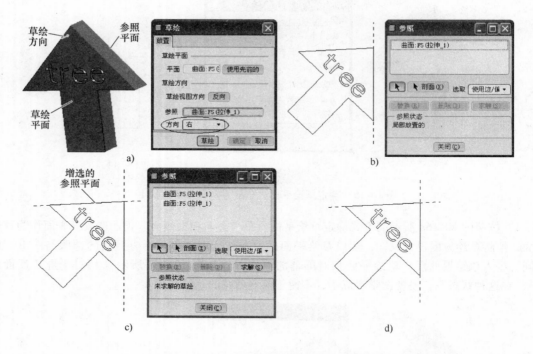

图 10-17　确定草绘平面、草绘方向和参照面例 3

4. 修改拉伸特征

（1）修改特征尺寸　重新打开名为"ex03. prt"的文件，要修改第一个拉伸特征（底板）的尺寸，其操作步骤为：

在图形窗口（或模型树中）选中该特征，此时该特征的边线以红色显示，单击鼠标右键，在弹出的菜单中选择"编辑"命令，该特征的所有尺寸显示在画面上，如图 10-19a 所示，双击某一尺寸数字（如底板的厚度尺寸 30），在尺寸修正框输入新的尺寸值为"60"并回车。

提示：采用上述步骤修改特征尺寸后，模型不会自动依据新的尺寸发生变化，为了让这种修改"生效"，生成修改后的模型，必须采用下列操作之一：

1）单击主工具栏的"再生"工具  按钮。

2）选取主菜单"编辑"→"再生"命令。

3）按快捷键【Ctrl + G】。

再生后的模型如图 10-19b 所示。

图 10-18　草绘效果图

（2）重新定义特征　要改变第二个拉伸特征的拉伸方式、草绘形状等，需要重新定义该特征。操作方法是：

在图形窗口（或模型树中）选中该特征，单击鼠标右键，在弹出的菜单中选择"编辑定义"命令，系统弹出拉伸特征的操控板，在这里可以重新定义该特征的各个方面。读者可以将原来的去除材料的拉伸特征变为增加材料的拉伸特征，与前面讲解的拉伸特征操作是一样的，设定完成后单击 ✔ 按钮，退出界面。

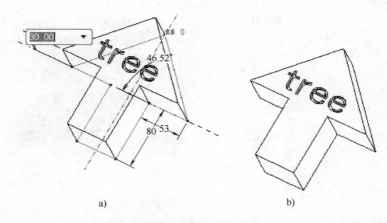

a)　　　　　　　　　　　　b)

图 10-19　修改特征尺寸

10.2.2　旋转特征

1. 操作步骤与命令简介

1）单击特征工具栏的旋转工具 按钮，或选择主菜单"插入"→"旋转"命令，系统弹出图 10-20 所示的操控板，其中大部分按钮的功能与拉伸特征相似。

2）单击操控板的 放置 按钮，在其上滑面板中单击 定义... 按钮，弹出"草绘"对话框，定义草绘平面、草绘方向，再单击 草绘 按钮（或在图形窗口按下鼠标中键），进入草绘界面。

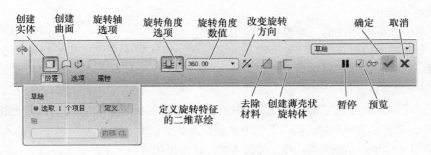

图 10-20　旋转特征操控板

3）如图 10-21a 所示，绘制一条几何中心线作为旋转轴，然后绘制旋转剖面。单击草绘工具栏中的 按钮，确认并退出草绘界面。

4）如图 10-21b 所示，在操控板中确定旋转特征的生成方式（创建实体、创建曲面或去除材料等）及旋转角度，单击操控板中的 按钮，完成特征的创建，如图 10-21c 所示。

5）旋转角度选项。单击 按钮的下三角符号，弹出旋转角度选项的菜单，如图 10-21d 所示，其中各项含义如下：

：指定旋转角度。这是旋转角度的默认选项，可以通过拖动操作把手动态确定旋转角度，或在操控板的文本框中输入角度值。

：旋转到指定的点、平面或曲面。

：自草绘平面双侧旋转，默认情况是进行双侧对称旋转。单击 选项 按钮，可以分别确定双侧的旋转角度，如图 10-21e 所示。

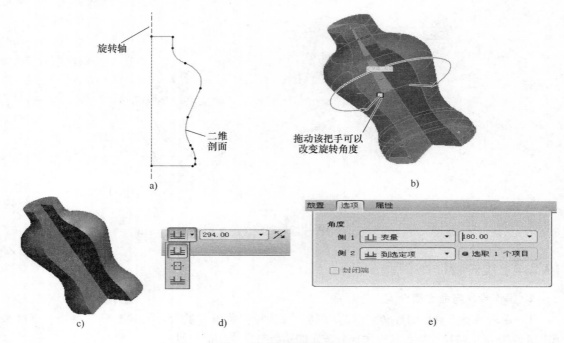

图 10-21　创建旋转特征

提示：旋转轴与旋转剖面应处于同一平面内；当草绘中有两条以上中心线时，系统自动将第一条作为旋转轴；旋转特征的草绘图应位于旋转轴单侧，且不能自相交。

2. 旋转特征范例

创建图 10-22 所示零件的三维模型。

这是一个典型的旋转体零件，是一根轴。下面利用旋转特征来建立其外形和退刀槽，其余部分待讲完相应的特征创建工具之后完成。

1）新建一个零件文档"ex04. prt"。

2）单击特征工具栏中的"旋转"工具 按钮，单击操控板的 放置 按钮，在其上滑面板中单击 定义... 按钮，弹出"草绘"对话框，选取 TOP 面作为草绘平面，单击 草绘 按钮，进入草绘界面。

3）绘制图 10-23a 所示的图形，这里的剖面图形是首尾相连的 8 条线段①~⑧，尤其注意线段⑧必不可少。图中两个对称尺寸 80 的标注方法要尤其注意。绘制完成后单击草绘工具栏中的 按钮，确认并退出草绘界面。

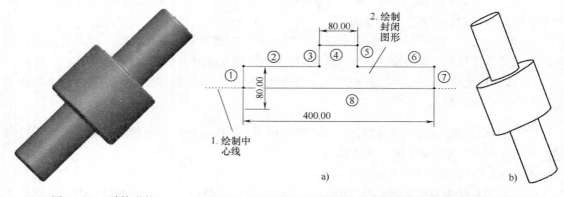

图 10-22　零件形状

图 10-23　利用旋转特征来建立零件模型

4）在操控板中单击 按钮，旋转角度为 ⊥ ▾ 360.00 ▾ ，单击操控板中的 ✔ 按钮，完成特征的创建，得到如图 10-23b 所示的模型。

5）再次单击 ⊰ 按钮，单击操控板的 放置 按钮，在其上滑面板中单击 定义... 按钮，弹出"草绘"对话框，选取草绘平面为 使用先前的 ，单击 草绘 按钮，进入草绘界面。

6）绘制图 10-24a 所示的图形，这里的剖面图形由四条线段组成，在绘制该图形时注意使用"边"工具 ▢ 按钮和"删除段"工具 ⊬ 按钮。单击草绘工具栏中的 ✔ 按钮，确认并退出草绘界面。

7）单击操控板中的定义旋转方式 ⊥ 和 ⁄ 按钮，旋转角度为 ⊥ ▾ 360.00 ▾ ，单击操控板中的 ✔ 按钮，完成特征的创建，得到图 10-24b 所示的模型。

8）单击 💾 按钮，在弹出的"保存对象"对话框中单击确定，保存当前文件。

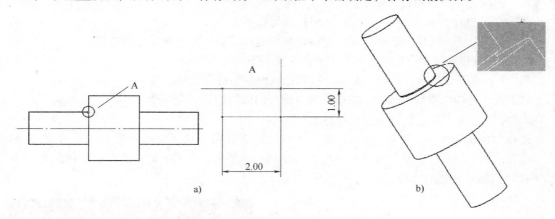

图 10-24　利用旋转特征来建立退刀槽

10.2.3　扫描特征

1. 操作步骤与命令简介

1）新建一个零件文档"ex05. prt"，并创建一个异形管道。单击"草绘"工具按钮 ⟨⟩，系统弹出"草绘"对话框，选取 FRONT 面作为草绘平面，单击 草绘 按钮，进入草绘界面。绘制图 10-25a 所示的图形，单击草绘工具栏中的 ✔ 按钮，返回零件设计界面。

这个图形由一条直线和两条圆弧组成，将作为扫描特征的扫描轨迹。注意，扫描轨迹应该是一条连续相切的曲线（在图 10-25a 中"T"表示相切），否则将无法生成扫描特征。

2）单击主菜单上"插入"→"扫描"，如图 10-25b 所示，共有 7 个选项。其中各项含义如下：

伸出项 (P)...：扫描完成后得到实体件。

薄板伸出项 (T)...：扫描完成后得到薄板件。

切口 (C)...：扫描去除材料。目前为不可选选项，是因为目前还没有任何实体，无法去除材料。

薄板切口 (T)...：扫描薄板件去除材料。目前为不可选选项，是因为目前还没有任何实体，无法去除材料。

曲面 (S)...：扫描完成后得到曲面件。

曲面修剪 (S)...：扫描完成后对已有曲面进行修剪。目前为不可选选项，是因为目前还没有任何曲面，无法进行曲面修剪。

薄曲面修剪 (T)...：扫描薄板状曲面对已有曲面进行修剪。目前为不可选选项，是因为目前还没有任何曲面，无法进行薄曲面修剪。

选择伸出项 (P)...，弹出图 10-25c 所示的"伸出项：扫描"对话框和用来确定轨迹的"菜单管理器"。扫描特征的操作是通过逐级选菜单来完成的，与其他特征的操作方式有很大的不同。不同之处在于：出现扫描特征创建的对话框，如图 10-25c 所示，从中可以知道创建扫描特征需要分别定义其"轨迹"和"截面"。其中，前面有">"符号代表这是目前正在进行定义的项目。在信息提示区会出现 ⇨ 指定轨迹 的提示，因为前面我们已经绘制了用于扫描轨迹的图 10-25a，所以在"菜单管理器"下面的两个选项中选择"选取轨迹"，这时用鼠标选取该曲线即可。如果没有提前绘制草绘轨迹，应该选择"草绘轨迹"，然后选择一平面绘制轨迹，方法和前面讲解的二维草绘一样。选择选取轨迹后，会出现如图 10-25d 所示的"菜单管理器"用来选择轨迹，共有 6 个选项，其中各项含义如下：

依次：从链中选择一曲线，按住【Ctrl】键可以多选。

相切链：选择一链后，选择该项，可以把与该链相切的一整条曲线全部选择。

曲线链：从链中选择一曲线，可以全选或者选择其中一部分。

边界链：选择该项后，选择一面组，可以把该面组的边界线全部选择。

曲面链：选择该项后，选择一曲面，可以把该曲面的边界线全部选择。

目的链：选取"边链"以捕捉设计意图。

选择"依次"选项，按住【Ctrl】键，然后依次选择用于扫描轨迹的图 10-25a 中的三条曲线。选完曲线链以后，在曲线链的一个端点会出现一个箭头，表示的是扫描的起点和方向，单击**完成**按钮，结束轨迹的选择。

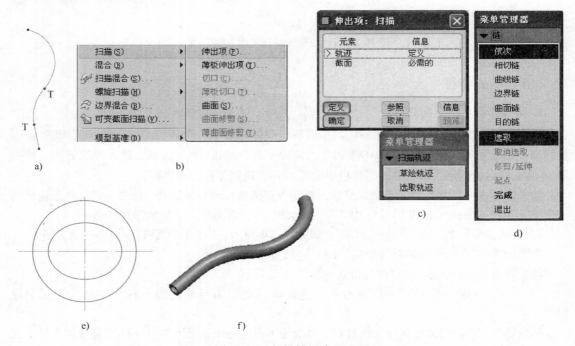

图 10-25　扫描特征建立过程

3）进入草绘界面，系统自动将扫描轨迹起点的垂面作为草绘平面，并将轨迹起点作为二维草绘的坐标原点。绘制图 10-25e 所示的图形，单击草绘工具栏中的 ✔ 按钮，确认并退出草绘界面。

4）在"伸出项：扫描"对话框中单击 确定 按钮，完成特征的创建，如图 10-25f 所示。

2. 扫描特征范例

光盘文件"ch10/ex06. prt"是图 10-26a 所示的杯子模型，下面通过添加扫描特征，使之成为图 10-26b 所示的模型。

1）打开光盘文件"ch10/ex06. prt"。

2）单击主菜单上"插入"→"扫描"→"伸出项"，弹出图 10-25c 所示的"伸出项：扫描"对话框和用来确定轨迹的"菜单管理器"。在信息提示区会出现 指定轨迹 的提示，在上面的范例中我们确定轨迹的方法是选择"菜单管理器"中选取轨迹选项，因为轨迹已经提前画好了。在本例中，没有提前绘制轨迹，

a)　　　　　　　　b)

图 10-26　添加扫描特征

所以只能选择选取轨迹选项。选择该项后就会弹出如图 10-27a 所示的"菜单管理器"对话框用来确定绘制轨迹的平面，共有三个选项，其中各项含义如下：

平面：选取或创建一个草绘平面，这是默认选项，一般情况就选择这个选项。

产生基准：创建用作参照面的基准。

退出平面：退出选择。

选择 平面 选项，选取 RIGHT 面作为草绘平面。这时会弹出如图 10-27b 所示的"菜单管理器"对话框用来确定绘图方向，这个问题在前面已经讲解过了，在这里再不赘述。单击 反向 按钮，绘图方向就会改变一次，选择到合适的绘图方向后，单击 确定 按钮。这时会弹出图 10-27c 所示的"菜单管理器"对话框用来设置绘图平面，共有四个选项。实际上就是为绘图平面设置参照，这个在前面有关草绘平面、草绘方向和操作面一节里面已经讲解过了，不再赘述。一般情况选择 缺省 即可，即按系统给定的默认方式设置绘图面。单击 缺省 按钮，进入草绘界面，绘制如图 10-27d 所示的图形（标注"样条"的样条曲线）。注意：在图 10-27d 的绘制过程中运用"重合 ⊙"约束，使得点①、②与直线 L 共线。单击草绘工具栏中的 ✔ 按钮，确认并退出草绘界面。

3）弹出图 10-27e 所示的"菜单管理器"用来确定几何体在零件的轨迹端点的状态。共有 2 个选项，其中各项含义如下：

合并端：几何体在零件的轨迹端点与零件合并。

自由端：不对几何体的几何形状进行操作。

图 10-28 所示为几何体在零件的轨迹端点的状态，通过图 10-28 就可以看出二者之间的区别。图 10-28a 是合并端的效果图，图 10-28b 是自由端的效果图。读者重点看一下杯子的把手在端点处与杯子主体的连接状态，体会一下几何体在零件的轨迹端点的状态的确定方式的不同。

因为杯子的把手与主体应该是连在一起的，所以选择合并端，然后单击完成按钮。

4）进入草绘界面，系统自动将扫描轨迹起点的垂面作为草绘平面，并将轨迹起点作为二维草绘的坐标原点。绘制图 10-27f 所示的椭圆，单击草绘工具栏中的 ✔ 按钮，确认并退出草绘界面。

5）在"伸出项：扫描"对话框中单击 确定 按钮，完成特征的创建，如图 10-26b 所示。

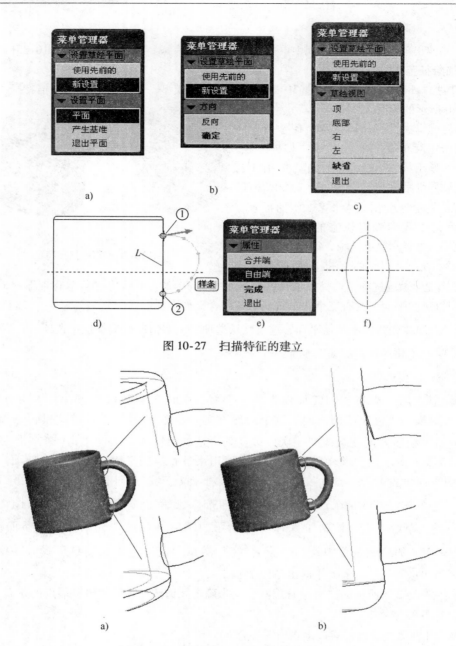

图 10-27　扫描特征的建立

图 10-28　几何体在零件的轨迹端点的状态

10.2.4　混合特征

1. 操作步骤与命令简介

混合特征命令位于主菜单"插入"→"混合"下，共有图 10-29 所示的 7 个选项，这 7 个选项与前面讲解的扫描的选项是一致的，但是将扫描特征换成了混合特征。选择其中的任意一个选项后，在窗口右上角弹出的"菜单管理器"中显示"混合选项"菜单，如图 10-30 所示。混合特征的操作和扫描操作一样，也是通过逐级选菜单来完成的，与其他特征的操作方式有很大的不同。

"混合选项"菜单各选项说明如下：

"平行"：所有的混合剖面都平行。在同一个绘图窗口中绘制所有剖面，然后指定各平行剖面间的距离，就可以完成特征的创建。

"旋转的"：每个剖面都可以绕给定坐标系的 Y 轴旋转，因此可以在非平行平面间进行混合。

"一般"：每个剖面都可以分别绕给定坐标系的 X、Y、Z 轴旋转，并可以沿着这三个轴平移。一般混合兼有平行混合和旋转混合的特点，是两者的结合。

"规则截面"：使用二维草绘建立的剖面。

"投影截面"：将草绘的剖面投影到一个曲面上，再生成混合特征。

"选取截面"：选取事先画好的草绘图形作为混合剖面。

"草绘截面"：临时绘制剖面来生成混合特征。

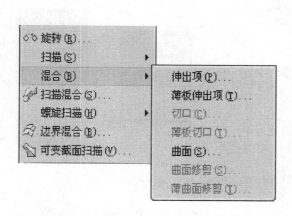

图 10-29　混合菜单选项

图10-30　菜单管理器

下面通过一个例子介绍混合特征的创建步骤。

1）新建一个零件文档"ex07.prt"。选取主菜单"插入"→"混合"→"伸出项"命令。在弹出的"菜单管理器"对话框中选择"平行"→"规则截面"→"草绘截面"→"完成"。

2）在窗口右侧出现混合特征创建的对话框，如图 10-31 所示，从中可以知道创建混合特征需要分别定义其"属性"、"截面"、"方向"和"深度"。其中，前面有">"符号代表这是目前正在进行定义的项目。

首先定义混合特征的"属性"，菜单管理器中显示"属性"菜单，依照图 10-32 所示选取"直"→"完成"。

3）接下来进入"截面"的定义。执行图 10-33 所示的操作，选取 RIGHT 面作为绘制混合截面的草绘平面，并选择默认的草绘方向和参照面。

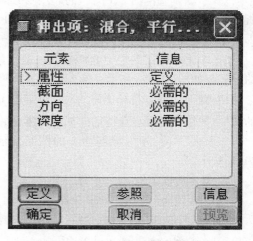

图 10-31　混合特征创建的对话框

系统进入草绘截面，绘制图 10-34a 所示的正方形作为剖面 1，单击鼠标右键，在弹出的菜单中选择"切换截面"，这时剖面 1 显示为暗灰色，如图 10-34b 所示绘制一个圆作为剖面 2，单击草绘工具栏中的  ✔ 按钮，这时不能正常退出草绘界面，并在信息提示区给出 ⚠ 每个截面的图元数必须相等。的提示。对于混合特征，要求各剖面具有相同数量的顶点。分析刚才绘制的两个剖面，剖面 1（正方形）有四个顶点，而剖面 2（圆）没有顶点。由于刚才没有完成合格截面的绘制，因此无法退出草绘界面。

图 10-32 定义混合特征的"属性"

4）下面通过将剖面 2 的圆断开使之产生与剖面 1 相同个数的顶点。在绘图区单击鼠标右键，在弹出的菜单中选择"切换截面"，这时剖面 1 和剖面 2 都显示为暗灰色，表示已进入剖面 3 的绘制。由于现在不希望绘制第 3 个剖面，而是想修改剖面 1，因此再次单击鼠标右键，在弹出的菜单中选择"切换截面"，这时剖面 1 显示为亮色，再次单击鼠标右键，在弹出的菜单中选择"切换截面"，说明是当前剖面，这时剖面 2 显示为亮色，而剖面 1 显示为暗灰色。

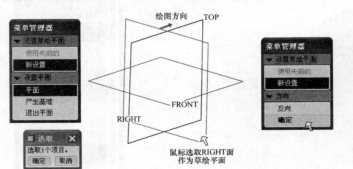

图 10-33 扫描"截面"的定义步骤

使用 工具将剖面 1 的圆断开成 3 段，从而出现 3 个顶点①、②和③，如图 10-34c 所示。

如图 10-34d 所示，选中顶点②，单击鼠标右键，在弹出的菜单中选择"混合顶点"，在该处添加一个混合顶点，从而使剖面 1 与剖面 2 的顶点数一致。

5）下面调整剖面 2（圆）的起点及方向，使之与剖面 1 的起点及方向相适应。如图 10-34e 所示选中顶点①，单击鼠标右键，在弹出的菜单中选择"起点"，将该点作为剖面 1 的起点。如果所绘制图上的箭头方向与图 10-34f 中不一致，重复这步操作。

6）单击草绘工具栏中的 ✔ 按钮，退出草绘界面，并在信息提示区要求输入剖面 1 到剖面 2 的距离，如图 10-35a 所示，输入距离"200"并回车。

7）此时，混合特征创建的对话框如图 10-35b 所示，说明全部信息都已定义完毕，单击其中的 确定 按钮，完成混合特征的创建，建立如图 10-35c 所示的模型。

如果在图 10-34 中将剖面 2 的圆断开成等分的 4 段，从而出现 4 个顶点，其效果将如图 10-36 所示。

2. 混合特征范例

创建图 10-37 所示的异形花瓶模型。由于该模型的剖面形状比较复杂，因此先进行制作分析。该模型可以使用平行混合特征，各截面均为正多边形。为了方便起见，可使用系统内置的调色板 ⬤ 来创建它，并可通过多边形边长来调整多边形大小。创建好实心花瓶后，再用壳特征来生成花瓶。

1）新建一个零件文档"ex08. prt"。

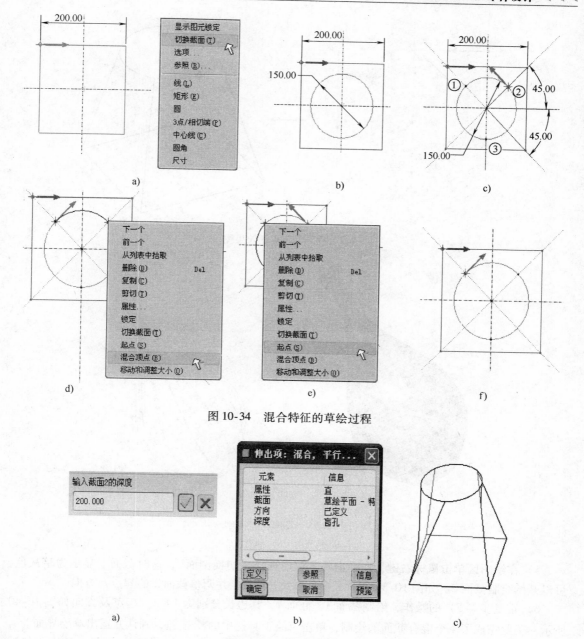

图 10-34　混合特征的草绘过程

图 10-35　混合特征建立

2）选取主菜单"插入"→"混合"→"伸出项"命令，在弹出的"菜单管理器"中选择"平行"→"规则截面"→"草绘截面"→"完成"命令。

3）定义混合属性为"直"，单击"完成"。

4）接下来定义混合截面。选取 FRONT 面作为草绘平面，并选择默认的草绘方向和参照面，系统进入草绘界面。在绘图工具栏中单击"调色板" ⬭ 按钮，打开"草绘器调色板"窗口，选择"多边形"→"正十二边形"，然后在绘图区单击，执行图 10-38 所示的操作，创建一个正十二边形，并利用对齐约束将多边形中心约束到坐标系原点，然后调整多边形边长为 3，同时调整剖面 1（正十二边形）的起点及方向，如图 10-38 所示。

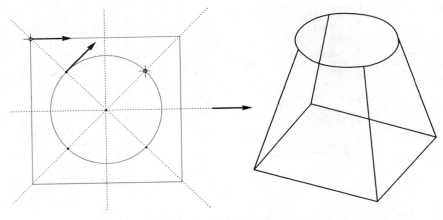

图 10-36　混合特征效果图

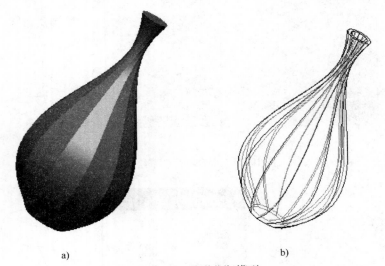

a)　　　　　　　　　　　　　　　b)

图 10-37　异形花瓶模型
a）抽壳前　b）抽壳后

5）在绘图区单击鼠标右键，在弹出的菜单中选择"切换剖面"，这时截面 1 显示为暗灰色，可以开始绘制截面 2。如图 10-39 所示，多边形边长为 8，并调整截面 2 的起点及方向。

6）重复步骤 5）的操作，绘制截面 3、截面 4，其边长分别为 1、2，起点及方向如图 10-40 所示，至此完成了 4 个混合截面的绘制，单击草绘工具栏中的 ✔ 按钮，确认并退出草绘界面。

7）在信息提示区"输入截面 2 的深度 20"的提示下输入"20"并回车，"输入截面 3 的深度 30"的提示下输入"30"并回车，"输入截面 4 的深度 10"的提示下输入"10"并回车。这样便分别定义了 4 个剖面间的距离（深度）为"20、30、10"。这时信息提示区提示 ⇨ 所有元素已定义. 请从对话框中选取元素或动作. 。

8）单击特征创建的对话框中的 确定 按钮，完成混合特征的创建，得到图 10-41 所示的模型。该模型与图 10-37 所示的模型不完全一致，是因为在步骤 5）中定义混合属性为"直"，因此各个剖面间过渡不光滑。

9）修改混合特征。在模型树或图形窗口选中刚刚创建的混合特征，单击鼠标右键，在弹出菜单中选择"编辑定义"命令，弹出图 10-42 所示的混合特征创建对话框，在其中选取某一个项目（元素），然后单击 定义 按钮，就可以重新定义该项目。

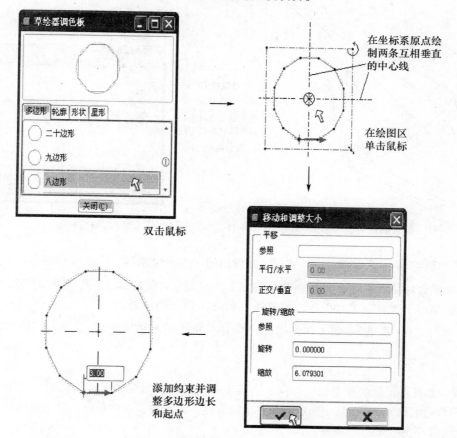

图 10-38　创建混合特征的第一个截面

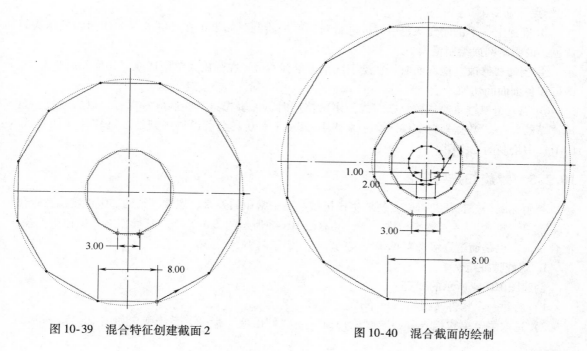

图 10-39　混合特征创建截面 2　　　　　图 10-40　混合截面的绘制

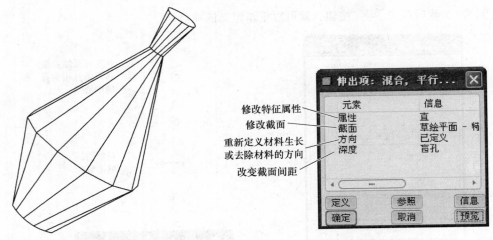

图10-41　混合属性为"直"的模型　　　　图 10-42　修改混合特征

选取"属性"一栏，单击 定义 按钮，在弹出的"菜单管理器"中选择"光滑"→"完成"命令。单击混合特征创建对话框中的 确定 按钮，完成混合特征的修改，得到图 10-37a 所示的模型。等我们学习了"壳"工具以后，再得到图 10-37b 所示的花瓶。

10）单击"保存" 🖫 按钮，在弹出的"保存对象"的对话框中单击 确定 按钮，保存当前文件。

提示：

① 混合特征各剖面的顶点数应相同，当某一剖面的顶点数少于其他剖面时，可用 ┏╌ 工具将线条断开以增加顶点，或在某一顶点处加一个混合点，方法为：选中顶点，单击鼠标右键，在弹出菜单中选取"混合定点"命令。

② 各剖面的起点及方向应相对应，否则，应选中起点，单击鼠标右键，在弹出菜单中选取"起始点"命令。

③ 确保上一个剖面变灰色后方可进行新剖面的绘制，如果正在绘制的几个剖面均显示为亮黄色，说明新剖面绘制错误。

④ 当需要修改其他剖面时，在绘图区单击鼠标右键，在弹出菜单中选取"切换剖面"命令，即可在各剖面间切换。

⑤ 当一个二维草绘比较复杂，或需多次使用时，可事先将其绘制好并保存，以后通过主菜单"草绘"→"数据来自文件"命令来调用。Pro/E 5.0 甚至可以调用其他二维软件（如 Auto-CAD）中绘制的二维图。

10.2.5　螺旋扫描特征

利用螺旋扫描特征，可以方便地生成机械产品中常用的弹簧、螺纹等结构。螺旋特征命令位于主菜单"插入"→"螺旋扫描"下，共有图 10-43 所示的 7 个选项。其操作方式类似于扫描、混合特征，也是通过逐级选菜单来完成的。

1. 螺旋特征范例 1

创建图 10-44 所示的弹簧。

1）新建一个零件文档"ex09. prt"。

2）选取主菜单"插入"→"螺旋扫描"→"伸出项"命令，系统弹出如图 10-45a 所示的螺旋特征创建对话框，从中可以知道创建螺旋特征需要分别定义其"属性"、"扫引轨迹"、"螺距"和"截面"，其中，前面有">"符号代表这是目前正在定义的项目。

图 10-43　螺旋特征菜单选项　　　　　　　　　图 10-44　弹簧模型

如图 10-45b 所示，在"菜单管理器"中选择"常数"→"穿过轴"→"右手定则"→"完成"命令，完成螺旋特征"属性"的定义。这样选择的含义是：螺距为常数、截平面穿过旋转轴、根据右手定则扫描。读者在下面弹簧的绘制过程中仔细体会这中间的含义。同时"可变的""垂直于轨迹""左手定则"的含义是：螺距为变数、截面垂直于曲线、根据左手定则扫描。接下来开始定义"扫引轨迹"。

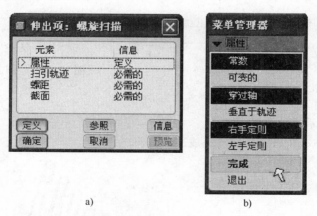

a)　　　　　　　　　　b)

图 10-45　螺旋扫描"属性"定义

3）执行图 10-46 所示的操作，选取 RIGHT 面作为扫引轨迹的草绘平面，并取默认的草绘方向和参照面，系统进入草绘界面，绘制图 10-47 所示的图形，单击草绘工具栏中的 ✔ 按钮，完成扫引轨迹的绘制。

4）定义"螺距"，在信息提示区 输入节距值 [3.0000] ✔ ✖ 的提示下输入"5"并回车。

5）绘制螺旋截面（这里指弹簧簧丝剖面）。系统自动将扫引轨迹的起点作为横截面绘制的坐标原点，绘制图 10-48 所示的图形，单击草绘工具栏中的 ✔ 按钮。

6）信息提示区提示 ➪ 所有元素已定义。请从对话框中选取元素或动作。，单击特征创建对话框中的 确定 按钮，完成螺旋特征的创建，得到图 10-44 所示的模型。

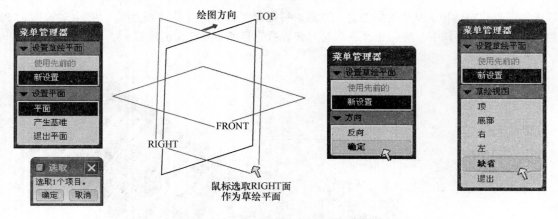

图 10-46 定义螺旋扫描的"扫引轨迹"

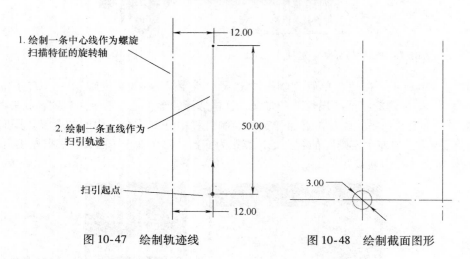

图 10-47 绘制轨迹线

图 10-48 绘制截面图形

2. 螺旋特征范例 2

创建图 10-49 所示的异形空心弹簧。

请读者参照光盘文件"ex10. prt"完成这个例子。

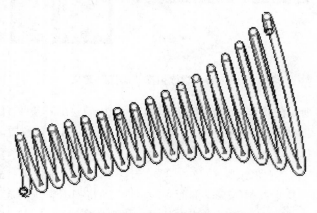

图 10-49 异形空心弹簧模型

10.3　工程特征

10.3.1　圆角特征

倒圆角是在工程设计中最常用的一种特征，一般在零件的边缘部分都需要作倒圆角（或倒角）处理。下面通过实例介绍创建倒圆角特征的操作步骤。首先打开光盘文件"ch10 \ ex11.prt"，如图 10-50 所示。

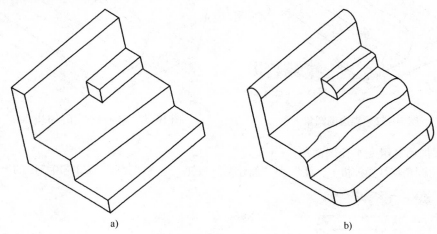

图 10-50　倒圆角的模型
a）初始模型　b）完成操作后模型

本实例将使用"倒圆角工具" 创建 4 种常用的倒圆角类型，主要有常半径倒圆角、可变半径倒圆角、由曲线驱动的倒圆角和完全倒圆角 4 种类型。

（1）添加第一组常半径倒圆角

1）单击特征工具栏中的"倒圆角工具" 按钮，或选取菜单"插入"→"倒圆角"命令，系统弹出图 10-51 所示的操控板。

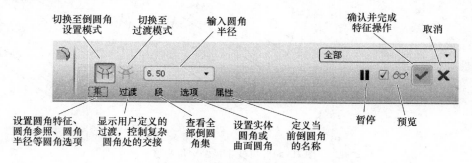

图 10-51　圆角特征操控板

2）选取需要倒圆角的边。按下键盘的【Ctrl】键，依次选取图 10-52 所示的①、②两条边。

3）定义圆角半径。拖动图 10-52 中的把手可以动态改变圆角的半径，也可以在操控板的输入框中输入半径值。这里，输入半径值为 10。

4）单击操控板中的 按钮，完成这一圆角特征，得到图 10-53 所示的模型。

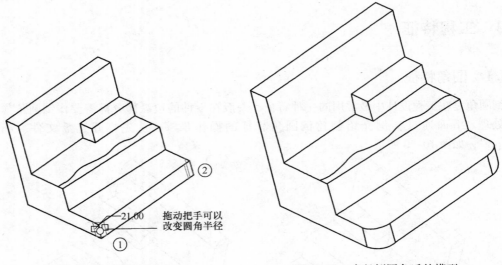

图 10-52　侧边倒圆角　　　　　　　图 10-53　半径倒圆角后的模型

（2）添加第二组变半径倒圆角

1）单击圆角特征操控板上"集"→"新建集"按钮，建立"集 2"。如图 10-54a 的上半图所示。

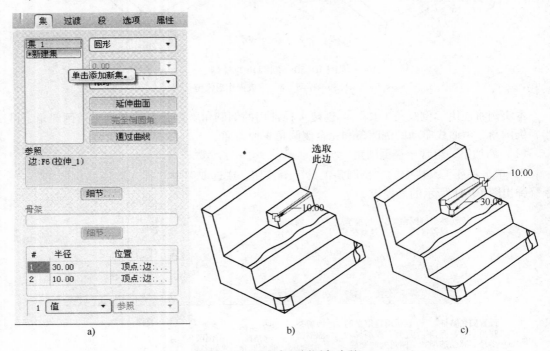

图 10-54　可变半径倒圆角步骤

2）如图 10-54b 所示选取上前方的棱边。

3）在面板的"半径"参数空白处单击鼠标右键，在弹出菜单中选取"添加半径"，设置"半径 1"的值为 30，"半径 2"的值为 10，如图 10-54a 下半图所示。

如果需要，按上述步骤添加另外的控制点。

4）单击操控板的 ☑ ∞ 按钮，至此完成变半径倒圆角的添加，如图 10-54c 所示。

（3）添加第三组由曲线驱动的倒圆角

1）单击圆角特征操控板上"集"→"新建集"按钮，建立"集 3"，与图 10-54a 的上半图的操作相似。

2）依照图 10-55a 选取要倒圆角的边。

3）单击面板上的"通过曲线"按钮，如图 10-55b 所示。"驱动曲线"收集器被激活，然后在模型上选择倒圆角的驱动曲线（该曲线需提前绘制），如图 10-55c 所示。

4）单击操控板 ☑ ⚭ 按钮，得到图 10-55d 所示的模型。

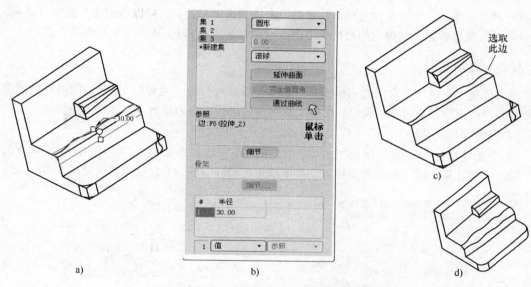

图 10-55　由曲线驱动的倒圆角步骤

（4）添加第四组完全倒圆角

1）单击圆角特征操控板上"集"→"新建集"按钮，建立"集 4"，与图 10-54a 的上半图的操作相同。

2）依照图 10-56a，按住【Ctrl】键，选取要倒圆角的两条边。

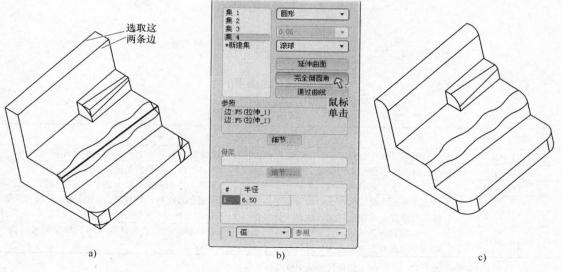

图 10-56　完全倒圆角步骤

3）单击面板上的"完全倒圆角"按钮，如图 10-56b 所示。单击操控板☑ &&按钮，得到图 10-56c 所示的模型。

模型的最终效果如图 10-50b 所示。

单击"保存"🖫按钮，在弹出的"保存对象"的对话框中单击 确定 按钮，保存当前文件。

提示（选取多条边的技巧）：

① 在很多特征创建过程中，需要选取边线，单纯用鼠标选取时只能选中当前的一条边。

② 按住【Ctrl】键的同时单击鼠标，可以连续选取多条边。

③ 单击一条边，然后按住【Shift】键并单击这条边所在的面，可以选中这个面的一圈界线。

④ 单击鼠标右键，从弹出的对话框中选取"添加集"，可以完成多组倒圆角操作。

10.3.2 倒角特征

倒角也是工程设计中常用的一种特征，又称"倒斜角"或"去角"，是处理周围棱角的方法之一。当产品周围棱角过于尖锐时，为避免割伤便需进行适当的修剪，这就是倒角特征。

1）打开文件"ch10 \ ex12. prt"，下面创建连杆一侧倒角。

2）单击特征工具栏的"倒角工具" ◥按钮，或选取菜单"插入"→"倒角"→"边倒角"命令，弹出图 10-57 所示的操控板，其中倒角类型分四种，其定义类型说明见表 10-1。

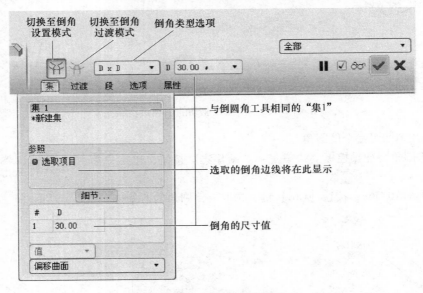

图 10-57　倒角特征操控板

表 10-1　倒角定义类型说明

选　　项	说　　明
D × D	对两平面以任意角度相交的边建立倒角特征，设置距离 D 即可，边两侧的倒角距离相等
D1 × D2	边两侧的倒角距离不相等。建立时要指定 D1 和 D2，以及参照面和倒角的边
角度 × D	设置一个距离 D 与角度，须选定一个参照面作为该角度的基准。45 × D 只是一个特例
O × O	边两侧的面会依输入值进行等距离偏移，偏移后相交的线再依法线方向投影至原来的面，最后的投影将定义倒角几何。如果两面垂直，O × O 和 D × D 是一致的
O1 × O2	边两侧的面会依输入值进行不等距离偏移，偏移后相交的线再依法线方向投影至原来的面，即一个曲面的偏移距离为 O1，另一个曲面的偏移距离为 O2

注：O × O 倒角分析如图 10-58 所示（倒角尺寸为 100）。

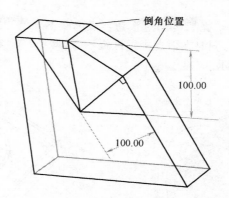

图 10-58　创建 O×O 倒角分析

3）选取倒角类型为 O×O，选取图 10-59a 所示的边，按图 10-57 中所示方式输入倒角值为 5。

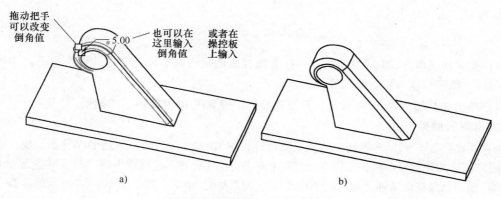

a)　　　　　　　　　　　　　　b)

图 10-59　创建 O×O 倒角特征

4）单击操控面板的 ✔ 按钮，完成这一倒角特征，得到图 10-59b 所示的模型。

5）保存当前文件。

10.3.3　壳特征

壳特征常见于塑料和铸造件，用于挖空实体内部，留下指定厚度的壳，并可指定想要从壳中移除的一个或多个曲面。

1. 操作步骤及命令简介

1）打开光盘文件"ch10\ex13.prt"，窗口中显示图 10-60 所示的模型。

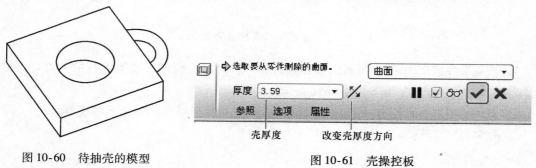

图 10-60　待抽壳的模型

图 10-61　壳操控板

2）单击特征工具栏中的"壳工具" 按钮，或选取主菜单"插入"→"壳"命令，系统弹出图10-61所示的操控板，同时在信息提示区提示 选取要从零件删除的曲面，按照提示选取模型的上表面，如图10-62a所示。

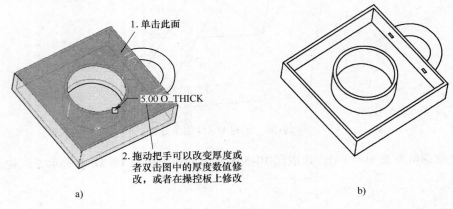

图 10-62　创建壳特征

3）输入薄壳厚度，其方式有三种：①在操控板的输入框输入；②拖动操作把手；③双击模型上的尺寸数字后输入新的厚度值。

4）单击操控板中的 按钮，预览壳特征，得到图10-62b所示的模型。

2. 非等厚抽壳

1）在操控板上单击 按钮，继续上面设计，图10-62b得到的是普通的壳特征，现在要将中间的圆形部分的壳加厚一些，而将上面的提手不进行抽壳处理，这就要用到"非等厚抽壳"了。

2）前面已经选取了抽壳面，已经输入薄壳厚度为5，接下来按照图10-63a所示的步骤进行操作，将中间的圆形部分的壳变成10，单击 按钮，预览壳特征，得到图10-63b所示的模型。

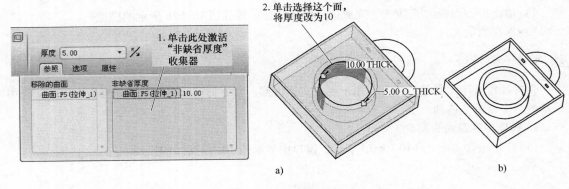

图 10-63　非等厚抽壳1

3）接下来按照图10-64a所示的步骤进行操作，而将上面的提手不进行抽壳处理，单击 按钮，预览壳特征，得到图10-63b所示的模型。

4）单击操控板上的 按钮，完成非等厚抽壳特征，得到图10-64b所示的模型。

5）保存当前文件。

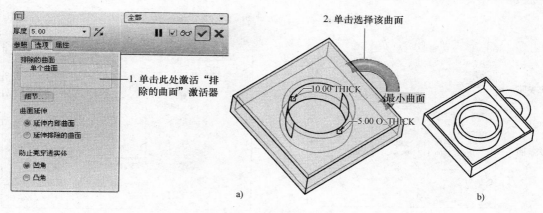

图 10-64　非等厚抽壳 2

10.3.4　孔特征

单击特征工具栏中的"孔工具"![icon]按钮，或选取主菜单"插入"→"孔"命令，系统弹出图 10-65 所示的操控板。可以创建三种类型的孔：简单直孔、异形直孔和标准孔。

简单直孔：按下操控板中的![icon]按钮。

异形直孔：按下操控板中的![icon]按钮，并选择![icon]按钮。

标准孔：按下操控板中的![icon]按钮，用以创建标准螺纹孔。

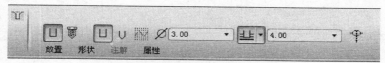

创建简单直孔特征时的操控板

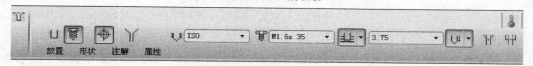

创建标注孔特征时的操控板

图 10-65　孔特征操控板

孔特征操控板上各个按钮和面板的功能说明如下：

放置：用来设置孔特征的主参照和次参照。主参照是放置孔的平面；次参照一般分为两个，用来对孔进行定位，如图 10-66a 所示。

形状：用来设置孔的形状、尺寸和钻孔方式，如图 10-66b 所示。

注解：只在创建标准孔时出现，该面板壳显示标准螺纹孔的信息，例如螺纹的尺寸、钻孔深度等，如图 10-67a 所示。

属性：用来显示孔的名称和相关参数，也可以对孔的名称进行修改，如图 10-67b 所示。

![icon]：用于创建"简单直孔"。

![icon]：使用草绘定义孔的轮廓，用于创建"异形直孔"。

![icon]：导入已保存的草绘文件，作为孔的轮廓，只有在单击![icon]按钮后才出现。

![icon]：激活草绘器，以创建孔的平面，只有在单击![icon]按钮后才出现。

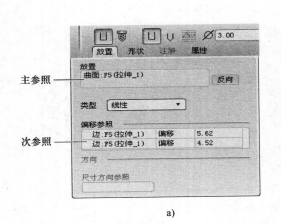

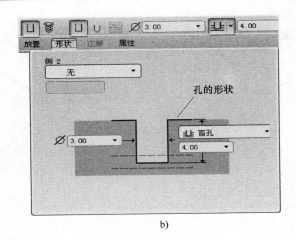

图 10-66 "放置"和"形状"下拉菜单

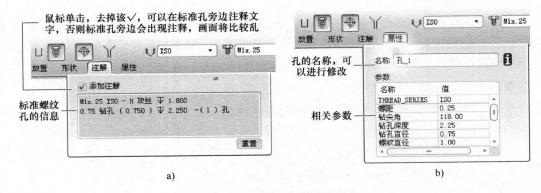

图 10-67 "注解"和"属性"下拉菜单

⌀ 3.00 ▼：定义直孔的直径尺寸。

⊥ 4.00 ▼：用于定义孔的深度或者选择钻孔方式，系统提供 6 个选项，其中各选项的意义及操作方法与拉伸特征相同。

：创建轻量化孔，将孔几何表示设置为轻量化开或关。设为"开"为正常状态；设为"关"为轻量化状态，主要是减少内存的使用。只有在选择创建简单直孔时才出现。

："标准孔"按钮，用于创建带有螺纹的标准孔。

ISO ▼：设置标准孔的螺纹类型，有"ISO"、"UNC"和"UNF"三种类型。

M1.6x.35 ▼：输入螺钉尺寸或从下拉列表中选择系统提供的尺寸。

：添加埋头孔。

：添加沉孔。

：添加攻螺纹。

：添加锥形孔。

∪ ▼ 定义标准孔的钻孔深度，有两种类型，分别为钻孔深度和钻孔肩部深度。

一般来说，建立孔的操作步骤大致如下：

1）选择建立简单直孔还是标准孔。

2）单击"放置"按钮，在模型选择孔放置的平面和参照面。

3）进一步设置孔的类型和参数。例如，如果创建简单直孔，应设置孔的直径和深度。

4）单击操控板上的✔按钮，完成创建。

1. 创建简单直孔

创建简单直孔的步骤如下：

1）打开文件"ch10 \ ex14. prt"，窗口中显示图 10-68 所示的模型。

2）单击 🔾 按钮，单击图 10-69 所示的模型上表面为主参照，这时会出现一个孔的预览图形，但由于尚未确定孔的次参照，该孔还没有完全定义，因此操控板上的✔按钮显示为灰色，不能进行确认操作。

3）单击操控板的 放置 按钮，弹出图 10-70 所示的下拉面板，在面板右侧选择孔的定位方式，共有 3 种方式，其中各项含义如下：

"线性"：通过给定孔中心距离两条边（或两个面）的现行尺寸来确定孔的位置，如图 10-71 所示。

"直径"：以坐标的形式，通过给定极半径和极角确定孔的位置，如图 10-72 所示。

"径向"：与"直径"类似，通过给定极直径和极角确定孔的位置，如图 10-73 所示。

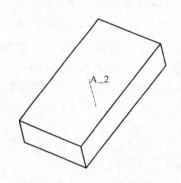
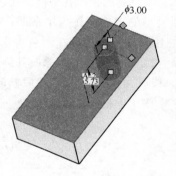

图 10-68　待创建孔的模型　　图 10-69　确定孔的主参照　　图 10-70　孔的定位方式

（1）线性孔　单击"孔工具" 🔾 按钮，单击模型的上表面作为主参照，打开"放置"下拉面板，单击"次参照"将其激活，然后按住【Ctrl】键单击模型的两个相互垂直的侧边作为次参照，修改次参照的偏移尺寸为 5 和 15。然后修改孔的参数，包括直径和深度，分别为 3 和 4。修改孔的参数既可以在操控板的相应位置上进行修改，也可以在绘图区拖动相应的把手进行修改，这和前面的修改拉伸尺寸是一样的。操作步骤如图 10-71 所示。最后单击操控板上的✔按钮，完成孔的创建。

（2）径向孔　单击"孔工具" 🔾 按钮，单击模型的上表面作为主参照，打开"放置"下拉面板，单击 类型 ▏直径　　　　▼ 按钮，弹出下拉菜单，将孔的放置类型改为"径向"，单击"次参照"将其激活，然后单击基准轴"A_ 2"作为次参照，修改其偏移值为 4（注意：这个半径尺寸是孔的一个定位尺寸，而非其形状尺寸里面的孔的半径）。同时按住【Ctrl】键单击模型的一个侧面作为角度参照，修改角度值为 45。然后修改孔的参数，包括直径和深度，分别为 2 和 3。修改孔的参数可以在操控板的相应位置上进行修改，也可以在绘图区拖动相应的把手进行修改，这一步和前面创建线性孔是一样的。操作步骤如图 10-72 所示。最后单击操控板上的✔按钮，完成孔的创建。

（3）直径孔　直径孔与径向孔的操作非常类似，区别在于径向孔定义的是半径，而直径孔

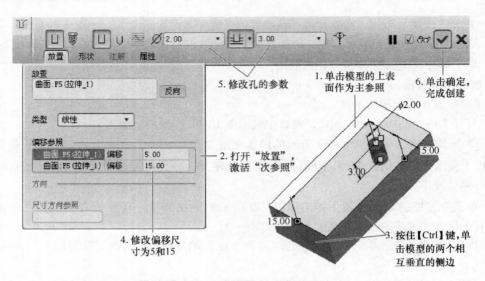

图 10-71　创建线性孔的操作步骤

定义的是直径。如果要想得到与图 10-72 创建的径向孔一样的孔，其操作步骤如图 10-73 所示。

　　单击"孔工具" ⊔ 按钮，单击模型的上表面作为主参照，打开"放置"下拉面板，单击 类型 [直径 ▼] 按钮，显示其下拉菜单，将孔的放置类型改为"直径"，单击"次参照"将其激活，然后单击基准轴"A_2"作为次参照，修改其偏移值为4。同时按住【Ctrl】键单击模型的一个侧面作为角度参照，修改角度值为45。然后修改孔的参数，包括直径和深度，分别为2和3。最后单击操控板上的 ✔ 按钮，完成孔的创建。

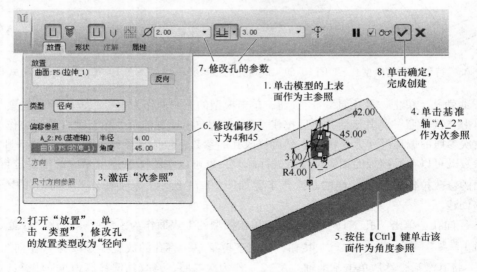

图 10-72　创建径向孔的操作步骤

　　(4) 同轴孔　单击"孔工具" ⊔ 按钮，单击模型的上表面作为主参照，打开"放置"下拉面板，注意这里不要激活次参照，还是处在主参照激活的状态，同时按住【Ctrl】键单击基准轴"A_2"。然后修改孔的参数，包括直径和深度，分别为2和3。最后单击操控板上的 ✔ 按钮，完成孔的创建。其操作步骤如图 10-74 所示。这样建立了与基准轴"A_2"同轴的一孔，读者可仔细思考同轴孔与径向孔和直径孔有什么样的区别和联系？

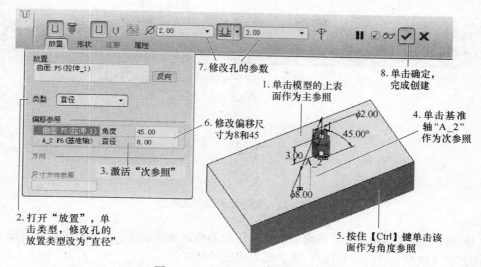

图 10-73　创建直径孔的操作步骤

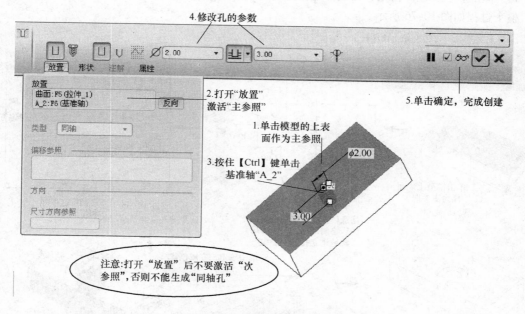

图 10-74　创建同轴孔的操作步骤

提示：为确定孔的定义尺寸，经常需要选取多个参照，当选取第二个参照时，按住键盘上的【Ctrl】键。在 Pro/E 操作中，还会经常遇见这种情况。

在上面的例子中，孔深度的定义都是在操控板或图形窗口中输入深度值来完成的。如图 10-75 所示单击操控板 的小三角按钮，弹出下拉菜单，可以用更灵活的方式定义孔深度，其中各选项的意义及操作方法与拉伸特征相同。

2. 创建异形孔

创建异形孔的操作步骤如下：

1）单击 按钮，单击模型上表面作为主参照，单击操控板中的 按钮，最后单击操控板上的 按钮后，系统进入草绘界面。

2）绘制异形孔剖面，单击草绘工具栏的 按钮，确认并退出草绘界面。

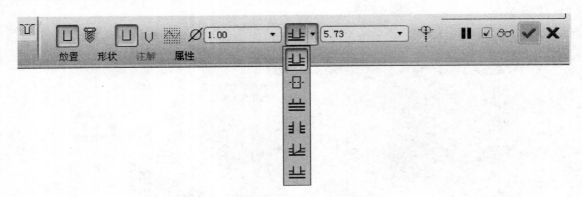

图 10-75　孔特征的深度选项

3）单击操控板的 放置 按钮，弹出"放置"下拉面板，依照创建简单直孔的操作方法，确定孔的定位方式（线性、径向、直径）、次参照和相应的尺寸。

4）单击操控板的 ✔ 按钮，完成异形孔的创建，得到最终模型。

整个过程如图 10-76 所示。

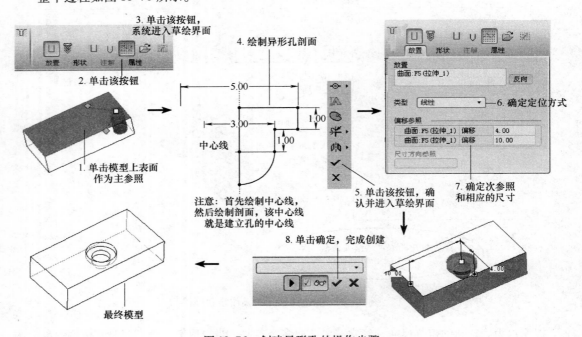

图 10-76　创建异形孔的操作步骤

注意：异形孔类似于一个旋转的去除材料特征，完全可以由旋转特性来生成。

3. 创建标准孔

创建标准孔的操作步骤如下：

1）单击 🔩 按钮，选择钻孔表面，在操控板中单击 🔩 按钮。

2）单击操控板的 放置 按钮，弹出"放置"下拉面板，确定孔的定位方式（线性、径向、直径）、次参照和相应的尺寸。

3）如图 10-77 所示选择螺纹类型、螺纹规格、标准孔的形状，打开操控板的"形状"面板，编辑孔的尺寸。在图 10-77 所示步骤中给标准孔增加了沉头孔，读者可以试着增加一个埋头孔。

4）单击操控板的 ✓ 按钮，完成标准孔的创建，得到图 10-77 所示的最终模型。

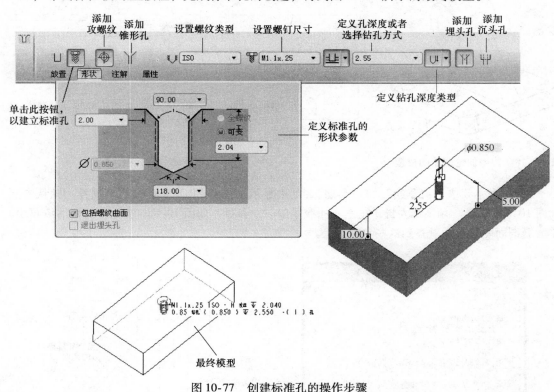

图 10-77 创建标准孔的操作步骤

注意：此标准孔在创建的时候保留了注释文字，如果要隐藏这些文字，参见图 10-67。

10.3.5 筋特征

筋又称加强筋，外形为薄板，在产品上用于两相邻实体面相接处，尤其在薄壳外形产品中应用较多，应用筋可以增加产品强度并减少薄壳表面的翘曲程度。选取菜单"插入"→"筋"命令，可以创建两种类型的筋：

轮廓筋：选取菜单"插入"→"筋"→"轮廓筋"或者单击 ◻ ▸ 右侧的三角形按钮，选择 ◻ 。

轨迹筋：选取菜单"插入"→"筋"→"轨迹筋"或者单击 ◻ ▸ 右侧的三角形按钮，选择 ◻ 。

1. 创建轮廓筋

创建轮廓筋的步骤如下：

1）打开文件"ch10 \ ex15. prt"，窗口中显示如图 10-78 所示的模型。

2）单击特征工具栏的"轮廓筋" ◻ 按钮，或选取菜单"插入"→"筋"→"轮廓筋"命令，系统弹出图 10-79 所示的操控板。单击操控板的 参照 按钮，单击其下拉面板的 定义… 按钮，弹出"草绘"对话框，选取 RIGHT 面作为绘制轮廓筋剖面的草绘平面，草绘方向及参照取系统默认值，单击 草绘 按钮，进入草绘界面。

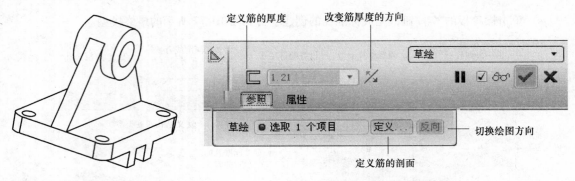

图 10-78　待增加轮廓筋的模型　　　　　　　图 10-79　轮廓筋操控板

3）单击主菜单上"草绘"→"参照"，其中显示系统将 FRONT 面和 TOP 面作为默认参照，如图 10-80a 所示。用鼠标左键单击三条曲线增加三个参照，如图 10-80b 所示，使得后续草绘时轮廓筋剖面能都自动对齐到这些参照边上。

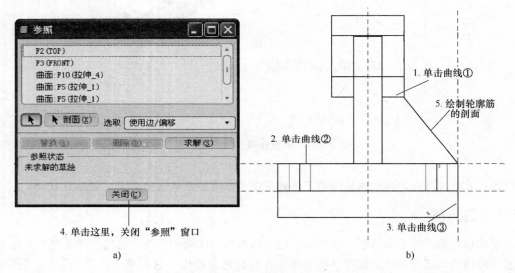

图 10-80　重新定义参照和绘制剖面

提示：充分利用参照是一种非常好的绘图习惯。增加参照可以在进行草绘时自动对齐到参照边，这样会节省大量的整理图形的时间。

4）绘制图 10-80b 所示的轮廓筋剖面图，该剖面为一条线段，其一端对齐到参照②和③的交点上，另一端在参照①的端点上，单击草绘工具栏的 ✔ 按钮，返回零件设计界面。

5）如图 10-81a 所示，切换轮廓筋的方向为朝向支承板的一侧，在操控板中定义筋的厚度为 0.9，单击 ☑ 60° 按钮，显示图 10-81b 所示的图形，最后单击操控板的 ✔ 按钮得到图 10-81b 所示的模型。

注意：单击操控板上的 ▭ 0.90 ▾ ⁒ 的 ⁒ 按钮，可以得到图 10-82 所示的三种结果。

提示：轮廓筋虽然与拉伸特征相似，但其截面必须是开放的，但是图元的端点必须锁定在要依附的模型面上。

2. 创建轨迹筋

创建轨迹筋的步骤如下：

1）打开文件"ch10 \ ex16. prt"，窗口中显示图 10-83 所示的模型。

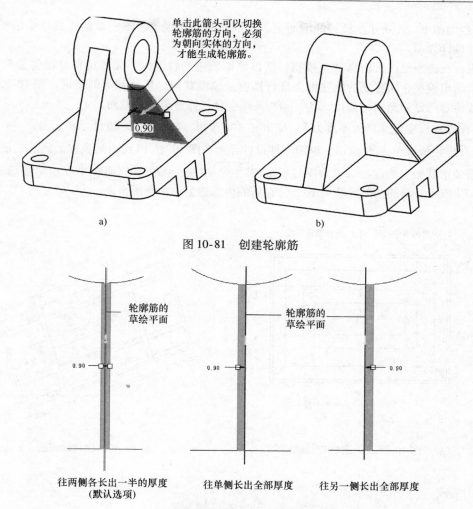

单击此箭头可以切换轮廓筋的方向，必须为朝向实体的方向，才能生成轮廓筋。

0.90

a)　　　　　　　　　　b)

图 10-81　创建轮廓筋

轮廓筋的草绘平面

0.90

轮廓筋的草绘平面

0.90　　　　　　　　　　0.90

往两侧各长出一半的厚度（默认选项）　　　往单侧长出全部厚度　　　往另一侧长出全部厚度

图 10-82　轮廓筋的加厚方向切换示意图

2）单击特征工具栏的"轨迹筋" 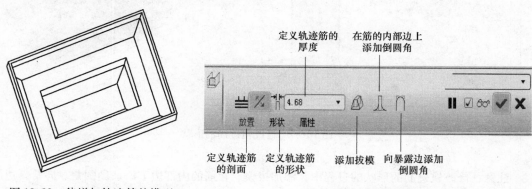 按钮，或选取菜单"插入"→"筋"→"轨迹筋"命令，系统弹出图 10-84 所示的操控板。单击操控板的 参照 按钮，单击其下拉面板中的 定义... 按钮，弹出"草绘"对话框，选取模型的底面为绘制轨迹筋剖面的草绘平面，草绘方向及参照取系统默认值，单击 草绘 按钮，进入草绘界面。

定义轨迹筋的厚度　　在筋的内部边上添加倒圆角

4.68

放置　形状　属性

定义轨迹筋的剖面　定义轨迹筋的形状　添加拔模　向暴露边添加倒圆角

图 10-83　待增加轨迹筋的模型　　　图 10-84　轨迹筋操控板

3）绘制图 10-85 所示的轨迹筋剖面图，该剖面为 4 条线段，单击草绘工具栏中的 ✔ 按钮，返回零件设计界面。

注意：轨迹筋可以自行延伸至模型，所以绘制轨迹筋轨迹时，无需延伸草绘将其与零件对齐。如果超出模型，轨迹筋的轨迹也会自行修剪至模型截面。具体到本例来说，图 10-85 中①、②两条线将自行延伸至模型截面，③、④两条线会自行修剪至模型截面。

4）在操控板中定义筋的厚度为 8，单击 ☑ ⌁⌁按钮，显示图 10-86 所示的模型。

5）在操控板中单击 ▶ 按钮，返回零件设计界面，图 10-86 得到的是最普通的轨迹筋，下面对轨迹筋的形状做一些改变。单击操控板上的 形状 按钮，将在下拉面板中显示轨迹筋的形状。如图 10-87 所示，将筋的厚度改为 10，并在筋的内部边上添加倒圆角。

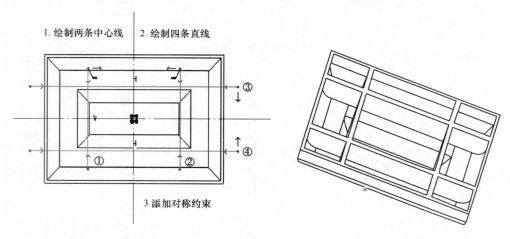

图 10-85　绘制轨迹筋轨迹　　　　　　图 10-86　创建轨迹筋

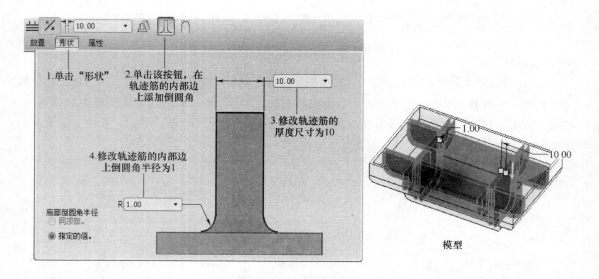

图 10-87　修改轨迹筋的形状

注意：修改轨迹筋的形状的过程中，添加拔模、在筋的内部边上添加倒圆角、向暴露边添加倒圆角这 3 个特征是可以任意添加的，读者可以试着创建一下图 10-88 所示的模型。

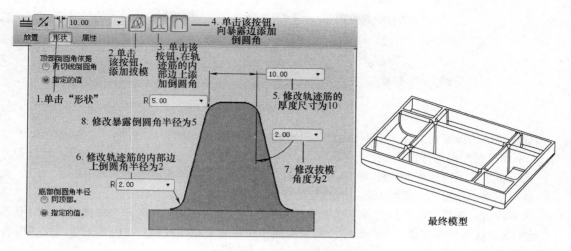

图 10-88　创建特殊轨迹筋

10.3.6　拔模特征

拔模特征在铸件、塑料件、锻件上广泛使用。当使用注射或铸造方式制造零件时，塑料射出件、金属铸造件及锻造件等与模具间都需要有 1°～5°甚至更多的斜角（具体视产品类型、材质等因素而定），以便使成型品更容易从模具型腔中取出，此时需要对零件进行拔模处理。

1. 操作步骤简介

1）打开文件"ch10/ex17. prt"，显示如图 10-89 所示的最初模型。

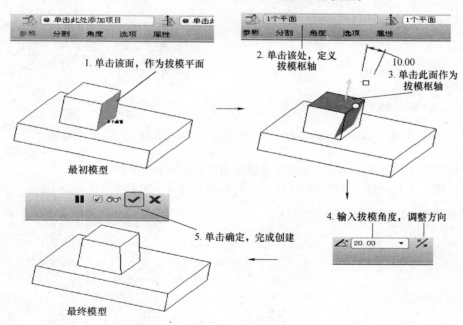

图 10-89　创建拔模特征操作步骤

2）单击特征工具栏的"拔模工具"按钮，或选择主菜单"插入"→"拔模"命令，系统弹出图 10-90 所示的操控板。

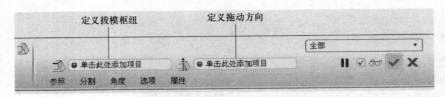

图 10-90　拔模特征的操控板

拔模特征的操控板上有 5 个下拉面板，分别为"参照""分割""角度""选项"和"属性"，下面对其分别进行说明。

①"参照"下拉面板：如图 10-91 所示，包含 3 个选项区。其中各项含义如下：

拔模曲面：用来指定模型上要进行拔模的曲面，可多选。

拔模枢轴：拔模之后保持边界不变的平面或曲面。选取拔模曲面上的单个曲线链或选取平面（在此情况下拔模曲面围绕它们与此平面的交线旋转）来定义拔模枢轴。拔模曲面将以这些面的边界为起点添加斜度。

拖拉方向：拔模角度的方向。拔模角是拔模面与拖动方向之间的夹角。当拔模枢轴为平面时，系统自动将其法线作为拖动方向；当拔模枢轴为曲面（曲线）时，还需另外选取一个平面、边线或轴线作为拖动方向。

注意：初学者应尽量选取平面来定义拔模枢轴，这样系统自动将其法线作为拖动方向，相对来说比较方便，也更容易一些，练习一段时间后，就可以深刻理解拖动方向的含义了。

②"分割"下拉面板：主要是用来分割拔模曲面，有"不分割"、"根据拔模枢轴分割"和"根据分割对象分割"3 个选项。默认为"不分割"，如图 10-92 所示。

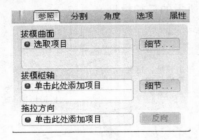

图 10-91　"参照"下拉面板

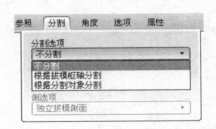

图 10-92　"分割"下拉面板

③"角度"下拉面板：用来显示和设置拔模角度，如图 10-93 所示。

④"选项"下拉面板：如图 10-94 所示，共有两个选项。其中各项含义如下：

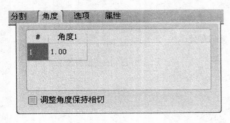

图 10-93　"角度"下拉面板

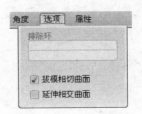

图 10-94　"选项"下拉面板

"拔模相切曲面"复选框：选中该复选框，系统会自动延伸拔模以包含与所选拔模曲面相切的曲面，默认情况下会选用此复选框。如果想对一组相切的曲面进行拔模，只需要选择该面组的一个曲面就可以了。

　　"延伸相交曲面"复选框：仅适用于"相交"拔模。系统会尝试将拔模延伸至与模型的相邻曲面相接触。如果拔模不能延伸至相邻的模型曲面，模型曲面则延伸到拔模曲面中。

图 10-95　"属性"下拉面板

　　⑤"属性"下拉面板：如图 10-95 所示，显示拔模特征名称和重命名该特征。

　　3）选取图 10-89 中所示的曲面作为拔模面，单击 ⦿ 选取 1 个项目 按钮，开始定义拔模枢轴，单击模型上表面作为拔模枢轴。同时拖动方向也已经定义好了，显示为 1个平面 ，系统自动将所选的拔模枢轴的法线作为拖动方向。

　　4）在操控板上 10.00 中输入拔模角度 10°，单击拔模角度后面的 按钮，可以改变拔模角度的方向。单击操控板的 ✔ 按钮，得到最终模型，如图 10-89 所示。

2. 分割拔模

对图 10-89 所示的模型创建分割拔模特征。

1）单击 按钮，选取图 10-96 所示的四个面作为拔模面。

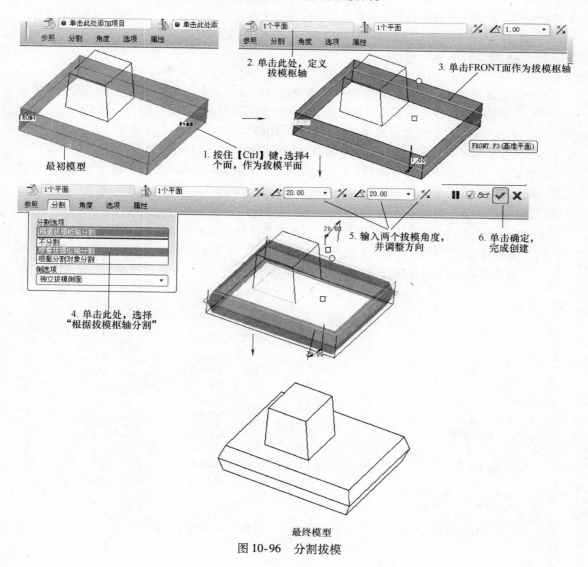

最终模型

图 10-96　分割拔模

2）单击  按钮，选择 FRONT 面作为拔模枢轴，单击操控板的 分割 按钮，在其下拉面板的"分割选项"中选取"根据拔模枢轴分割"。

3）在操控板中输入双侧拔模角度分别为20°、20°，调整拔模角度的方向，最终得到图 10-96 所示的模型。单击操控板的 ✔ 按钮，完成创建。

4）单击 🖫 按钮，在弹出的"保存对象"对话框中单击 确定 按钮，保存当前文件。

5）选择主菜单"文件"→"关闭窗口"命令，将当前窗口关闭。

6）如图 10-97 所示，选择主菜单"文件"→"拭除"→"不显示"命令，系统弹出"拭除未显示的"对话框，对话框中显示出前面已经关闭但依然驻留内存的文件，单击 确定 按钮，将这些文件从内存中拭除。

提示：在 Pro/E 中，文件窗口关闭后，文件仍然保存在内存中，经常使用"文件"→"拭除"→"不显示"命令可以将已经关闭的文件从内存中拭除，可以提高 Pro/E 和计算机的运行速度。

图 10-97　清理内存

10.4　基准特征

在产品设计过程中，经常需要借助一些辅助的点、线、面来完成产品的造型，这些辅助的点、线、面虽然不能直接生成模型，却是造型过程中必不可少的。如进入零件设计界面后，会在图形窗口显示三个互相垂直的基准平面（FRONT、RIGHT、TOP），在三个面的交汇处显示一个笛卡尔基准坐标系 PRT_CSYS_DEF，这些都是系统给出的最基本的基准特征，从而为用户提供一个三维设计的空间环境。随着设计的进行，只借助这些系统默认的基准特征可能无法完成模型的创建，需要用户自己创建一些辅助的基准平面、基准轴、基准点、基准坐标系、基准曲线等，这些统称为基准特征。

主工具栏上的四个按钮 🗗 🗏 ×* ✖ 用来切换基准特征的显示与隐藏，如图 10-98 所示。

创建基准特征可以使用工具栏上的相应工具，如图 10-99a 所示，也可以选择主菜单"插入"→"模型基准"下的相应命令，如图 10-99b 所示。

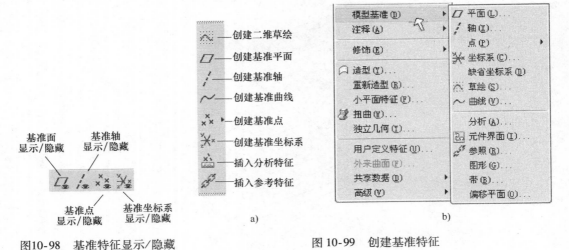

a)

b)

图10-98　基准特征显示/隐藏　　　　图 10-99　创建基准特征

10.4.1 创建基准平面

打开文件"ch10/ex18. prt",屏幕上显示图 10-100b 所示的模型。

1. 创建偏移基准平面

单击基准特征工具栏的 ⬚ 按钮,或选取主菜单"插入"→"模型基准"→"平面"命令,弹出图 10-100a 所示的"基准平面"对话框,这里有"放置"、"显示"和"属性"3 个选项卡。

1)"放置"选项卡:定义基准平面的参照条件。

2)"显示"选项卡:改变基准平面的显示轮廓大小。一般按照系统默认的大小即可。

注意:基准平面是无穷大的,只是用一个具有大小的轮廓来描述它。

3)"属性"选项卡:修改基准平面的名称。一般按照系统给定的名称即可。

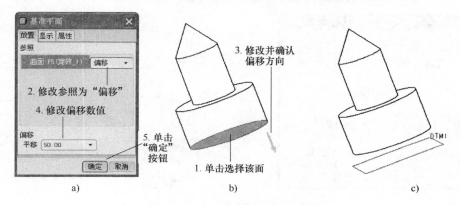

图 10-100 创建偏移基准平面

单击图 10-100b 所示的平面,在"基准平面"的"放置"对话框中修改偏移值为 50,如图 10-100a 所示。单击"基准平面"对话框的 确定 按钮,得到图 10-100c 所示的通过偏移一个平面得到的基准平面 DTM1。

2. 创建与 DTM1 垂直的基准平面

单击 ⬚ 按钮,单击刚刚创建的基准面 DTM1,如图 10-101a 在"基准平面"对话框的"放置"选项卡中将"偏移"改为"法向"。按住【Ctrl】键单击图 10-101b 所示的边,单击"基准平面"对话框中的 确定 按钮,得到图 10-101c 所示的过一直线且垂直于 DTM1 的基准平面 DTM2。

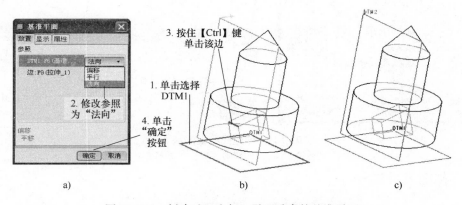

图 10-101 创建过一边与一平面垂直的基准平面

依照上述方法，可以灵活地创建出各种形式的基准平面，如过两条边、过一个点且与另一个面平行、过圆柱面轴心且与另一个面平行、过一个点且与一个圆柱面相切、过一个点且垂直于一条线、过三个点、与柱面相切并平行于一面和过一条边且与一个面夹一定角度等。

根据需要，设计人员可以单独创建一个基准特征，也可以在其他命令执行的过程中，临时创建一个基准特征。

10.4.2 创建基准点

打开文件"ch10/ex19. prt"，如图 10-102 所示。

1. 创建平面上的点

单击 ✕✕ 按钮，打开"基准点"对话框。依照图 10-102 所示的步骤创建平面上的一个点 PNT0。

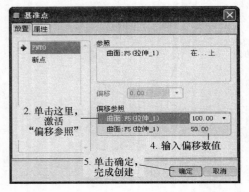
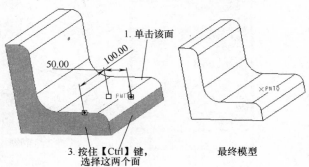

图 10-102　创建平面上的基准点

2. 创建曲线上的点

单击 ✕✕ 按钮，依照图 10-103 所示的步骤，创建边线上的中心点 PTN1。图 10-103 所示的"基准点"对话框中，将"偏移"选项切换为"比率"，则点的位置以在曲线上的比例来定义，如比例值为 0.25 指创建曲线的四分之一点，将该数值改为 0.5。如果将"偏移"选项切换为"实数"，则点的位置以距离曲线端点的实际长度来定义。在设计过程中应根据实际情况灵活选用。

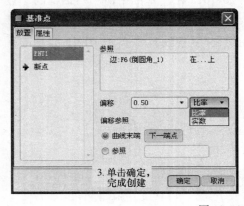
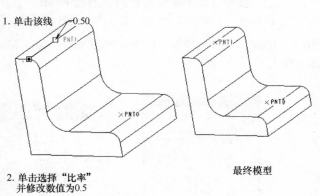

图 10-103　创建线段上的基准点

10.4.3 创建基准轴

依然使用 10.4.2 节的模型，按住【Ctrl】键单击 PNT0 和 PNT1，再单击 ╱ 按钮，创建过

PNT0 和 PNT1 的一根轴 A_1。

如图 10-104 所示，单击 ✏ 按钮，按住【Ctrl】键单击 PNT0 和 PNT0 所在的平面，可以创建出过 PNT0 且垂直于 PNT0 所在的平面的轴 A_2。

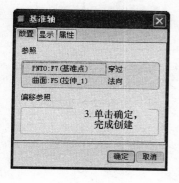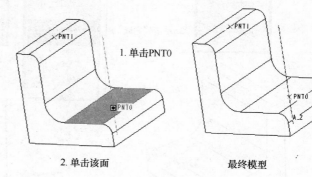

图 10-104　创建过一点与平面垂直的基准轴

采用类似的方法，可以创建过两个平面的轴、过一个点与一条线平行的轴等。

10.4.4　创建基准曲线

1. "通过点"创建基准曲线

单击 〜 按钮，在弹出的"菜单管理器"中显示图 10-105 所示的"曲线选项"菜单，其中包括 4 种创建曲线的方式。

1）"通过点"：以样条、单一半径或多重半径等类型连接数个点形成曲线。

2）"自文件"：读取来自于 IGES 或 SET 文件的曲线，然后将其转化为样条曲线。

3）"使用剖截面"：从平面横截面边界（即平面横截面与零件轮廓的交界线）创建基准曲线。

4）"从方程"：创建该类曲线时，必须先选择参照坐标系，再选择坐标系类型，然后在记事本中输入数学方程完成基准曲线的创建。

选择"通过点"→"完成"命令，系统弹出图 10-105 所示的"菜单管理器"对话框，依次单击图 10-105 所示的 4 个点，单击"菜单管理器"的"完成"选项，单击对话框的"确定"按钮，完成一条过这四个点的样条曲线的创建。

2. "从方程"创建基准曲线

首先，将图 10-106 创建的模型、基准曲线隐藏。在这里以基准曲线讲解。在模型树选择该曲线，单击鼠标右键，在弹出的菜单中选择"隐藏"，如图 10-106a 所示。如果想取消隐藏，则如图 10-106b 所示选择"取消隐藏"。同样的道理，也可以将前面建立的基准面、基准点、基准轴等都隐藏。

提示：在绘图过程中，如果发现有的特征会影响后续的绘图，可以采用图 10-106a 所示的方法对其进行"隐藏"操作，其对应的操作就是"取消隐藏"，如图 10-106b 所示。熟练掌握"隐藏"和"取消隐藏"操作是一个好的绘图习惯。

单击 〜 按钮，在弹出的"菜单管理器"中显示图 10-107 所示的"曲线选项"菜单，选择"从方程"→"完成"命令，系统弹出图 10-107 所示的"曲线：从方程"对话框，选择基准坐标系 PRT_CSYS_DEF，系统弹出图 10-107 所示的"设置坐标系类型"对话框，选择"笛卡尔"，系统会弹出一个记事本，在上面输入图 10-107 所示的方程式，保存并关闭该记事本，单击"菜

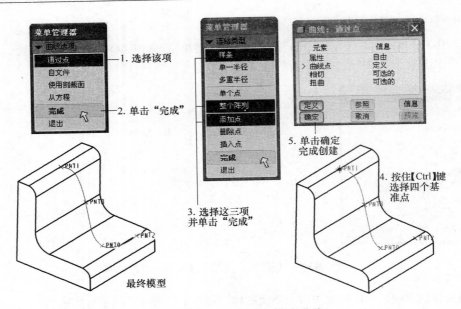

图 10-105　创建通过点的样条曲线

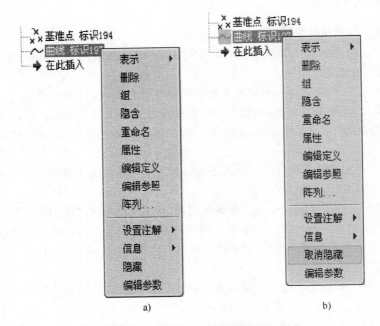

a)　　　　　　　　　　b)

图 10-106　"隐藏"和"取消隐藏"操作

单管理器"的"完成"选项，单击"曲线：从方程"对话框的 确定 按钮，完成一条在 PRT_
CSYS_DEF 坐标系内的正余弦曲线创建。

10.4.5　创建基准坐标系

基准坐标系主要用做方向参照，也可用于计算质量属性，为元件组装和刀具制作以及其他特
征（坐标系、基准点、基准面等）提供参照等。

基准坐标系在创建一般特征时基本上用不到，但是在创建一些比较复杂或特殊的特征时就显

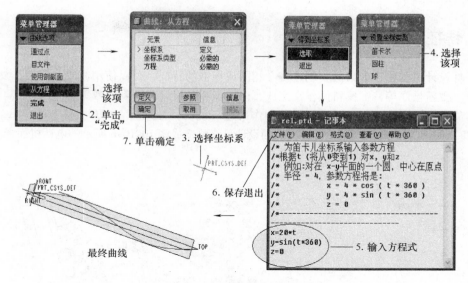

图 10-107　创建由方程控制的曲线

得非常必要。如前面我们建立的正余弦曲线，如果不借助坐标系，就无法完成。

下面介绍一个创建基准坐标系范例：

单击 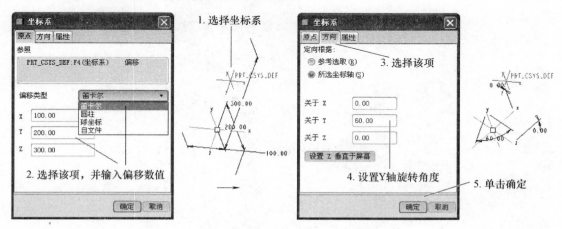 按钮，弹出"坐标系"对话框，这里有"原点"、"方向"和"属性"3 个选项卡。

1）"原点"选项卡：定义基准坐标系的参照条件，即设置轴偏移。

2）"方向"选项卡：相对于选定的参照进行定向，即设置轴旋转。

3）"属性"选项卡：修改基准坐标系的名称。一般按照系统给定的名称即可。

选择"原点"来定义基准坐标系的参照条件，在绘图区选择基准坐标系 PRT_CSYS_DEF，如图 10-108 所示，将"偏移"选项切换为"笛卡尔⊖"，并输入相应的坐标轴上的偏移数值。然后切换到"方向"选项，设置轴旋转，设置 Y 轴旋转角度为 60（按右手定则旋转）。单击"坐标系"对话框的 确定 按钮，完成坐标系的创建。

图 10-108　创建基准坐标系

⊖　应为"笛卡儿"，因软件中用"笛卡尔"，故不作修改。

10.5　特征编辑

在零件设计过程中，如果需要创建多个相同或相似的特征，可以使用修改、阵列、复制、镜像、缩放、重新排序等特征编辑操作来完成，以提高零件设计和开发的效率。

在本节中我们将通过一电话机面板的创作来逐一说明特征编辑。打开文件"ch10/ex20.prt"，显示图10-109a所示的最初模型，通过我们的设计最终将变成图10-109b所示的电话机面板。

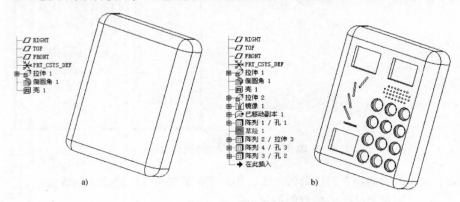

图 10-109　电话机面板模型

10.5.1　特征修改

1. 修改特征尺寸

要修改某一特征的尺寸，可以在图形窗口或模型树中选取该特征，单击鼠标右键，在弹出的快捷菜单中选择"编辑"命令，该特征的所有尺寸显示在画面上，双击某一尺寸数字，在尺寸修正框输入新的尺寸值并回车，单击主工具栏中的按钮生成模型。下面将修改电话机的整体厚度尺寸，由原来的"40"改为"30"。具体步骤如图10-110所示。

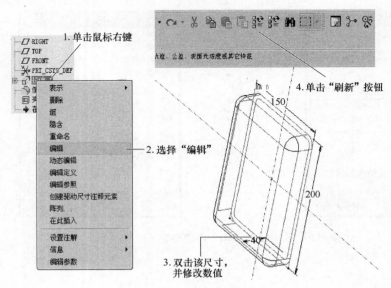

图 10-110　修改特征尺寸

2. 重新定义特征

在模型树中选取某一特征，单击鼠标右键，在弹出的快捷菜单中选择"编辑定义"命令，弹出特征创建的操控板或特征创建的对话框，可以对特征进行重新定义，其重新定义的方法与前面讲解的特征创建是一样的。下面将修改电话机的机壳厚度尺寸，由原来的"7"改为"6"。具体步骤如图 10-111 所示。

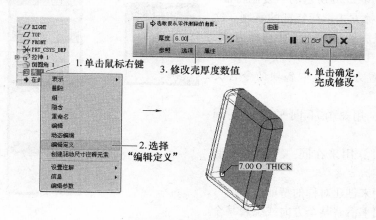

图 10-111　重新定义壳特征

10.5.2　特征镜像

镜像特征指的是将某个平面作为镜面，制作出原始特征的副本，副本与原始特征关于这个平面对称，且完全相等。

打开电话机面板模型文件 "ch10/ex15. prt"，如图 10-109a 所示。下面要在电话机面板上创建两个方形孔，其具体步骤如下：

1）首先运用拉伸特征创建出第一个方形孔，如图 10-112 所示。

2）选择刚才创建的拉伸特征 "拉伸 2"，然后单击工具栏中的 按钮，打开其操控板。

3）在绘图区选取一个平面作为镜像平面（在本例中选择 RIGHT 基准平面）。

4）单击操控板的 ✔ 按钮，完成特征镜像，得到如图 10-112 所示的最终模型。

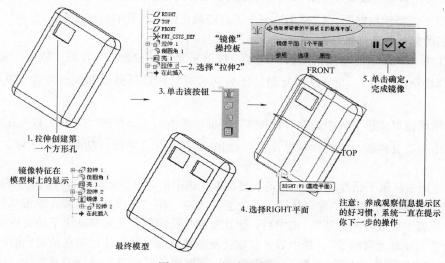

图 10-112　创建镜像特征

10.5.3 特征复制

选取主菜单"编辑"→"特征操作"命令后，在弹出的"菜单管理器"中显示如图 10-113a
所示的"特征"菜单，选取其中的"复制"
命令，显示如图 10-113b 所示的"复制特征"
菜单，可以用各种方式进行特征的复制。这
里需要定义特征放置方式、特征选择方式、
特征关系方式。

1）特征放置方式。其中各项命令含义
如下：

"新参照"：用来在不同平面上复制
特征。

"相同参考"：用来在同一平面上复制
特征。

"镜像"：用来创建对称的特征。

"移动"：用来沿着某个方向或绕着某个
基准轴复制特征。

a)

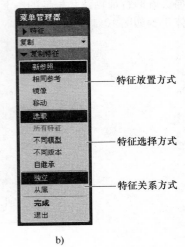

b)

图 10-113 "特征"菜单栏和"复制特征"菜单栏

2）特征选择方式。各项命令含义如下：

"选取"：在当前模型中选择要复制的特征。

"所有特征"：复制当前模型中所有的特征。

"不同模型"：复制其他模型文件中的特征。

"不同版本"：复制同一模型中的不同版本的文件中的特征。

"自继承"：从继承特征中复制特征。

3）特征关系方式。各项命令含义如下：

"独立"：原始特征与复制特征相互独立，修改原始特征不会影响复制特征。

"从属"：原始特征与复制特征相互依赖，修改原始特征，复制特征也会随之改变。

这种操作是 Pro/E 野火版之前版本进行特征复制的基本操作方式。由于使用菜单复制特征的
操作较为繁琐，本书不做重点介绍。野火版提供了更为简便快捷的特征"复制工具" 🖺、"粘贴
工具" 🖺和"选择性粘贴" 🖽，使用这三个工具能满足绝大多数的使用要求。

1. 特征的复制和选择性粘贴

继续图 10-108 所示的电话机面板的例子，接下来复制"拉伸 2"特征，使用"复制工具"
🖺与"选择性粘贴工具" 🖽可以在复制特征的同时对特征进行移动和旋转变换，其操作步骤
如下：

1）在图形窗口或模型树中选取"拉伸 2"特征，单击主工具栏的"复制工具" 🖺按钮。

2）单击主工具栏的"选择性粘贴工具" 🖽按钮，弹出"选择性粘贴"对话框，有 3 个选
项，其中：

① 使"副本从属于原件尺寸"：这是一复选框，选中后，可以让复制特征的元素从属于原始
特征。该选项有两个子选项"完全从属于要改变的选项"和"仅尺寸和注释元素细节"。

"完全从属于要改变的选项"：选中后，能让复制特征的所有元素都从属于原始特征。

"仅尺寸和注释元素细节"：选中后，仅能让复制特征的尺寸和注释信息从属于原始特征。

② "对副本应用移动/旋转变换"：选中该项，能够沿着某个方向或绕着某条边（或基准轴、

基准线）旋转来复制特征。

③"高级参照配置"：选中该项，能够通过保留参照或指定新的参照来复制特征，方法和创建特征类似。该项和"对副本应用移动/旋转变换"只能同时选中一项。

如图 10-114a 所示进行选择设置，单击 确定 按钮。

3）系统弹出如图 10-114b 所示的复制操控板，按下 ↔ 按钮以进行平移复制，单击图 10-114b 所示的基准平面 TOP，使用其法线作为平移方向，输入平移距离 120，单击操控板上的 ✔ 按钮完成旋转复制，如图 10-114c 所示。

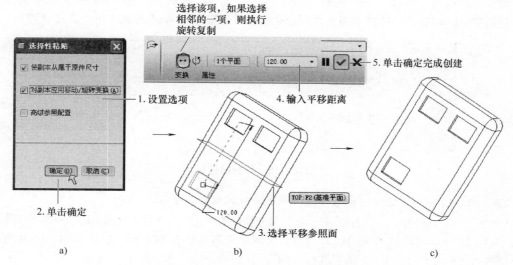

图 10-114　特征的复制和选择性粘贴 1

读者可以按照图 10-115 所示的步骤自己做一个通过旋转得到的选择性粘贴。

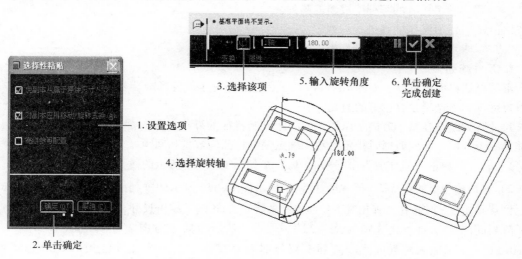

图 10-115　特征的复制和选择性粘贴 2

2. 特征的复制和粘贴

选择某个特征后单击"复制"工具 按钮，然后单击"粘贴"工具 按钮就可以在单击处建立特征，方法与重新建立特征的操作类似，本节不做介绍。

10.5.4　特征阵列

特征阵列是以阵列的形式复制特征的操作。在进行零件设计时，如果需要创建大量相同的或相似的特征（比如电话机的按键、齿轮的轮齿等），Pro/E 5.0 的特征阵列功能非常强大，可以实现尺寸阵列、方向阵列、轴阵列、填充阵列、表阵列和参照阵列等。

特征阵列的基本操作步骤为：在图形窗口或模型树中选取要做阵列的特征，单击特征工具栏的"阵列工具"▦按钮，或选取要做阵列的特征，单击鼠标右键，在弹出的菜单中选择"阵列"命令，或选取"特征"→"编辑"→"阵列"命令，系统弹出图 10-116 所示的阵列操控板，分别定义阵列方式、阵列参照和阵列参数后，单击操控板的✔按钮即可完成特征阵列。

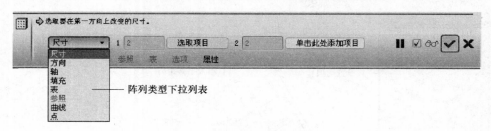

图 10-116　阵列操控板

如图 10-116 所示，阵列操控板中提供了 7 种阵列类型，其中：

"尺寸"：以特征的尺寸（包括自身的形状尺寸和位置尺寸）为参照，间隔固定的距离进行阵列。

"方向"：和尺寸阵列实现的效果相同，区别在于所选的参照不同，它沿着边、面的法线方向、轴线或坐标系的 X、Y、Z 轴等进行阵列。

"轴"：沿某个基准轴旋转得到阵列。

"填充"：按照某种方式填充某个区域得到阵列。

"参照"：参考已有的阵列生成新的阵列。

"曲线"：沿着某条曲线进行阵列。

"点"：参考草绘的点、基准点坐标或坐标系列进行阵列。

1. 尺寸阵列

继续电话机面板设计，如图 10-114c 所示，已经做好了放置扬声器和显示屏的通孔。现在要通过尺寸阵列来做出放置按键的通孔。

尺寸阵列就是在某个方向上以指定的间距复制特征的操作。方向是通过选取尺寸来确定的，可能是一个或两个，同时通过指定参数来确定复制特征的数量和间距。

1）首先，单击"孔工具" 按钮，做一个如图 10-117a 所示的通孔。

2）选取模型上的孔特征，单击▦按钮，弹出图 10-116 所示的阵列操控板，选择阵列方式为"尺寸"，单击 尺寸 按钮，弹出其下拉面板，激活"方向 1"，单击尺寸"70"，如图 10-117b 所示输入阵列间隔和阵列个数分别为"–22"，"3"，然后激活"方向 2"，单击尺寸"30"，如图 10-117c 所示输入阵列间隔和阵列个数分别为"25"、"4"；单击操控板的✔按钮，得到图 10-117d 所示的阵列。

注意：图 10-117b 中输入的阵列间隔为"–22"，前面的负号表示阵列的方向。如果输入"22"，则阵列时朝向相反的方向。显然输入"–22"时控制的方向才是正确的方向

3）采用尺寸阵列的方式，阵列过程中也可以伴随着形状的变化，还是以图 10-114c 所示的模型来进行说明。首先，在模型树中选取图 10-117 所示的尺寸阵列，单击鼠标右键，在弹出菜

单中选取"删除阵列"命令，将阵列删除。

注意：如果在弹出的菜单中选取"删除陈列"命令，会将图 10-117a 所示的原始孔一并删除，请慎用。

按照图 10-118 所示的操作步骤，能实现让电话机面板的按键孔在阵列中逐渐变大的目的。

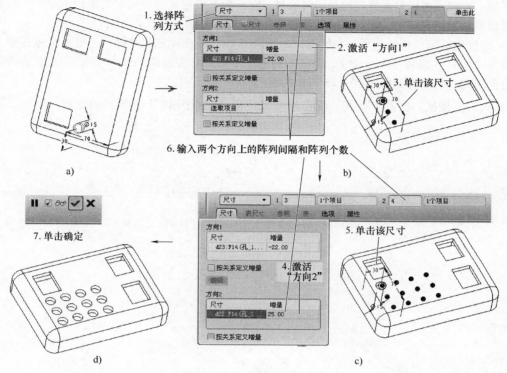

图 10-117　创建尺寸阵列 1

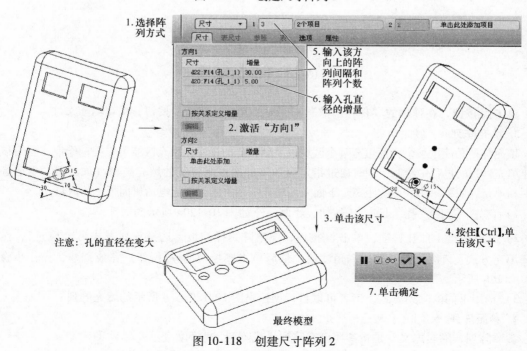

图 10-118　创建尺寸阵列 2

注意：采用尺寸阵列的方式，只能根据尺寸的方式进行阵列。对于图 10-117 所做尺寸阵列，如果没有标注线性尺寸，而是标注的极坐标尺寸，就不能做出这个矩形阵列。

2. 方向阵列

方向阵列就是在一个或两个方向上复制的操作。与尺寸阵列不同之处在于：它的方向是通过选取平面、直线或坐标系来确定的，同时通过指定参数来确定复制特征的数量和间距。采用方向阵列可以灵活地创建阵列，其对原始特征没有一定限制。

1）继续电话机面板的例子，在模型树中选取图 10-118 所示的尺寸阵列，单击鼠标右键，在弹出菜单中选取"删除阵列"命令，将阵列删除。下面以"方向阵列"的方式对模型上的按键孔作方向阵列，最终得到如图 10-117 所示的模型。

2）选取孔特征，单击 ▦ 按钮，弹出阵列操控板，依照图 10-119 所示的步骤，创建出最终模型。

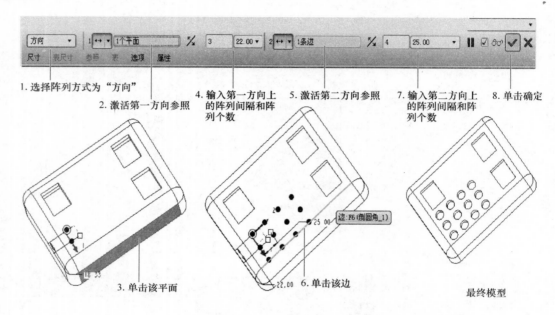

图 10-119　创建方向阵列

单击 🖫 按钮，在弹出的"保存对象"对话框中单击 确定 按钮，保存当前文件。

3. 填充阵列

填充阵列是使用某个特征填充某个区域以复制特征的操作。填充区域可以提前绘制，也可以在创建填充阵列的过程中绘制，同时通过指定参数来确定复制特征的填充类型（如方形、菱形等）、间距和填充区域距草绘区域的距离。下面采用填充阵列方式，创建电话机面板上的散热孔。

1）首先，运用"孔工具" ⊥ 按钮，绘制一个如图 10-120a 所示的通孔。

2）选取模型上的孔特征，单击 ▦ 按钮，弹出阵列操控板，选择阵列方式为"填充"，然后选择填充方式、阵列间隔、偏移和角度值，最后单击操控板的 ✔ 按钮，完成创建，操作步骤如图 10-120b 所示。

3）选用不同的阵列方式，读者可以自行创建出图 10-120c、d 所示的填充阵列。

4. 参照阵列

参照阵列，顾名思义，是指参照已有阵列生成阵列，举例如下：

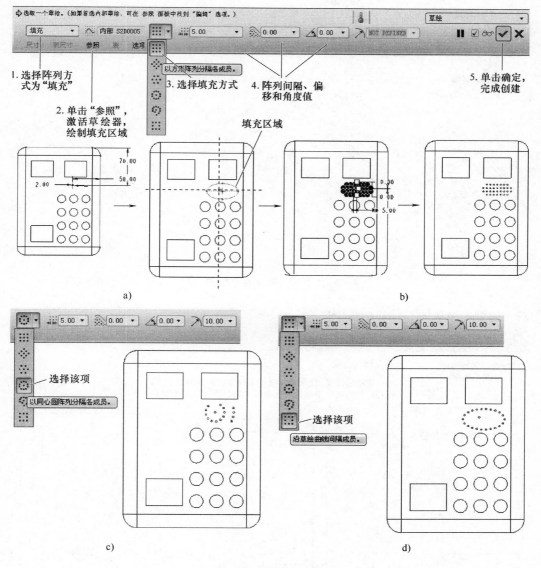

图 10-120　创建填充阵列

1）继续前面的设计，在电话机面板的按键孔上增加一个孔。

2）创建一个图 10-121a 所示的直径为 18、深 2 的同轴孔。

3）选取上面创建的同轴孔，单击 ⌗ 按钮，操控板中默认的阵列方式为"参照"，接受这一默认方式。无需定义任何阵列参数，直接单击操控板的 ✔ 按钮，即可参照图 10-117d 中的阵列完成图 10-121b 所示的参照阵列。

5. 曲线阵列

曲线阵列是指沿着某条曲线进行阵列。下面通过举例说明曲线阵列。

1）继续上面的设计，在电话机面板左侧增加长方形装饰孔。

2）创建如图 10-122a 所示的一个长方形通孔（选用拉伸特征即可，具体步骤不再赘述）。

3）选取上面创建的孔，单击 ⌗ 按钮，操控板中默认的阵列方式为"曲线"，如图 10-122b 所示设置阵列参数，直接单击操控板的 ✔ 按钮，即可得到图 10-122c 所示的模型。

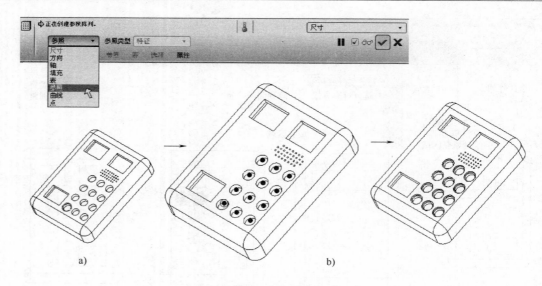

图 10-121　创建参照阵列

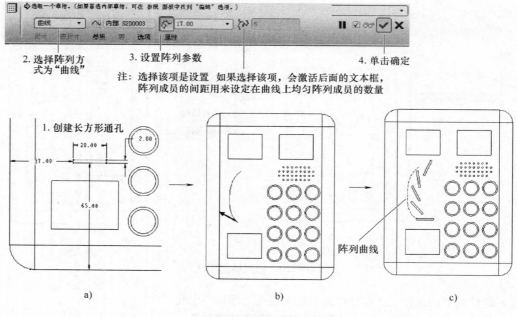

图 10-122　创建曲线阵列

单击 按钮,在弹出的"保存对象"对话框中单击 确定 按钮,保存当前文件。

至此,综合前面所学的内容和新讲解的特征编辑的部分内容完成了电话机面板的创建,最终得到了图 10-109b 所示的模型。在电话机面板的创建过程中,读者要仔细体会特征编辑的意义,当需要创建多个相同或相似的特征时,可以使用特征编辑操作来完成,以提高零件设计和开发的效率。

6. 轴阵列

轴阵列是以某条轴为旋转轴,每旋转一定角度复制一个特征的操作。此外,还可以通过指定参数来复制特征的旋转角度间隔和数量。它可以灵活地创建环形阵列,而对原始特征没有一定限制。

打开文件"ch10 \ ex21. prt",如图 10-123a 所示,通过阵列来创建齿轮。

1)如图 10-123 所示,在模型树中选取"拉伸"和"倒角 1"两个特征,单击鼠标右键,在弹出菜单中选择"组"命令,将这两个特征绑定为一组,图 10-123c 所示的是特征绑定成组后的模型树显示。

提示: 一次只能对一个特征作阵列,要想同时阵列几个特征,必须先将它们绑定为一组。在进行复杂设计时,也经常需要将某些相关特征绑定成组。如果想分解该组,选择后单击鼠标右键,在弹出的菜单中选择"分解组"命令即可。

2)在模型树中选取上面绑定的组"组 LOCAL_GROUP"单击 ▦ 按钮,在操控板中将阵列方式切换到"轴"方式,按照图 10-123d 所示选择阵列中心轴、阵列个数、阵列间隔角度和径向阵列个数及间隔角度,完成阵列。

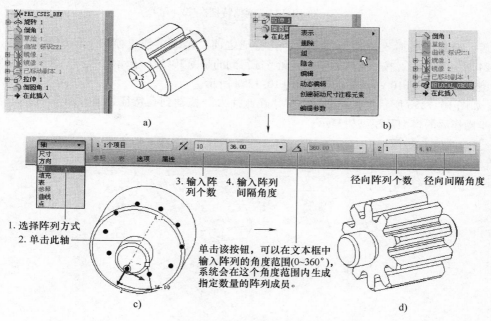

图 10-123　创建轴阵列

10.5.5　插入新特征和特征排序

通过模型树可知:新特征都是在已有特征的基础上进行创建的,特征由上而下进行排列,代表了特征的建立顺序。如果将其建立顺序改变,则会改变模型的形状;在某个特征的后面插入新的特征,可以改变特征的创建顺序,也会改变模型的形状。这里主要有两种方法:调整特征次序和插入特征。

1. 调整特征次序

打开文件"ch10 \ ex22. prt",如图 10-124a 所示。在模型树中,按住鼠标左键将特征"壳1"拖到"拉伸 1"后面,如图 10-124b 所示。调整后的模型如图 10-124c 所示。

由上例可以看出在建模过程中顺序的重要性,这就是通常所说的父子关系,在 10.5.7 节中有更详细的介绍。

2. 插入特征

如果在设计中遇见不是依次插入特征的问题,可以在创建抽壳特征时,不直接将其放在镜像

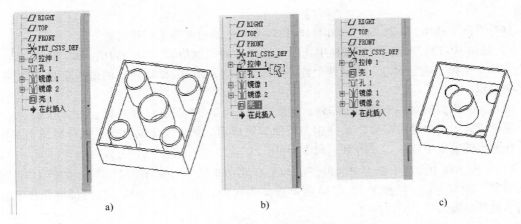

图 10-124　调整特征次序

特征之后，而是将其插入拉伸特征之后、孔特征之前。接下来创建模型上的壳特征，以得到图 10-124c 所示的图形；按照常规顺序插入壳特征得到的是图 10-125a 所示的模型。其操作步骤为：

1）打开文件 "ch10 \ ex23. prt"，如图 10-125a 所示。

2）如图 10-125b 所示，在模型树中将"在此插入"拖动到孔特征之前。图 10-125c 所示为经这一步操作后的模型及模型树显示。

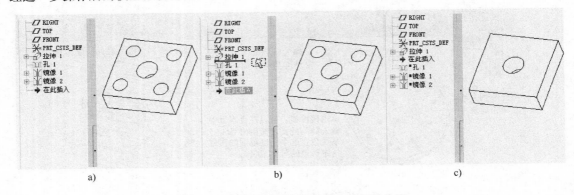

图 10-125　在模型树中调整插入特征的位置

3）创建如图 10-126 所示的抽壳特征。

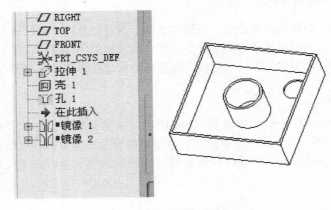

图 10-126　创建壳特征

4）由图 10-125 可知，在改变"在此插入"的位置后，模型的形状也发生了变化，这是因为在模型树列表中，"在此插入"后面的特征总是自动隐藏的。若要重新显示，单击右键后，选择"恢复"即可。如果最终要得到图 10-124c 所示的模型，需要将"镜像 1"和"镜像 2"两个特征恢复；也可以如图 10-127a 所示将"在此插入"拖动到模型树最下方，完成插入特征的操作，得到图 10-124c 所示的模型。

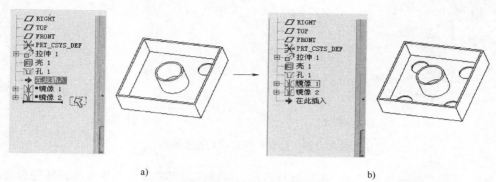

a) 　　　　　　　　　　　　　　　　b)

图 10-127　完成插入特征后的模型

10.5.6　特征的隐含与恢复

在 Pro/E 中，隐含的意思是"临时删除特征"。在产品设计阶段，对于暂时认为不理想且需要删除的特征，可以如图 10-128a 所示，在模型树中选取需要隐含的特征，单击鼠标右键，在弹出的菜单中选择"隐含"命令，在弹出的"隐含"对话框中单击 确定 按钮。这样，这些特征被临时删除，接下来可以尝试另外的设计方案。隐含的特征一旦在后续设计中有需要，单击"编辑"→"恢复"，后面有 3 个选项，如图 10-128b 所示。其中各项含义如下：

"恢复"：恢复选定的项目。

"恢复上一个集"：恢复上一个隐含的特征集。

"恢复全部"：恢复全部隐含特征集。

一般选择"恢复全部"即可，可将全部隐含的特征恢复。恢复前后的模型对比如图 10-129 所示。

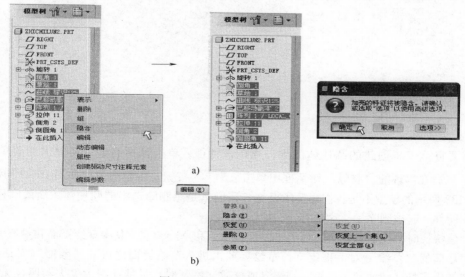

图 10-128　隐含和恢复操作

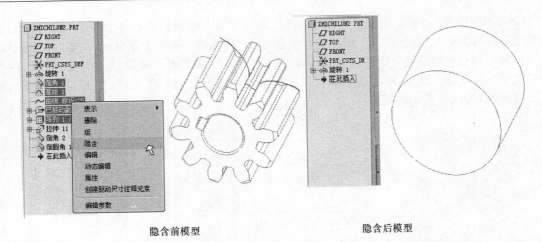

隐含前模型　　　　　　　　　　　　　　　　隐含后模型

图 10-129　隐含和恢复前后模型的对比

另外，当零件结构很复杂时，特征数目很多，可以将与当前设计不相关的特征先隐含起来，以提高运算速度。

10.5.7　删除特征

删除特征的操作非常简单，选择需要删除的特征，单击鼠标右键，在弹出的菜单中选择"删除"，在出现的"删除"窗口中单击 确定 按钮，即可删除掉选择的特征，下面举例说明。

打开文件"ch10 \ ex24. prt"，显示如图 10-130 所示的最终模型。首先用模型播放器看一下该模型的创建过程，如图 10-131 所示。

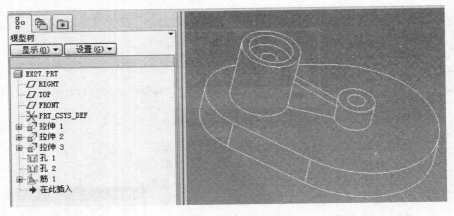

图 10-130　最终模型

如果要将第三步创建的圆柱体删除，选择该特征，单击鼠标右键，在弹出的菜单中选择"删除"，然后在出现的"删除"对话框中单击 确定 按钮，得到的模型如图 10-132 所示。显然图 10-132 所示的模型不是我们想要的模型，我们只是想删除选中的圆柱体，而该圆柱体上的孔和轮廓筋都一起被删除了。这是为什么呢？

在创建特征时，往往需要定义草绘平面、参照面和草绘参照，其中草绘平面和参照面由进入草绘界面之前的"草绘"对话框定义，草绘参照由进入草绘界面之后的"参照"对话框定义。这样，就产生了特征间的父子关系。当删除或修改父特征时，子特征因为失去参照也无法存在，

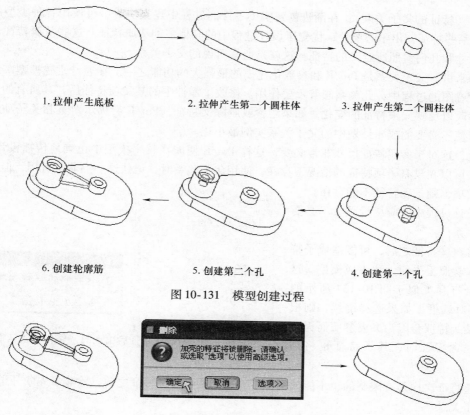

1.拉伸产生底板　　　2.拉伸产生第一个圆柱体　　　3.拉伸产生第二个圆柱体

6.创建轮廓筋　　　5.创建第二个孔　　　4.创建第一个孔

图 10-131　模型创建过程

图 10-132　删除特征操作

若要删除或保留子特征就需要改变特征参照以断开父子关系。被同时删除的孔和轮廓筋的创建过程如下：

首先，单击主菜单上的 ↺ 按钮，让模型恢复到删除之前的状态，然后在模型树上选中"孔2"，单击右键，选择"编辑定义"，重新回到"孔2"的编辑状态，单击"放置"，弹出其下拉面板，可以看到"孔2"的放置平面为要删除的圆柱体的上表面，如图10-133所示。这样，"孔2"和"拉伸2"就产生了特征间的父子关系。其中"拉伸2"为父特征而"孔2"为子特征。当删除了"拉伸2"这个父特征时，子特征"孔2"也因为失去参照而无法存在，故同时被删除掉了。根据前面所介绍的内容，读者可以自行研究一下"轮廓筋1"为什么同时也被删除掉了。

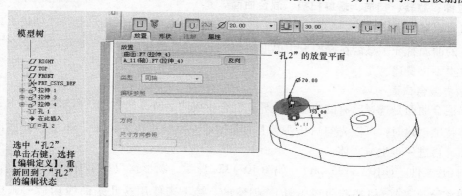

图 10-133　查看"孔2"的放置平面

　　提示（特征的父子关系）：在渐进创建实体零件的过程中建立块时，可使用各种类型的 Pro/E 特征。某些特征，出于必要性，优先于设计过程中的其他多种从属特征。这些从属特征从属于先前为尺寸和几何参照所定义的特征，这就是通常所说的父子关系。

　　总的来讲，父子关系是 Pro/E 和参数化建模的最强大的功能之一。在通过改变模型来维护和改变设计意图的过程中，此关系起着重要作用。修改了零件中的某父项特征后，其所有的子项会被自动修改以反映父项特征的变化。如果隐含或删除父特征，Pro/E 会提示对其相关子项进行操作，也可使不必要的或非计划中的父子关系实例最小化。

　　因此，这对于参照特征尺寸非常必要，这样 Pro/E 便能在整个模型中正确地传播设计更改。父项特征可以在没有子项特征的情况下存在，使用父子关系时，记住这一点非常有用，但是，如果没有父项，则子项特征不能存在。

　　在设计过程中，应尽量减少不必要的父子关系。

　　当修改父特征之后，可能造成子特征的某些参照丢失而无法生成模型，这时系统会打开类似于图 10-134 所示的"警告"对话框，如果选择继续，则根据提示某些特征会因为失去参照而无法生成。隐含特征时，其子特征也将被隐含。

图 10-134　修改父特征后出现的"警告"对话框

　　调整特征次序是有限制的，不能试图将子特征调整到其父特征之前，除非事先断开了两者之间的父子关系。

10.6　曲面特征

　　采用前面介绍的实体特征可以方便迅速地创建较为规则的三维实体。对于复杂程度较高的零件，仅使用实体特征来建立有时候会很困难，这时可以借助于曲面特征。曲面特征提供了比较弹性化的方式来创建单一曲面，然后可以将许多单一的曲面组合为完整无缝隙的曲面模型，最后可将这一无缝曲面转化为实体，或通过曲面加厚的方式创建复杂的薄壳状零件。

10.6.1　曲面特征命令简介

　　1. 拉伸、旋转、扫描、螺旋扫描、混合曲面

　　前面介绍过来采用拉伸、旋转、扫描、混合等方式生成实体，利用这些特征创建工具，也能生成相应的曲面特征，只需在操控板中单击 ▢ 按钮，或选取相应命令 曲面(S)... 的子菜单项即可，这里不再赘述。

　　2. 边界混合曲面

　　边界混合曲面是选择已有的曲线为边界，混合生成曲面特征的方法。当零件的外形难以用常用的实体特征创建时，可以先勾画其外形上的关键线，然后用边界曲面工具 ⬡ 将这些曲线围成一张曲面，再进一步生成实体。

　　1）打开文件"ch10 \ ex25. prt"，如图 10-135a 所示，图形窗口显示有 5 条曲线，这些曲线都是使用草绘工具 ▨ 和基准曲线工具 ～ 创建的。接下来使用这几条曲线构造一张边界混合曲面。

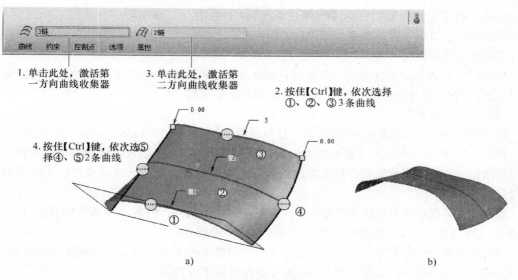

图 10-135　创建边界混合曲面

2）单击特征工具栏的边界混合工具 按钮，或选择主菜单"插入"→"边界混合"命令，系统弹出边界混合曲面的操控板，如图 10-136 所示。它包括"曲线、约束"、"控制点"、"选项"和"属性"5 个选项。

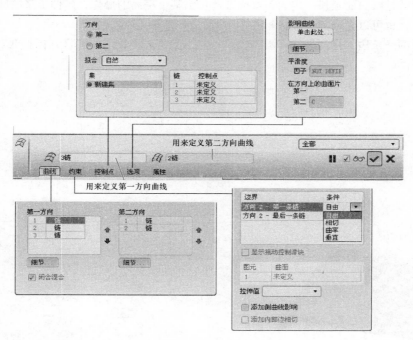

图 10-136　边界混合操控板

"曲线"：该下拉面板用来选取和查看第一方向和第二方向上的曲线。单击"细节"按钮可以打开"链"对话框，用来添加、移除、更换已添加的曲线；选中"闭合混合"复选框，系统会直接将最后一条曲线和第一条曲线连接起来，构成闭合的曲面特征。

"约束"：该下拉面板用来对曲面的边界进行设置，用来创建与其他曲面相关的曲面。边界条件包括"自由"、"切线"、"曲率"和"垂直"4个选项。

"控制点"：在其下拉面板中，可以设置同一方向上的曲线之间的连接方式，如通过点连接、通过弧线连接等。

"选项"：可以添加拟合曲线、设置相关参数、调整平面的形状。"平滑度"用来控制曲面的平滑程度；"在方向上的曲面片"，它的数目影响曲面的精度。

"属性"：定义名称。

3）在操控板中执行图10-135a所示的操作步骤，创建出图10-135b所示的一个曲面。

图10-135所示为生成双向边界混合曲面的操作步骤。如果要生成单向边界混合曲面，则不需要激活第二方向曲线收集器，只需在激活第一方向曲线收集器后，选择该方向上的混合曲线即可。

提示：如果要生成双向边界混合曲面，需要满足一个条件：外部边界必须构成闭合的环形。如图10-135所示①、②、③曲线是第一方向；④、⑤曲线是第二方向。

闭合环形曲线绘制起来比较繁琐，建议先建立辅助基准平面，然后在基准平面内绘制曲线。同一方向上的几条曲线，其各自所在的基准平面最好是平行的。

无论是单向混合，还是双向混合，在每个方向上选取曲线时，都要按照连续顺序来选择参照。如图10-136所示，即在选择第一方向曲线时，选择曲线的顺序是①、③、②。图10-137所示曲面为选择曲线的顺序不同带来的不同结果。

3. 曲面延伸

延伸曲面就是将曲面延长一定的距离或者延长到某个平面的操作，延伸出来的部分可以保持原曲面的形状，也可以完成其他形状。

选择曲面的一条边，选择主菜单"编辑"→"延伸"命令，系统打开曲面延伸的操控板，如图10-138所示。

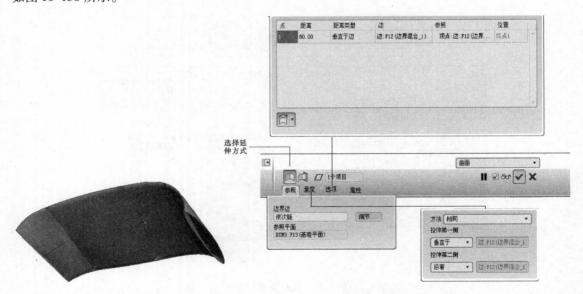

图10-137　创建边界混合曲面
（不同选择曲线顺序）

图10-138　延伸工具的操控板

延伸曲面的方式包括"沿着原始曲面延伸"和"延伸到指定平面"两种，各自效果如图10-139a和图10-139b所示。

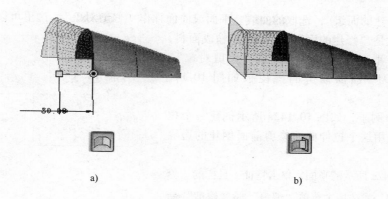

a)　　　　　　　　　　　　　　　　b)

图 10-139　延伸曲面的方式

除延伸曲面的方式以外，操控板上还有 4 个选项，其中各项含义如下：

1）"参照"：其下拉面板包含一个"链"收集器，用来选取延伸参照。

2）"量度"：其下拉面板用来在所选边界上新增和调整度量点，以创建可变拉伸。

3）"选项"：其下拉面板用来设置原始曲面的延伸方式。

在"选项"下拉面板中可以设置原始曲面的延伸方式，包括 3 种方式，分别为"相同"、"切线"和"逼近"，其意义如下：

"相同"：按照原始曲面特征进行延伸。

"切线"：沿着原始曲面的切线方向进行延伸。

"逼近"：在原始曲面和边界之间，以边界混合的方式对曲面进行延伸。

4）"属性"：定义名称。

继续前面的例子，按照图 10-140 所示的操作步骤，最终单击操控板的 ✔ 按钮，延伸后的曲面如图 10-140 所示的最终模型。

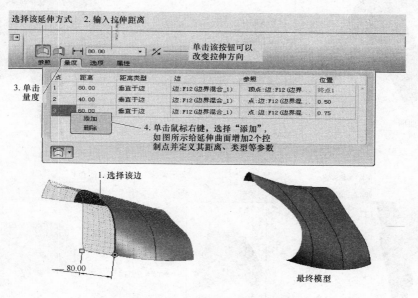

图 10-140　延伸曲面操作步骤

4. 曲面修剪

曲面修剪就是利用曲面上的曲线、与曲面相交的其他平面或曲面对自身进行修剪的操作。自身曲面称作"修建的面组",选取的曲线、平面或曲面称作"修剪对象"。这里可以做一个比喻，自身曲面（也就是"修建的面组"）可以比喻成面料，而选取的曲线、平面或曲面（也就是"修剪对象"）可以想象为剪刀。曲面修剪的操控板如图 10-141 所示。

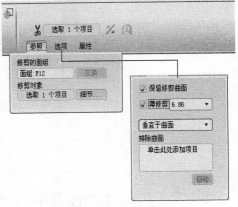

继续前面的例子，如图 10-142a 所示创建一个拉伸曲面，接下来用这个拉伸曲面修剪前面创建的边界曲面。

选择图 10-142a 所示的平面，单击特征工具栏的"修剪"工具 ⬚ 按钮，或选择主菜单"编辑"→"修剪"命令，系统弹出图 10-141 所示的操控板，同时在信息提示区提示⬛ 选取任意平面、曲线链或曲面以用作修剪对象。，操控板上有 3 个选项，其中各项含义如下：

图 10-141　曲面修剪的操控板

1）"参照"：其下拉面板用来定义"修建的面组"和"修剪对象"。

2）"选项"：其下拉面板用来设置修剪的方式，包括两个复选框，一个是"保留修剪曲面"，一个是"薄修剪"下拉列表；另外还有一个"排除曲面"收集器。

3）"属性"：定义名称。

单击拉伸曲面，单击操控板的 ✔ 按钮，修剪后的曲面如图 10-142c 所示，图 10-142d 是将拉伸曲面隐藏的效果图，图 10-142e 是薄修剪并不保留修剪曲面的效果图。

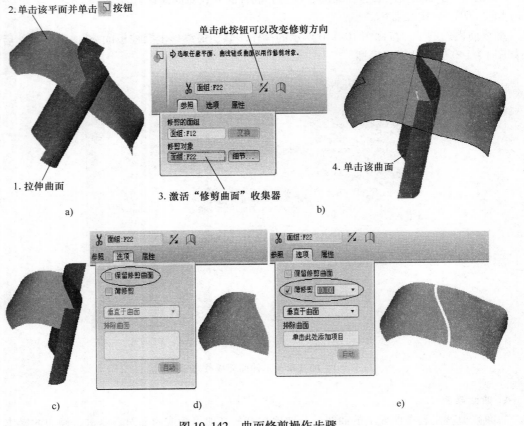

图 10-142　曲面修剪操作步骤

5. 曲面合并

曲面合并就是两个曲面合并处理成一个面的操作。通过曲面的两两合并，可以将多个曲面变成一张曲面，详细操作步骤如下：

1）使用"旋转"工具和"拉伸"依次创建如图 10-143 所示的两个曲面，然后按住【Ctrl】键，单击选中这两个曲面。

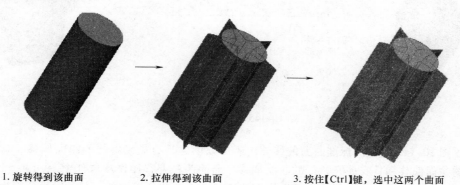

1. 旋转得到该曲面　　　　2. 拉伸得到该曲面　　　　3. 按住【Ctrl】键，选中这两个曲面

图 10-143　选中要合并的两个曲面

2）单击曲面合并的 按钮，或选择主菜单"编辑"→"合并"命令，系统打开曲面合并的操控板，调整两个曲面的保留部分，如图 10-144 所示。具体操作步骤参如图 10-144 所示。

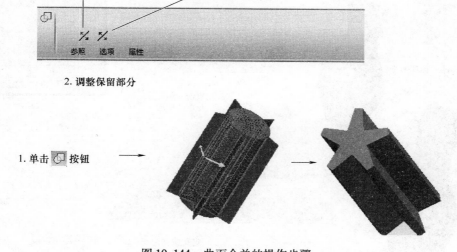

图 10-144　曲面合并的操作步骤

3）最终单击操控板上的 按钮，得到最终模型。

6. 曲面偏移

曲面偏移就是将某个曲面偏移一段不变或可变的距离，生成一个新曲面的操作。继续前面的例子，单击图 10-145a 所示的模型上表面，选择主菜单"编辑"→"偏移"命令，系统弹出图 10-145b 所示的操控板，定义偏移距离为"50"，单击操控面板上的 按钮，得到一个偏移曲面，如图 10-145c 所示。

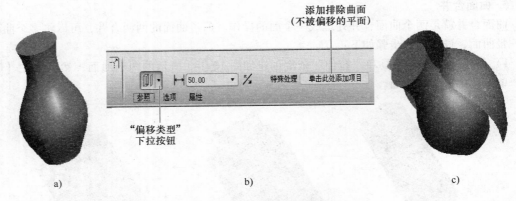

图 10-145　标准的曲面偏移

　　除了图 10-145 创建的标准曲面偏移外，还可以创建具有拔模特征的曲面偏移、具有替换曲面特征的曲面偏移和具有展开特征的曲面偏移，前面两种偏移操作步骤如图 10-146 和图 10-147 所示。具有展开特征的曲面偏移和具有拔模特征的曲面偏移是类似的，只是拔模角度为 0 的一种结果，在这里就不再介绍了。

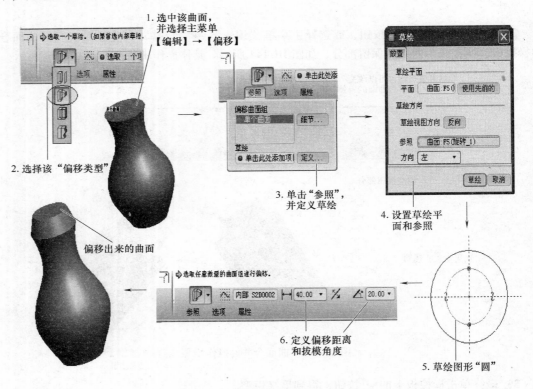

图 10-146　具有拔模特征的曲面偏移

7. 曲面加厚

　　曲面加厚就是通过增加曲面的厚度，将其变成为有实际意义的实体特征的模型。创建曲面特征往往不是设计的最终目的，而是通过前面一些弹性很强的操作设计出理想的曲面之后，将曲面加厚，得到实体模型。

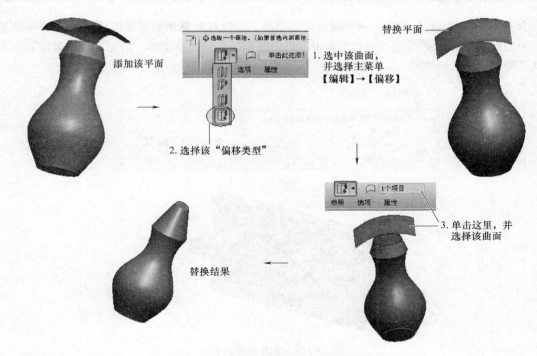

图 10-147　具有替换曲面特征的曲面偏移

选中某个曲面后，选择"编辑"→"加厚"菜单，可以打开曲面加厚操控板，如图 10-148 所示。

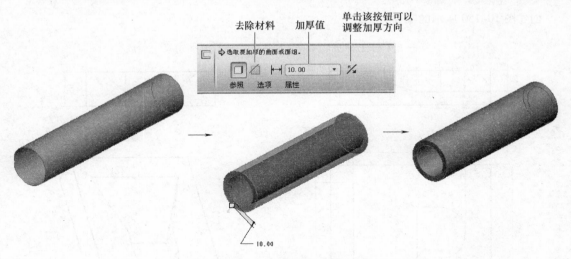

图 10-148　曲面加厚操控板

使用曲面加厚操控板可以加厚曲面（单击 按钮），也可以从实体或曲面中去除材料（单击 按钮）还可以调整加厚方向。设置完参数后，打开"选项"下拉面板，单击"排除曲面"收集器，可以添加不被加厚的曲面，前面已有不少类似的操作，在这里不再赘述。

8. 曲面实体化

实体化曲面就是将曲面转化为实体特征的操作，它能将封闭的曲面或者与实体特征构成封闭的曲面转化为实体，还可以用做去除实体材料。

打开图 10-144 所示的由曲面合并得到的最终模型，选择该曲面（可以从模型树上直接选择曲面合并特征），选择"编辑"→"实体化"菜单，可以打开曲面加厚操控板，如图 10-149 所示。单击操控面板的 ✔ 按钮就可以得到由该封闭曲面填充得到的实体。填充后虽然表面看不出变化，但其内部已经填实。

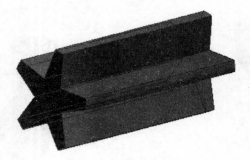

图 10-149　实体化操控板

10.6.2　曲面特征范例

创建图 10-150 所示的零件。

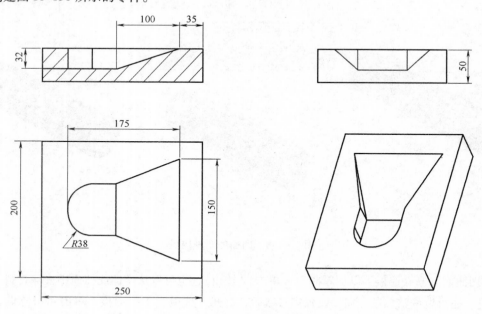

图 10-150　零件模型

1. 新建零件文档

单击主工具栏中的 ☐ 按钮，系统弹出图 10-1 所示的"新建"对话框，选择文件类型为 ⊙ ☐ 零件，子类型为 ⊙ 实体。在"名称"后的文本框中输入新零件的文件名称为"ex26"。取消选择"使用缺省模板",然后单击"确定"按钮,系统弹出"新文件选项"对话框。在对话框的模板列表中选择"mmns_part_solid",即选择使用公制模板,单击 确定 按钮,进入零件设计界面。

2. 创建 250×200×50 的长方体

以 TOP 面为草绘平面,选择默认的草绘方向和参照面,绘制图 10-151a 所示的草绘图形,拉伸为高度为 50 的长方体,如图 10-151b 所示。

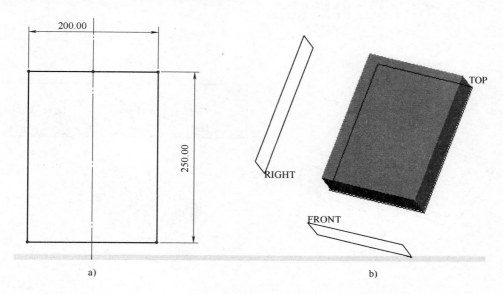

图 10-151　拉伸模型

3. 创建拉伸曲面

1)单击特征工具栏的"草绘工具" 按钮,系统弹出"草绘"对话框,如图 10-152a 所示选取草绘平面及参照面,单击"草绘"对话框的 草绘 按钮后,进入草绘界面。

2)绘制图 10-152b 所示的图形,单击草绘工具栏中的 ✔ 按钮,得到图 10-152c 所示的一条草绘曲线。

3)单击 按钮,如图 10-152d 所示将该曲线拉伸成一张曲面。

4. 创建拉伸特征

1)依次单击 按钮、操控板的 放置 按钮、其上画面板中的 定义... 按钮,弹出"草绘"对话框,如图 10-153a 所示选取草绘平面及参照面,单击"草绘"对话框的 草绘 按钮后,进入草绘界面。

2)绘制图 10-153b 所示的图形,单击草绘工具栏中的 ✔ 按钮,确认并退出草绘界面。

3)在操控板中定义拉伸方式如图 10-153c 所示(意为去除材料到选定的曲面),接下来要选取图 10-152 中创建的拉伸曲面作为去除材料要达到的面。

4)由于图 10-152 中创建的拉伸曲面不能同时选取,因此如图 10-154 所示在曲面附近按下鼠标右键并稍作停留,在弹出菜单中选取"从列表中拾取",弹出"从列表中拾取"对话框,其中列出了鼠标所指附近的项目,在对话框中单击某个项目就会使其在模型上亮显,因而很容易找到需要抓取的对象。找到图 10-152 创建的曲面(对话框中的"面组:F7")后,单击 确定 ① 按钮。

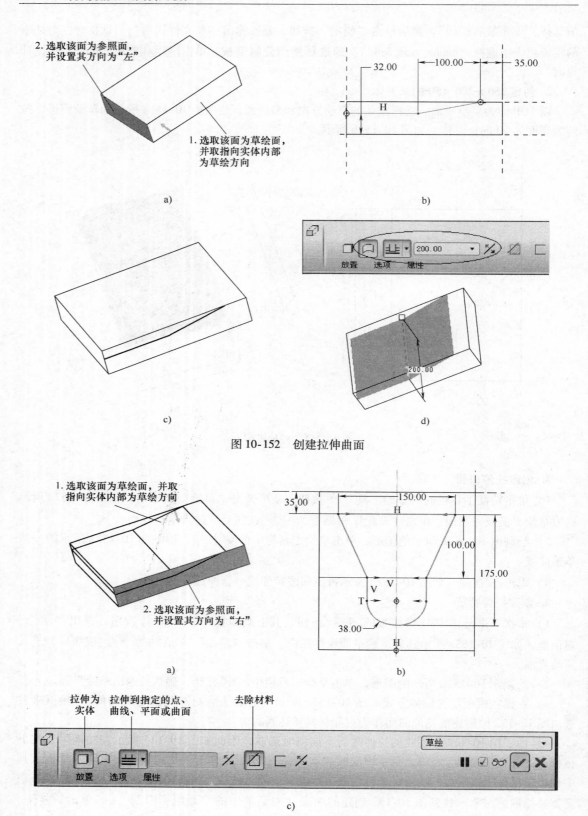

图 10-152　创建拉伸曲面

图 10-153　"拉伸"特征设置

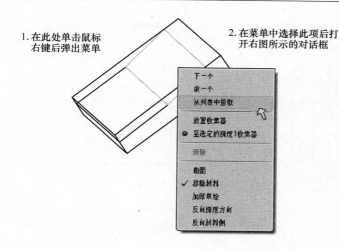

1. 在此处单击鼠标右键后弹出菜单

2. 在菜单中选择此项后打开右图所示的对话框

3. 选择此项

图 10-154　选取拉伸到达的曲面的操作步骤

5）单击操控板的 ✔ 按钮，得到图 10-155 所示的模型（图中已将拉伸曲面隐藏）。

提示： 一个比较复杂的模型，在某一区域附近经常会集中有多个对象，因而很难一下从中选取所需要的对象，这时可以采用图 10-154 中所示的方法，在对象附近单击鼠标右键并稍作停留，在弹出菜单中选取"从列表中拾取"，弹出"从列表中拾取"对话框，从中很容易找到所需要的对象。这种选取方式称为"查询选取"。

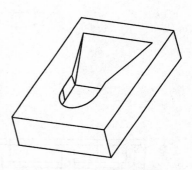

图 10-155　完成的模型

此外，还可以先设定窗口右下角的选择过滤器，然后再选取对象。在图 10-154 中，将选择过滤器切换到"面组"选项，将鼠标指向曲面附近，就能顺利地选取所需要的曲面。

至此，零件设计完毕，保存当前文件，然后将其从内存中拭除。

小结

本章主要介绍了零件设计的基本步骤；创建草绘特征，包括进拉伸特征、旋转特征、扫描特征、混合特征等；创建工程特征，包括圆角特征、倒角特征、壳特征、孔特征、筋特征、拔模特征等；创建基准特征，包括基准平面、基准点、基准轴、基准曲线、基准坐标系等；特征编辑，包括特征修改、特征镜像、特征复制、特征阵列、插入新特征、特征排序、特征的隐含与恢复、删除特征等；创建曲面特征，包括边界混合曲面、曲面延伸、曲面修剪、曲面合并等。

本章是学习 Pro/E 5.0 的重点章节，包括了整个零件设计的步骤和方法。初学者一定要按照本章介绍的方法，仔细理解 Pro/E 5.0 中零件设计的思路，熟练掌握其设计步骤，掌握特征的父子关系，为以后的装配设计、工程图的绘制打下坚实的基础。

上机实训题（2 小时）

1）如图 10-156 ~ 图 10-160 所示进行建模练习。

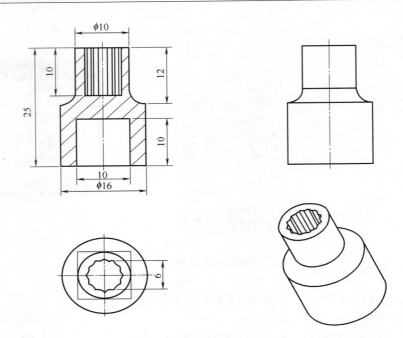

图 10-156　建模练习 1

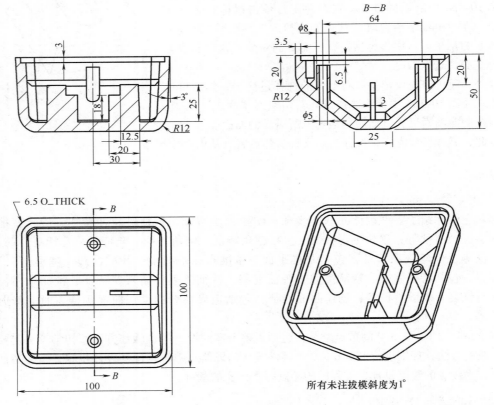

图 10-157　建模练习 2

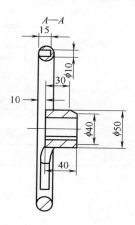

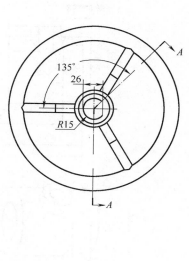

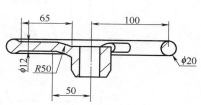

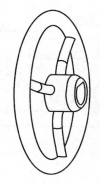

图 10-158 建模练习 3

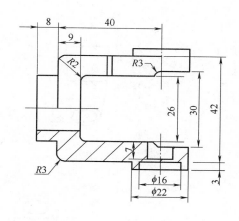

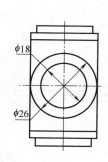

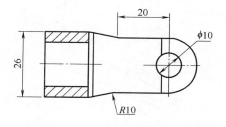

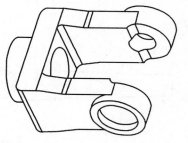

图 10-159 建模练习 4

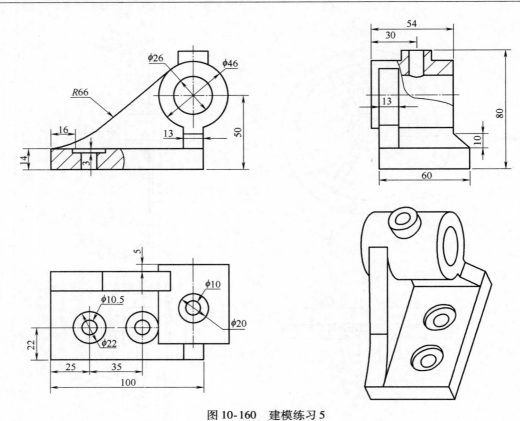

图 10-160　建模练习 5

2）利用高级扫描特征功能，建立如图 10-161 所示的建模练习 6 的零件。

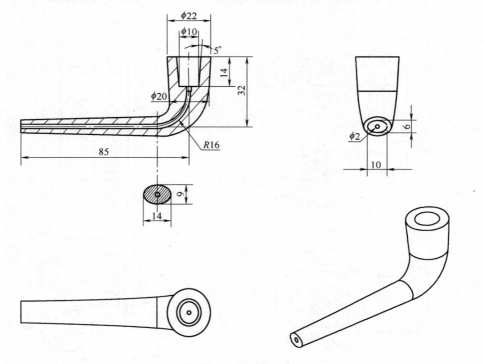

图 10-161　建模练习 6

3）如图 10-162 所示进行曲面建模练习。

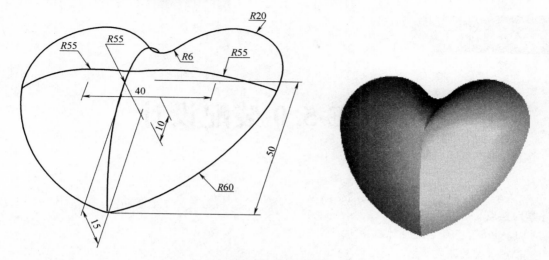

图 10-162　建模练习 7

第 11 章

Pro/E 5.0 装配设计

【学习要点】
1）Pro/E 5.0 装配设计概述。
2）装配约束类型。
3）装配设计基本操作。
4）干涉检查与基本分析。
5）在装配中修改零件。

通过前面的学习，读者已经能够进行三维零件的设计。一个实际的产品，其各部分的功能、材质不同，在工作时各部位一般还会有相对运动关系，另外设计时还要充分考虑其结构强度、加工工艺要求及产品维修的要求等。因此，大多数产品都不是一个单一的零件，而是由多个零件组装起来的。完成了零件设计之后，往往需要将这些零件装配成一个完整的模型。零件装配是通过个部件之间添加一定的约束条件（如配对、对齐、插入等）来实现的。此外，对于装配好的模型，我们还可以为其创建爆炸图来观察模型内部的结构和装配关系。

11.1 概述

11.1.1 装配设计的基本方法

1. 自底向上的设计

自底向上的设计是首先设计组成产品的各种零件，然后由这些零件装配成整个结构。这种方法比较直观，易于初学者理解和掌握，适用于比较成熟的产品设计过程。

2. 自顶向下的设计

在新产品研发过程中，在设计初期往往只有一个大概的设计方案，不可能从开始阶段就细化到每个零件，这时宜采用自顶向下的设计方法。这种方法是根据初期的设计轮廓制订产品的装配布局关系，或绘制产品的骨架模型，从而给出产品的大致外观尺寸和功能概念。然后再逐步对产品进行细化，直到每一个单个零件的设计。

在产品的实际装配设计过程中，更多的情况是根据产品特点运用这两种设计方法。在这里主要介绍自底向上的设计方法，有关自顶向下设计的深层应用请参考相关书籍。

11.1.2 装配设计的基本步骤

1. 新建装配文档

1）单击主工具栏的 按钮，弹出图 11-1a 所示的"新建"对话框。选择文件类型为

◎ 📄 组件，子类型为 ◎ 设计，并输入文件名称。每次新建一个装配文档，Pro/E 会给出一个默认的名称，如 "asm0001"。

2）取消选中 □ 使用缺省模板，然后单击 确定 按钮。系统弹出图 11-1b 所示的 "新文件选项" 对话框，在对话框的模板列表中选择 "mmns_asm_design"，使用国标模板，单击 确定 按钮，进入装配设计界面。

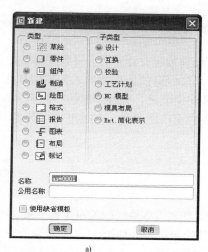

a)　　　　　　　　　　　　　　　b)

图 11-1　新建装配文档

2. 装配步骤

单击特征工具栏的 "将元件添加到组件工具" 🗔 按钮，或选择主菜单 "插入" → "元件" → "装配" 命令，系统弹出图 11-2 所示的 "打开" 对话框，选取要装配的零件，单击 打开 ▾ 按钮。

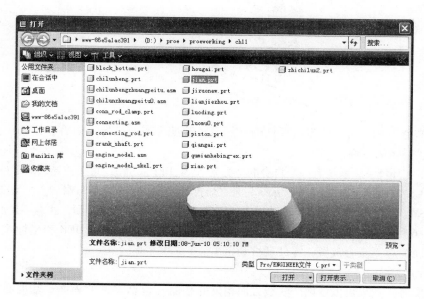

图 11-2　"打开" 对话框

系统弹出图 11-3 所示的装配操控板，它用来设置约束条件，确定首个部件的位置。定义装配约束后，单击 ✔ 按钮，将第一个零件装入装配设计界面中。

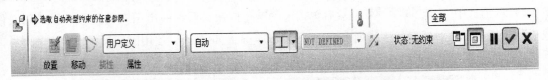

图 11-3 装配操控板

2）重复以上步骤，将各个零件按一定顺序装配到装配设计界面，得到整体装配结构。

提示：在装配过程中，首个被导入的零件称为"父部件"，后续导入的零件称为"子部件"。零件装配实质上是确定零部件父子关系的过程。装配完成后，删除子部件不影响父部件；一旦删除父部件，子部件也会被删除。关于父子关系，在前面已经阐述，在这里不再赘述。因此，父部件的选择非常重要。

11.2 装配约束类型

零件装配的关键操作是定义零件间的装配约束，即确定零件间的相对位置关系。因此，学习常见的约束类型是装配零件的前提。系统提供了 11 种约束类型，如图 11-4 所示。设定约束类型后，在两个零件上面分别单击以选择约束参照，即可确定装配关系。下面分别介绍这些装配约束类型。

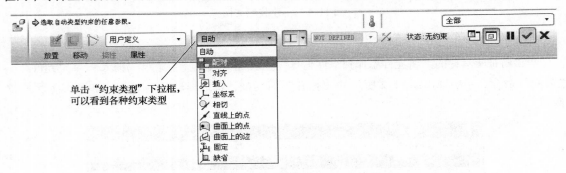

图 11-4 "约束类型"列表

1. 缺省

使用"缺省"约束可以将当前零件的坐标系与装配环境的坐标系对齐。该约束类型一般通常用在首个被导入的零件。

注：在装配环境下，系统有一个自身的坐标系 ASM_DEF_CSYS，每个被导入的零件也有自身的坐标系 PRT_CSYS_DEF，如图 11-5 所示。另外在装配环境下，系统还有自身的 3 个基准平面（ASM_FRONT、ASM_RIGHT、ASM_TOP），被导入的零件有也有自身的基准平面，注意不要混淆。

如图 11-6 所示，选择"缺省"约束后，选取坐标系 PRT_CSYS_DEF 和坐标系 ASM_DEF_CSYS，则两个坐标系重合放置，零件就被锁定了。

2. 配对

使用"配对"约束可以使两个法线方向相反的平面（包括零件的表面、基准面等）相互平行或重合，即"面对面"。另外，当如图 11-7 所示初步确定配对关系后，可以通过图 11-7 所示的操作，进一步设定配对类型，包括以下 3 种类型：

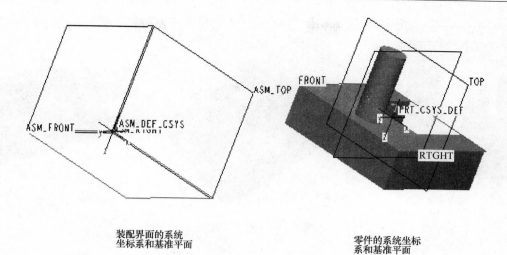

装配界面的系统
坐标系和基准平面

零件的系统坐标
系和基准平面

图 11-5　装配界面和零件的系统坐标系和基准平面

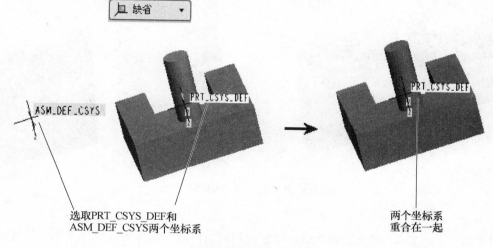

选取PRT_CSYS_DEF和
ASM_DEF_CSYS两个坐标系

两个坐标系
重合在一起

图 11-6　"缺省"约束

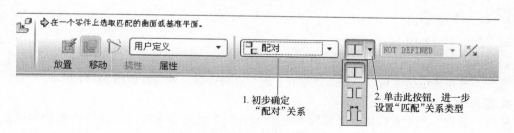

1. 初步确定
"配对"关系

2. 单击此按钮，进一步
设置"匹配"关系类型

图 11-7　设定配对关系的类型

1）重合，两个平面以面对面的方式重合在一起，这是配对约束的默认类型，如图 11-8
所示。

2）定向，如图 11-9a 所示，配对只确定两个面的朝向关系，不设置其偏距值。

3）偏移，如图 11-9b 所示。当偏距值为 0 时，等同于重合。

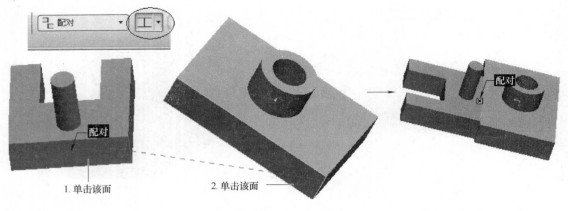

图 11-8 "重合"配对

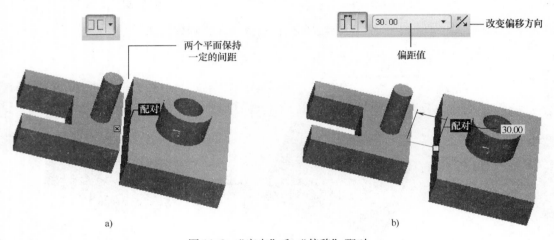

图 11-9 "定向"和"偏移"配对

3. 对齐

对于两个平面来说，对齐指两个面法线方向相同，使两个部件的对象（平面、轴线、点或边线）对齐，从而使得两个部件共面、共线、平行或重合等，平面的对齐包括以下三种情况：

1）重合 ⊥，如图 11-10b 所示。

2）定向 ⊐⊏，如图 11-10c 所示。

3）偏移 ⊥，如图 11-10d 所示。当偏距值为 0 时，等同于重合。

另外，对齐还包括轴对齐、线与线对齐、点与点对齐等，轴对齐如图 11-11 所示。

4. 插入

使用"插入"约束可以将一个旋转曲面插入另一个旋转曲面中，并保持两面的轴线重合，如图 11-12 所示。

5. 坐标系

使用"坐标系"约束关系，使两个零件上的基准坐标系重合，且各坐标轴的方向一致，其操作步骤和"缺省"约束的操作是类似的。

6. 相切

使用"相切"约束可以使得一个零件上的圆柱表面和另一个零件上的平面或圆柱面变成相切关系。

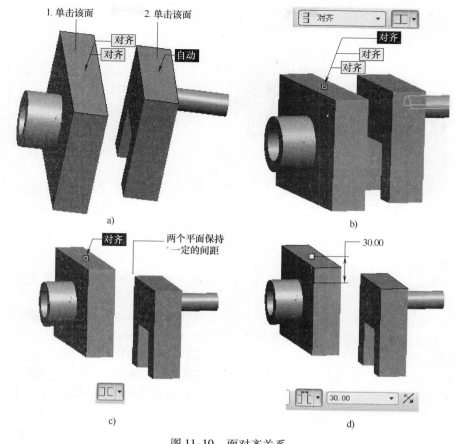

图 11-10　面对齐关系

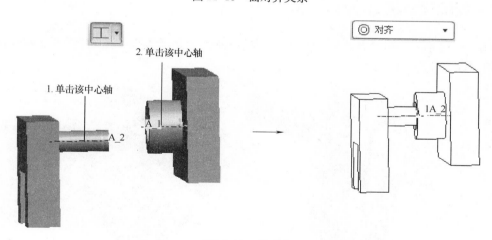

图 11-11　轴对齐

7. 直线上的点

使用"直线上的点"约束可以将一个零件上的一个顶点重合在另一个零件的一条边上。

8. 曲面上的点

使用"约束曲面上的点"约束可以将一个零件上的一个顶点重合在另一个零件的一个表面上。

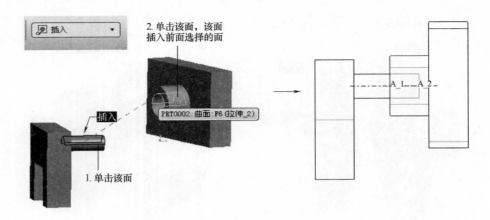

图 11-12 "插入"约束

9. 曲面上的边

使用"曲面上的边"约束是指一个零件上的一条边重合在另一个零件的一个表面上。

10. 固定

"固定"约束可以将零件固定在装配设计界面的当前位置。当向装配设计界面装入第一个零件时，可以使用这种约束形式，但是建议使用"缺省"约束。

11. 自动

"自动"是系统默认的约束关系，使用该约束后，系统能够根据在两个零件上选取对象的情况自动确定一种合适的装配关系。例如，当选取了一个零件上的圆柱表面和另一个零件上的平面之后，自动约束成为"相切"关系；当分别在两个零件上选取了一根轴之后，自动约束成为"对齐"关系。

11.3　装配设计基本操作

以图 11-13 所示的齿轮泵的装配图为例，介绍装配设计的基本操作。图中的所有零件在光盘的"ch11 \ ex01 \ "目录下。

图 11-13　齿轮泵的装配图

在装配设计之前，首先要大概拟定装配顺序。第一装入的零件一般应该是整个结构的基础部分、固定部分或是最主要的零件，这个零件还应该是在后续的设计过程中始终不希望删除的部分。在这个例子中应该首先装入的是基座。

11.3.1　零件装配

1. 新建装配文档

1）启动 Pro/E 5.0 后，将工作目录设置到"ch11 \ ex01 \ "。

2）按照前面所介绍的步骤，新建一个装配文档"chilunbengzhuangpeitu. asm"，进入装配设计界面，如图 11-14 所示，图形窗口中显示三个默认的基准平面和一个默认的坐标系，从而提供了装配操作的三维界面。

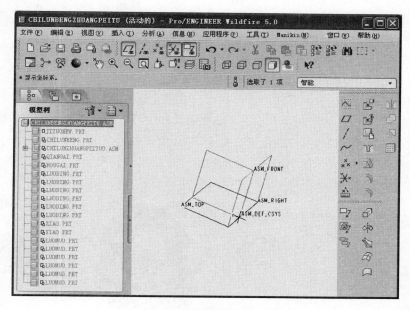

图 11-14　装配设计界面

2. 装入"jizuo. prt"

1）单击特征工具栏的 ![按钮] 按钮，或选择主菜单"插入"→"元件"→"装配"命令，系统弹出图 11-15 所示的"打开"对话框，选取零件"jizuo. prt"，单击 打开 ▼ 按钮。

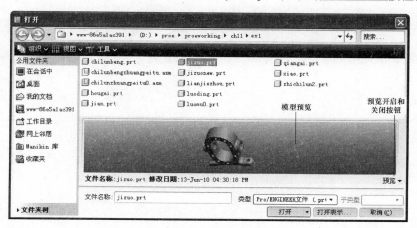

图 11-15　"打开"对话框

2）弹出如图 11-3 所示的装配操控板，单击约束类型的按钮 ⊥ 缺省 ▾ ，选择"缺省"。即装配关系为将"jizuo. prt"的默认坐标系与装配设计界面的系统默认坐标系对齐。单击对话框中的 ✔ 按钮，装入"jizuo. prt"后的装配模型如图 11-16a 所示。

3. 装入"zhichilun1"

1）再次单击 ⬚ 按钮，在图 11-15 所示的"打开"对话框中，选取零件"zhichilun1. prt"，单击 打开 ▾ 按钮。

2）弹出图 11-3 所示的装配操控板，按

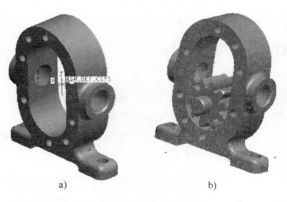

图 11-16　装入"jizuo. prt"和"zhichilun1. prt"

下操控板右侧的 ⬚ 按钮，会在一个单独的窗口显示目前要装配的零件（"zhichilun1. prt"），这样便于分别控制装配模型和欲装入零件的显示状态，方便装配操作。单击操控板上 放置 按钮，打开其下拉菜单，与"jizuo. prt"的装配不同，这里需要几个约束才能将其位置最后确定。装入的每个部件到最后必须在操控板的中间位置看到 状态：完全约束 的提示才能完成装配，否则该部件在装配体中的位置不确定。依照图 11-17 所示的操作步骤定义装配关系，单击装配操控板 ✔ 按钮。装入"zhichilun1. prt"后的装配图形如图 11-16b 所示。

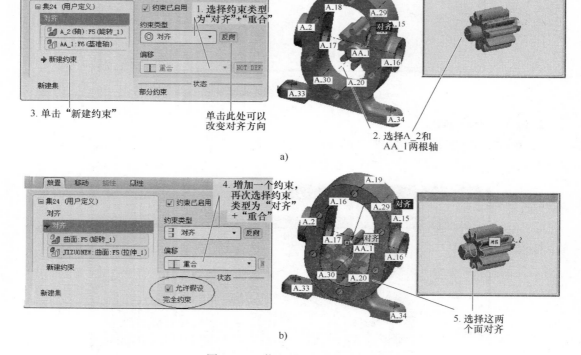

图 11-17　装入"zhichilun1. prt"

提示：图 11-17b 中的 ☑ 允许假设，在这里说明一下，就"zhichilun1. prt"的装配而论，这两个约束并不能将其位置完全固定，因为它可以绕着 A_2 轴旋转。如果使用了"允许假设"，就本

例来说，系统会认为齿轮绕 A_2 轴旋转并不影响其主要位置，即它旋转停留在任何一个位置都可以。所以在使用了"允许假设"之后，操控板的中间位置会看到 状态:完全约束 的提示。如果不使用系统给定的☑允许假设，则取消前面的勾选，需要另加约束才能使其完全约束。

3）装入"zhichilun2. asm"，操作步骤如图 11-18 所示。

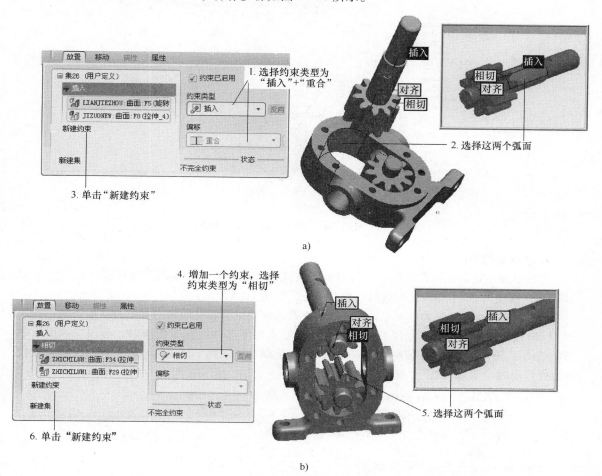

a)

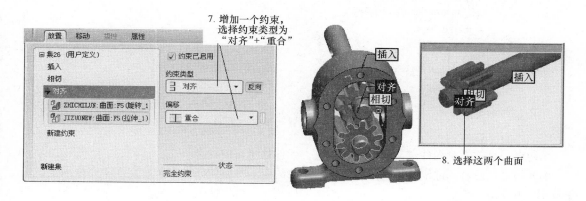

b)

c)

图 11-18　装入"zhichilun2. asm"

4）采用类似的方法，装入另外的零件，最后模型树如图 11-19 所示。通过模型树能了解整个装配模型的零件构成和装配顺序。

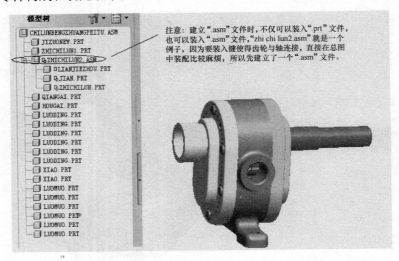

图 11-19　"chilunbengzhuangpeitu. asm"的模型树

4. 装配操控板

零件装配主要通过操作装配操控板完成，该操控板包含两个主要的下拉面板，分别为"放置"和"移动"，单击相应的标签可以将其打开，如图 11-3 所示。

1）"放置"：用来添加或删除约束类型，查看或更改每个约束用到的参照。各按钮的功能如图 11-20 所示。当一个约束条件不能将元件（即装入的零部件）完全约束时，必须用该面板增加新的约束条件。例如，在装配"zhichilun1. prt"实例中就用到了该面板。该下拉面板右下方显示元件目前的"放置状态"，有以下 4 种情况：

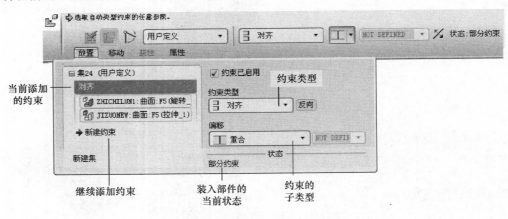

图 11-20　"放置"下拉面板

无约束：目前未对元件定义任何装配约束，元件处于自由状态。

部分约束：已对元件定义了装配约束，但这些约束不足以使元件在装配空间中完全固定，仍有部分自由度。

完全约束：定义的装配约束已经使元件在装配空间中完全固定。

约束无效：正在定义的约束与前面已经定义的约束冲突而不能使当前约束生效。

该下拉面板右上方有一"约束已启用"选项，表示"启用/禁用"当前约束。

2)"移动"：用来将元件移动到某个位置，或者将其旋转一定的角度，以便更好地选择约束参照。该面板提供了"定向模式""平移""旋转"和"调整"4 种运动类型，如图 11-21 所示。同时还提供了"在视图平面中相对"和"运动参照"2 种参照模式。选择一种运动类型和参照模式后，在绘图区单击鼠标左键并晃动鼠标即可实现该运动。

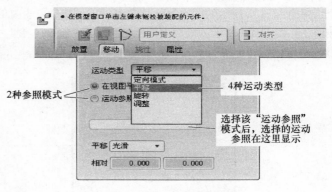

图 11-21　"移动"下拉面板

提示：如果需要修改某个零件的装配关系，可以在模型树中选择该零件，单击鼠标右键，在弹出菜单中选择"编辑定义"命令，便重新打开装配操控板，可以重新定义装配关系。这个操作与零件设计的操作过程是类似的。

11.3.2　零件重复

继续前面齿轮泵的装配，本节主要练习运用重复和阵列的方法进行装配，所以将前面已经装配好的"chilunbengzhuangpeitu. asm"做一定的修改，因为前面所有部件的装配都是依据常规的方法进行的。据图 11-19 所示的模型树，将"luoding. prt"后面的部件全部删除，方法在前面已经介绍过。

1. 装入"luoding. prt"

"luoding. prt"即图 11-19 中装入的第 6 个部件，在这里就不再细述装配的过程了，由"插入"约束、"配对"约束和"允许假设"组成，其约束和装配后的图形如图 11-22 所示。

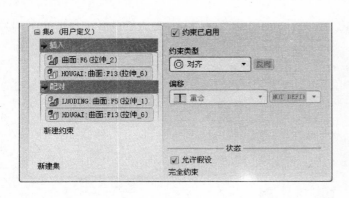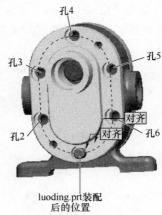

图 11-22　装入"luoding. prt"

2. 重复"luoding. prt"

如果采用零件阵列的方法装配图 11-22 中孔 2～孔 6 处五个同样的"luoding. prt"，但由于要装入第 4 个"luoding. prt"的孔 4 位于相对比较凌乱的位置，虽然可以使用尺寸阵列或方向阵列，但不容易定义阵列间隔。对于这种情况，最好使用零件重复的方法得到另外 5 个"luoding. prt"。操作步骤如下：

在图形窗口或模型树中单击前面装配的零件"luoding. prt",选择菜单"编辑"→"重复"命令,弹出 11-23a 所示的"重复元件"对话框,选择要重复的装配约束"插入",单击 添加 按钮,在图 11-22 所示的模型中依次选中孔 2、孔 3、孔 4、孔 5 和孔 6 的孔面,单击对话框中的 确认 按钮。这样便在相应的位置复制出 5 个"luoding. prt",如图 11-23b 所示。

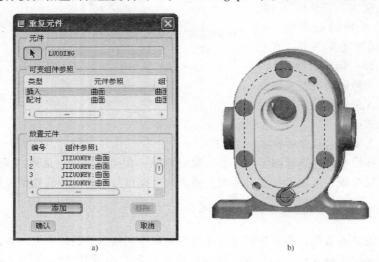

图 11-23 复制"luoding. prt"

11.3.3 零件阵列

首先将前面的"luoding. prt"和它的重复阵列删除。如图 11-22 所示,如果只在孔 2、孔 3、孔 5 和孔 6 装入"luoding. prt",可以采用零件阵列的方法来简化装配过程。

1. 装入"luoding. prt"

按照图 11-22 所示的装配关系,将"luoding. prt"装入孔 2。装入后的装配模型如图 11-24b 所示。

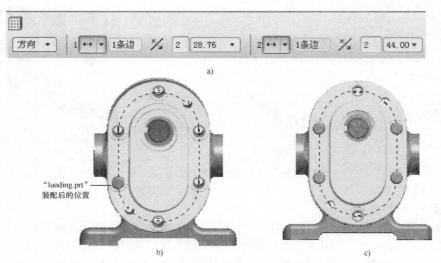

图 11-24 阵列"luoding. prt"

2. 阵列"luoding. prt"

下面要继续装配另外三个同样的"luoding. prt"，在这个例子中，四个同样的"luoding. prt"以规则的形式出现在装配模型中，因此剩下的三个"luoding. prt"可以由零件阵列得到。

在图形窗口或模型树中选中前面装配的零件"luoding. prt"，单击特征工具栏的"阵列工具"⊞按钮，系统弹出图 11-24a 所示的阵列操控板，选择阵列方式为"方向"阵列，输入相应的尺寸数值，这与前面的阵列操作是一致的，这里就不细述了。最后单击操控板的✔按钮，完成零件阵列如图 11-24c 所示。

类似零件设计里面的特征阵列，采用其他阵列方式（尺寸、轴、填充、参照等）也可对装配体中的零件进行阵列。

11.3.4　装配分解图

当各组件装配完毕后，每个零件在装配件中占据给定的位置，对于复杂的装配，许多零件隐藏在装配结构内部，要详细了解整个装配体的零件构成情况，可以使用装配分解图，对零件进行分解显示。

1. 自动分解

选择主菜单"视图"→"分解"→"分解视图"命令，系统自动将模型分解为图 11-25 所示的爆炸图。

尽管从视觉效果来看，图 11-25 所示的爆炸图满足要求。但是系统的默认分解图往往分解得不够彻底，或者不满足用户对装配模型观察要求，这时可以进行手动分解。

图 11-25　装配模型自动分解

2. 手动分解

选择主菜单"视图"→"分解"→"编辑位置"命令，系统弹出编辑位置的操控板，其各部分功能如图 11-26 所示。

选取适当的运动参照，移动装配体中的各零件，得到图 11-27 所示的分解图，最后单击操控板右侧的✔按钮。

选择主菜单"视图"→"分解"→"取消分解视图"命令，模型重新回到未分解状态。

提示：在模型树中单击某一（或某几）个零件，然后单击鼠标右键，在弹出菜单中选择"隐藏"命令，可以将其隐藏，隐藏某些零件将便于装配操作和观察装配模型内部结构。

在模型树中单击被隐藏的零件，然后单击鼠标右键，在弹出菜单中选择"取消隐藏"命令，可以将这些零件重新显示出来。

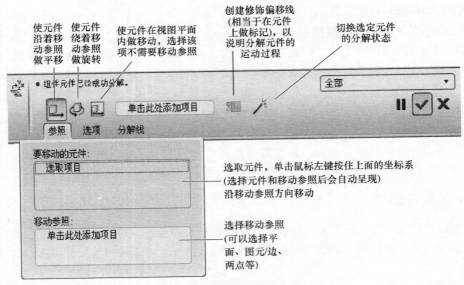

图 11-26　编辑位置的操控板

图 11-27　装配模型手动分解

11.4　干涉检查与装配分析

1. 干涉检查

通过干涉检查，可以知道装配模型中各个零件间有无干涉、哪里有干涉以及干涉量是多大。从而查找出设计错误所在。

1）启动 Pro/E 后，将工作目录设置到 "ch11 \ ex02 \ "，并打开 "11-28. asm" 文件。

2）选择主菜单 "分析" → "模型" → "全局干涉" 命令，弹出图 11-28 所示的 "全局干涉" 对话框，单击对话框的计算 ∞ 按钮，在结果区域可以看到干涉分析的结果，包括干涉零件的名称和干涉体积的大小。选中其中任意一个干涉区域会在图形窗口以红色亮显形式显示，同时也会在信息提示区给出提示信息。

由图 11-28 所示的干涉检查结果可知，该装配模型有一处干涉，分别是 11-28BG 与 11-28A 的干涉，因此推测 "11-28BG. prt" 或 "11-28A. prt" 的设计有误。

3）分别打开 "11-28BG. prt" 和 "11-28A. prt" 这两个零件，分析设计失误的原因，发现 "11-28BG. prt" 中的孔的直径是 0.50，而 "11-28A. prt" 中插入孔的棒材的直径是 0.51，因此产生了干涉。

4）打开"11-28A. prt"，它有一个旋转特征组成的轴，单击该特征，然后单击鼠标右键，在弹出菜单中选择"编辑"命令，如图 11-29 所示，双击尺寸"0.51"，将其改为"0.50"，单击 按钮再生模型，并关闭该窗口。

5）切换到"11-28. asm"窗口，由于 Pro/E 设计的特点，在零件"11-28A. prt"中进行的修改会自动反映到装配中来，因此这时装配模型中"11-28A. prt"的直径已经是 0.50。再次按照步骤 2）进行干涉检查，在结果区域没有任何结果显示，并在信息提示区给出 没有干涉零件 的提示，说明目前整个装配模型不存在零件干涉现象。

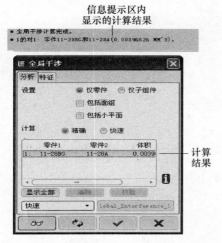

图 11-28　"全局干涉"对话框和干涉结果

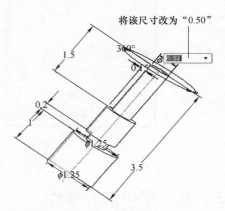

图 11-29　修改"11-28A. prt"的直径尺寸

2. 装配分析

1）选择主菜单"分析"→"模型"命令，除了可进行干涉检查之外，还可以进行其他方面的分析，例如选择主菜单"分析"→"模型"→"质量属性"可以计算装配体的体积、表面积、质量、重心、惯性矩等物理属性量，如图 11-30 所示。

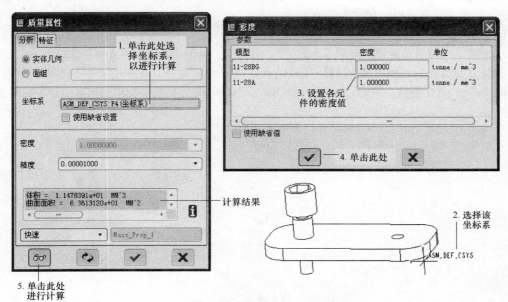

图 11-30　测量装配体的物理属性量

2) 另外，选择主菜单"分析"→"测量"命令，选择不同的后续选项，如"距离"、"长度"、"角度"等可以测量相应的项目。图 11-31 所示为测量两个零件上两平面间的距离的步骤，类似的测量对装配分析是非常重要的。

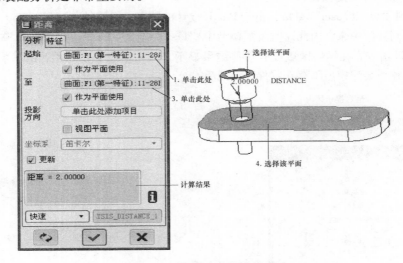

图 11-31　测量装配模型的距离

11.5　在装配中修改零件

装配设计进行过程中，可以在装配设计界面对不正确或不完善的零件进行修改。由于这种修改是在装配模型的总体参照下进行的，因此更加直观和便利。由于 pro/E 设计全相关的特点，在装配设计界面进行零件修改并保存时，相关的零件会自动更新。

在装配设计界面修改零件的关键操作时将零件激活，并将零件的特征显示在模型树中，然后就可以用类似零件设计界面中的操作方法进行零件的修改和继续设计。分别运用"激活"和"打开"两个工具都可以实现对零件的激活。

1. 激活法

首先将工作目录设置到"ch11 \ ex03 \ "，并打开"zhouzhuangpeitu. asm"文件。

如图 11-32a 所示在模型树中选择"zhou. prt"，单击鼠标右键，在弹出菜单中选择"激活"命令，将"zhou. prt"激活。图 11-32b 所示的是激活"zhou. prt"后的装配模型树显示和装配模型。

a)　　　　　　　　　　　　　　　　　　b)

图 11-32　激活"zhou. prt"

如图 11-33a 所示选择导航选项卡中的菜单"设置"（单击 ⛏️· 按钮）→"树过滤器"命令，弹出图 11-33b 所示的"模型树项目"对话框，选中其中的 ☑特征 选项，单击 确定 按钮。这样在模型树中能显示出各个零件的特征组成，如图 11-33c 所示。

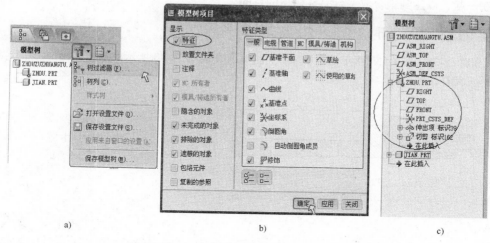

a)　　　　　　　　　　　　b)　　　　　　　　　　　　c)

图 11-33　在装配模型树中显示出零件的特征

下面为轴添加倒角特征。单击特征工具栏的"倒角工具" 按钮，如图 11-34a 所示添加三处 3×3 的倒角，具体操作步骤与前面零件设计阶段的添加倒角是一致的。图 11-34b 所示为添加倒角后的装配模型。

零件修改完毕后，在模型树中选择"zhouzhuangpeitu. asm"，单击鼠标右键，在弹出菜单中选择"激活"命令，重新激活装配模型。

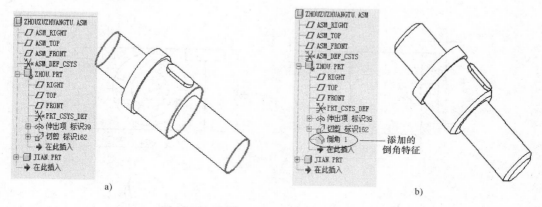

a)　　　　　　　　　　　　b)

图 11-34　创建"zhou. prt"上的倒角特征

2. 打开法

在模型树中选择"zhou. prt"，单击鼠标右键，在弹出菜单中选择"打开"命令，则系统将零件"zhou. prt"打开，直接进入其零件设计阶段，修改完后，保存退出即可。

小结

本章主要介绍了装配设计的基本方法和步骤；装配约束类型，包括缺省、配对、对齐、插入、坐标系、相切等；装配设计的基本操作，包括零件装配、零件重复、零件阵列、装配分解图等；干涉检查与装配分析；在装配中修改零件，包括激活法、打开法。

所有复杂的模型都是由许多零件装配组合而成，本章的学习就是零件设计的后续，将多个零件装配在一起，以达到组合成一台完整机械的目的。

上机实训题（2 小时）

建立如图 11-35 ~ 图 11-39 所示的 5 个零件，将其组合成图 11-40 所示的装配体模型，并分解成如图 11-41所示爆炸图。

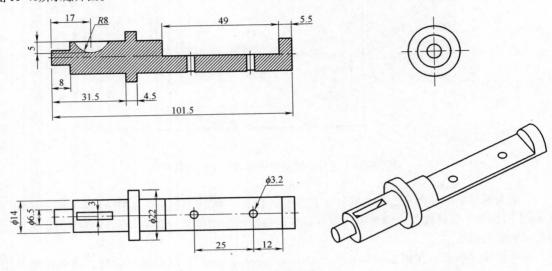

图 11-35　零件 1

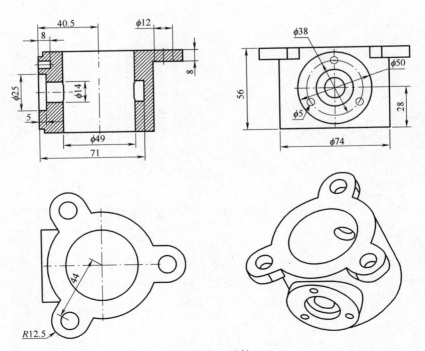

图 11-36　零件 2

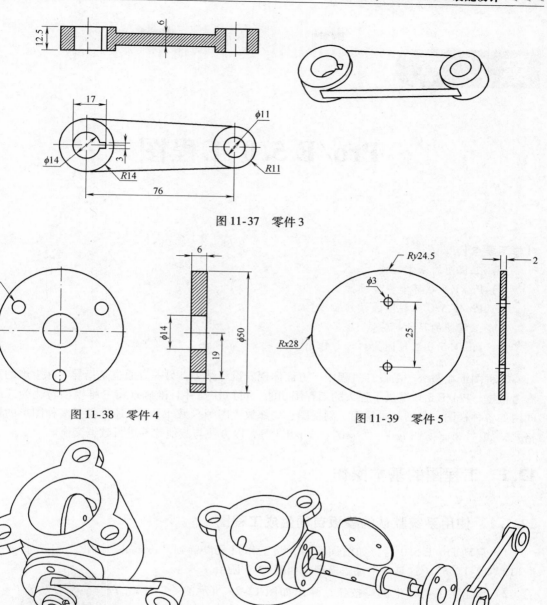

图 11-37 零件 3

图 11-38 零件 4

图 11-39 零件 5

图 11-40 装配体

图 11-41 装配体的爆炸图

第 12 章

Pro/E 5.0 工程图

【学习要点】
1）工程图的基本操作。
2）Pro/E 5.0 环境变量设置。
3）Pro/E 5.0 工程图的详细操作。
4）工程图的尺寸标注。
5）Pro/E 5.0 工程图的打印与输出。

　　工程图纸在整个产品设计过程中一方面体现着设计结果，另一方面也是指导实际生产的重要参考依据。Pro/E 5.0 提供了强大的工程图功能，可以快捷并且准确地将三维模型转化为二维空间内的各种视图，包括基本视图、剖视图、局部放大图等。另外 Pro/E 还提供了多种图形的输出格式，如".dwg"、".igs"、".sep"、".pdf"等，以方便与其他软件进行数据交流。

12.1　工程图的基本操作

12.1.1　使用系统默认的模板自动生成工程图

　　1）启动 Pro/E 5.0 后，如前面所讲，将工作目录设置到"example \ ch12"下。打开文件"ch12 \ 12-1.prt"，这是一个端盖模型，如图 12-1 所示。

　　2）单击主工具栏上的□按钮，弹出如图 12-2a 所示的"新建"对话框。选择文件类型为 ◉ 🔲 绘图，定义名称为"ex101"（工程图模型的文件的扩展名为".drw"）每次新建一个工程图文档，系统都会给出一个默认的名称，如"drw0001"。

　　3）如图 12-2a 所示，选中 ☑ 使用缺省模板，然后单击 确定 按钮。弹出如图 12-2b 所示的"新建绘图"对话框，系统将当前打开的零件"12-1.prt"作为默认模型来生成工程图。如果要生成其他模型的工程图，可以单击图 12-2b 中的 浏览... 按钮选取其他模型文件。

图 12-1　端盖模型

　　4）根据需要选取工程图模板（如"c_drawing"），单击 确定 按钮。

　　5）系统进入工程图模板，并且自动生成图 12-3 所示的三个视图。

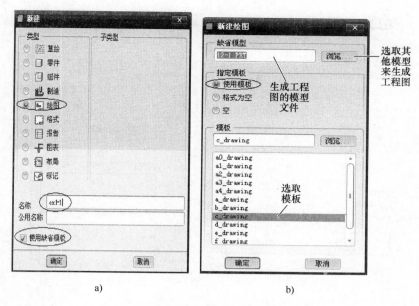

a)　　　　　　　　　　b)

图 12-2　新建工程图文档（使用系统模板）

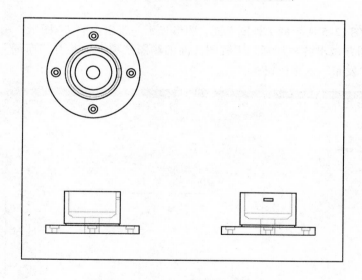

图 12-3　系统自动生成的工程图

　　系统模板中规定了图纸、图框的大小，各视图及其投影方向。使用模板来生成工程图操作较简单，但系统模板不符合我国的制图标准，一般不宜采用。

12.1.2　不使用系统模板生成工程图

1. 新建工程图文档

1）单击主工具栏上的 按钮，弹出图 12-4a 所示的"新建"对话框。选择文件类型为 绘图，定义名称为"ex12"。取消选中 使用缺省模板，然后单击 确定 按钮。

2）弹出图 12-4b 所示的"新建绘图"对话框，接受默认模型"12-1. prt"生成工程图。在指定模板框中选取 空，选定图纸方向为"横向"，大小为"A4"，单击 确定 按钮。

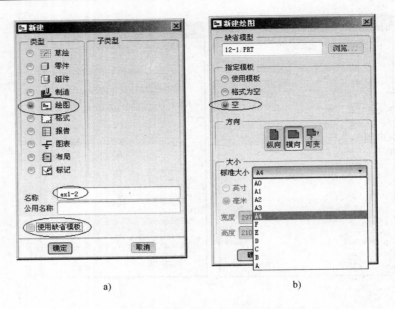

a)   b)

图 12-4　新建工程图文档（不使用系统模板）

3）系统进入图 12-5 所示的工程图界面，图形显示一张空白的 A4 图纸，用户可以在这张图纸上添加各种视图并做出各种注释。工程图界面的制图选项卡中共有"布局""表""注释""草绘""审阅""发布"六个按钮。

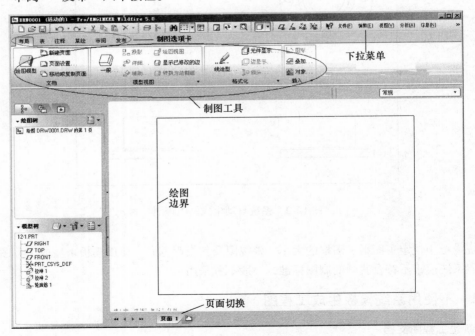

图 12-5　工程图界面

布局：视图的布局和管理。包含 3 个选项，其中："绘图模型"负责管理绘图模型，主要是页面管理和设置；"模型视图"负责插入各种视图，包括一般视图、投影视图、详细视图、辅助视图、旋转视图等，选择插入旋转视图的按钮，需要单击"模型视图"右侧的"▼"才能弹出；

"线造型"负责更改单独线的线造型。

表：插入各种表格。

注释：工程图尺寸标注的关闭和显示、添加文字注释。

草绘：进行各种草绘和草绘设置。

审阅：包括检查、更新、比较、测量等工具，对图纸进行检查、更新、比较、测量等操作。

发布：设置图纸的输出方式以及网上发布。

2. 添加第一个视图（俯视图）

单击主工具栏上制图工具的"创建一般视图工具"按钮 ，如图 12-6a 所示。信息提示区提示 选取绘制视图的中心点。，在图形窗口中欲放置视图的位置单击鼠标左键，该位置立刻显示零件模型，系统同时弹出"绘图视图"对话框，依照 12-6b 所示定义视图方向，依照图 12-6c 所示定义视图的显示样式，单击 确定 按钮，得到图 12-6d 所示的俯视图。

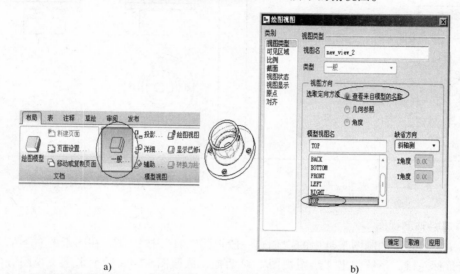

b)

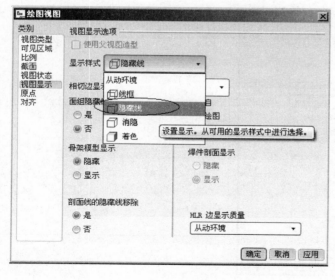

c)

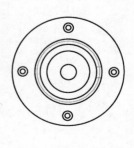

d)

图 12-6 添加俯视图

注意：如果视图为三维的着色形式显示，在未单击 确定 按钮之前，单击"绘图视图"对话框"类别"中的"视图显示"按钮，在"视图显示选项"中的"显示样式"选择框中选择所需要的样式，一般选择"隐藏线"即可，如图 12-6c 所示。读者可以试选择其他的选项，并观察其带来的效果，在这里不再详细讲解了。

3. 添加投影视图（主视图和左视图）

1）单击主工具栏上的制图工具的"创建投影视图工具" 投影 按钮，信息提示区提示 ➡选取绘制视图的中心点。，在俯视图上方的适当位置单击鼠标左键，得到图 12-7 所示的主视图。

2）再次选择"创建投影视图工具" 投影 按钮，信息提示区提示 ➡选取投影父视图。，单击主视图，将其作为投影父视图，然后在主视图右侧适当位置单击鼠标左键，得到图 12-8 所示的左视图。

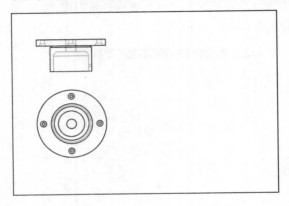

图 12-7 生成主视图

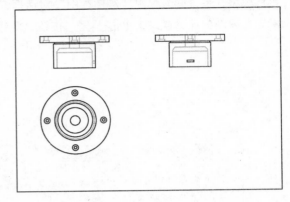

图 12-8 生成左视图

4. 添加斜轴测视图

单击主工具栏上的制图工具中的"创建一般视图工具"按钮 ，在图纸的右下部分的适当位置单击鼠标左键，系统弹出"绘图视图"对话框，依照图 12-9a 所示来定义视图方向，单击 确定 按钮，得到图 12-9b 所示的斜轴测视图。

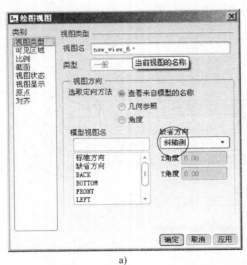

a)

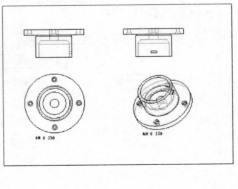

b)

图 12-9 添加斜轴测视图

12.2　Pro/E 环境变量设置

12.2.1　有关视角分析

从图 12-3 和图 12-9b 中可以看出，Pro/E 生成的工程图的投影方向与一般的制图习惯不一样，这是由于 Pro/E 使用的默认设置不同于我国的制图标准。

在机械制图中，将零件向投影面投影所得的图形称为视图。在投影过程中，我国采用的是第一角投影法，而欧美等国家采用的是第三角投影法。图 12-10 和图 12-11 所示的分别为 "12-1. prt" 的第一角投影和第三角投影的标准视图。

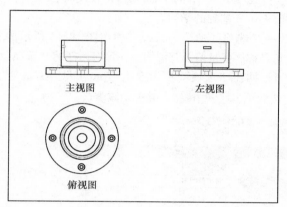

图 12-10　第一角投影的标准视图

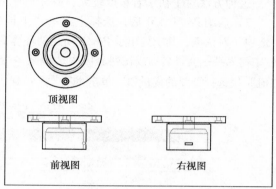

图 12-11　第三角投影的标准视图

在默认情况下，Pro/E 使用的是第三角投影，这就是前面绘制的工程图不符合我国制图标准的原因。另外，在默认情况下绘制的工程图在标注的文本类型、文字大小、绘图单位等方面也不符合我国的制图标准。因此，要得到符合我国制图标准的工程图，就需要对环境变量进行设置。

12.2.2　Pro/E 环境变量

1. Pro/E 环境变量的概念

Pro/E 的环境变量主要是用来控制 Pro/E 的界面环境及模型的显示方式、默认单位、默认字体、工程图设置等。Pro/E 环境变量的设置方式是以文字模式将这些变量及其变量值存放在一个名为 "config. pro" 的文件中。

2. Pro/E 环境变量举例

表 12-1 列出了 Pro/E 常用的环境变量、变量值及其含义。

将环境变量设置为常用的工作状态，可以简化很多操作。如通过对表 12-1 中的 1、2、3 项的设置，将系统的默认单位修改为我国常用的公制单位后，在每次新建一个零件或装配文件时，在弹出"新建"对话框中直接输入文件名后直接单击 确定 按钮即可，而不必每次都取消选择 □ 使用缺省模板，然后在"新建文件选项"对话框中指定模板和单位。这样也会避免因操作失误而带来的麻烦。

表 12-1　Pro/E 常用的环境变量、变量值及其含义举例

序　号	环 境 变 量	设置值选项	含　　义
1	pro_unit_sys	mmns	指定模型的单位制为公制单位：mm、N、s
2	template_solidpart	mmns_part_solid. prt	指定零件的设计模板为 "mmns_part_solid. prt"，从而使零件设计的默认单位为公制
3	template_designasm	mmns_asm_design. prt	指定零件的设计模板为 "mmns_asm_design. prt t"，从而使装配设计的默认单位为公制
4	display_planes	Yes/No	是否显示基准平面

3. 修改 Pro/E 环境变量的方法

1）使用记事本工具编辑保存在 "Pro/E 安装目录/text/" 下的 "config. pro" 文件，然后保存。这种方法对于初学者难度较大，适合于有一定 Pro/E 基础的学习者。

2）启动 Pro/E 5.0 后，选择主菜单 "工具" → "选项" 命令，系统会弹出图 12-12 所示的 "选项" 对话框，其中列出了 Pro/E 所用的环境变量名称、变量值及其说明。在该对话框的 "选项" 栏中输入某一变量名称或在列表区中选择某一变量，如在 "选项" 栏中输入 "pro_unit_sys"，在 "值" 栏选择需要的变量值，单击 添加/更改 按钮，然后单击 应用 按钮，并关闭该窗口。

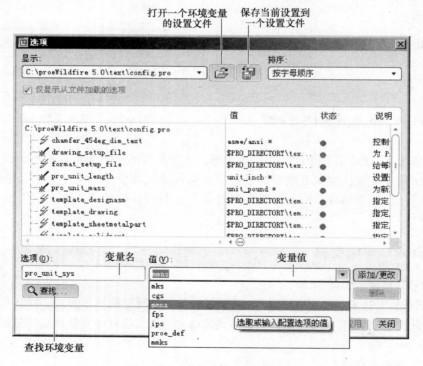

图 12-12　设定 Pro/E 环境变量

注：采用方法 2）修改的环境变量如果未保存，下次启动 Pro/E 时将不再有效。

12.2.3　工程图环境变量设置

1. 工程图环境变量设置举例

表 12-2 列出了 Pro/E 常用的工程图环境变量设置及其含义。

表 12-2　Pro/E 常用的工程图环境变量设置及其含义

环境变量的变量名	默 认 值	公制单位的设置值	含　义
drawing_text_height	0.156250	3.5	工程图中文字的默认高度
text_thickness	0.00	0.00	默认的文字粗细
text_width_factor	0.80	0.8	文字的宽度与高度之比
projectin_type	THIRD_ANGLE	FIRST_ANGLE	投影分角，我国采用的是"FIRST_ANGLE"
allow_3d_dimensions	NO	YES	尺寸是否在斜轴测图中显示
angdim_text_orientation	horizontal	horizontal	角度的放置形式
text_orientation	horizontal	parallel_diam_horiz	尺寸文本的显示方位
tol_display	NO	YES	尺寸公差是否显示
tol_text_height_factor	STANDARD	0.60	公差文字与尺寸文字的高度比例值
tol_text_width_factor	STANDARD	0.60	公差文字与尺寸文字的宽度比例值
axis_line_offset	0.10	5.0	线性轴超出其相关特征的延伸距离
circle_axis_offset	0.10	4.0	十字轴超出其相关特征的延伸距离
decimal_marker	comma_for_metric_dual	cmma	设置尺寸文字中小数点使用的符号
draw_arrow_style	closed	filled	设置箭头的填充方式
draw_arrow_length	0.1875	3.5	设置箭头的长度
draw_arrow_width	0.0625	1.5	设置箭头的宽度
witness_line_offset	0.00625	1	设置尺寸线与标注对象之间的距离
witness_line_delta	0.125	2	设置尺寸界线在尺寸引导箭头上的延伸量
drawing_units	Inch	mm	设置绘图单位

从表 12-2 中可以看出，Pro/E 默认的工程图环境变量很多不符合我国的绘图标准。因此，要做出符合我们国家标准和规范的工程图，应按照表 12-2 进行详细的工程图环境变量设置。例如设置箭头的填充方式的环境变量"draw_arrow_style"，其默认值为"closed"，那么标注尺寸后的箭头为空心箭头，修改为"filled"后，箭头变为实体箭头。只有修改为"filled"得到的实体箭头才符合我国工程图的标准和规范。

注：尺寸公差是否显示的设置先保留为"NO"，即先不显示尺寸公差，后面用到尺寸公差时再设置。因为如果先设为"YES"，标注后所有的尺寸都是带公差的形式。

2. 修改工程图环境变量的方法

修改工程图环境变量的方法与 Pro/E 环境变量的设定方法类似，在主菜单上单击"文件"→"绘图选项"，弹出"选项"对话框，然后可以依照前面介绍的方法进行工程图环境变量的设置。

在以下的工程图讲解中，常用的工程图环境变量的设定都是按照表 12-2 中第三栏中的设定值来设定的。

提示：如果在零件设计中使用的是公制单位，但是在工程图模块中未设置"drawing_units"的值为 mm，则绘制的工程图仍然为英制单位。如果将绘制的工程图另存为".dwg"格式，并用 AutoCAD 打开该工程图文件时，会发现所有的尺寸都被放大了 25.4 倍，因为 1inch = 25.4mm。

12.3 Pro/E 5.0 工程图的详细操作

12.3.1 视图类型

在前面已经介绍了基本视图的生成方法，在本节的例子中，将生成更多的视图。因此，首先介绍 Pro/E 工程图视图的类型。视图类型可以在生成视图时通过选择制图工具中不同视图按钮来确定，如图 12-13a 所示；也可以在视图生成后，通过在某个视图处双击鼠标左键，打开图 12-13b 所示的"绘图视图"对话框来确定。

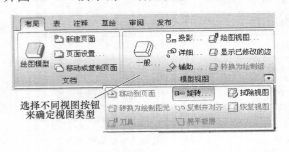
a)

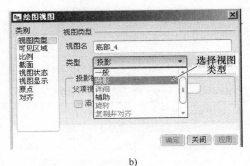
b)

图 12-13　确定视图类型

1. 视图的基本类型

在 Pro/E 5.0 中，视图的基本类型包括以下几种：

1) 一般视图：通过在模型上指定投影方向来生成视图，主要用来生成第一个视图和斜轴测视图。

2) 投影视图：通过已经生成的视图生成正投影视图。例如可以用生成的主视图来生成俯视图和左视图。

3) 详细视图：制作局部放大图。

4) 辅助视图：用来制作定向视图。

5) 旋转视图：在已有视图上绕一个切割平面的投射线旋转 90°来生成一个剖视图。

利用图 12-14a 所示的旋转视图可以制作出图 12-14b 所示的剖视图。旋转视图与剖视图的不同之处在于旋转视图包括一条标记视图旋转轴的点画线。

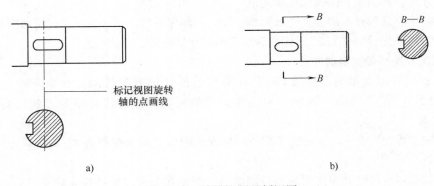
a)　　　　　　　　　　　　　　　b)

图 12-14　旋转视图及剖视图
a）旋转视图　b）剖视图

2. 视图的可见区域

对于一般视图、投影视图、辅助视图，根据其可见区域不同，可以分为图 12-15 所示的四种形式，即全视图、半视图、局部视图和破断视图。

全视图：显示全面视图，如图 12-15b 所示。

半视图：显示全部视图的一半，如图 12-15c 所示。

局部视图：显示全部视图的一部分，如图 12-15d 所示。

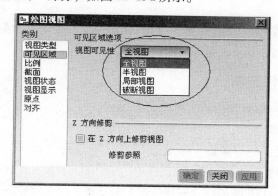

a)

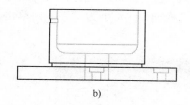
b)
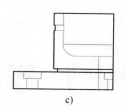
c)
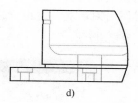
d)

图 12-15　视图的可见区域

a) 在"绘图视图"的对话框中指定视图的可见区域　b) 全视图　c) 半视图　d) 局部视图

破断视图：显示全部视图的一部分，它与局部视图不同的是该模式是将模型过长、特征单一的部分去掉，而显示主要部分，该视图一般不太常用。

注：制作半视图时需要选取"半视图的参照面"，一般选取一个基准平面或者零件上的一个平面作为参照面。如果在图面上看不见基准平面，这时可以单击主菜单上的基准显示按钮，将基准平面或者基准轴、基准点、基准坐标系显示在图面上，并单击主菜单上的重画按钮，从而分别选取参照面。当选取完毕后，可以将基准平面再次隐藏，从而使图面更简洁。局部视图的制作在后面的范例中将详细讲解。

3. 剖视图

对于一般视图、投影视图、辅助视图还可以进行剖视处理。制作剖视图的操作方法如图 12-16 所示，双击要建立剖视图的视图，弹出"绘图视图"的对话框，在对话框的"类别"选择框中选取"截面"选项，在"剖面选项"选择框中选取"2D 截面"，单击 按钮，然后指定剖视位置。剖视位置可以使用模型上已经创建的剖截面，也可以在工程图中临时指定剖截位置。

剖视图的显示状态包括完全、一半和局部 3 种。

完全：做全剖视图，如图 12-16a 所示。

一半：取全剖视图的一半，如图 12-16b 所示。

局部：取全剖视图的一部分，如图 12-16c 所示。

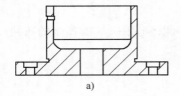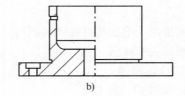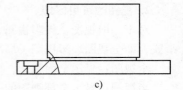

a)   b)   c)

图 12-16　剖视图的显示状态

另外，单击"绘图视图"的对话框中的◉ 全部按钮，用于显示截平面后面的模型边以及截面边；单击◉ 区域按钮，仅显示截面边的剖视图。

12.3.2　工程图制作范例一

制作图 12-1 所示的零件模型的工程图。

1. 新建工程图文档

1）单击主工具栏上的▯按钮，弹出图 12-17a 所示的"新建"对话框。选择文件类型为◉ ▣ 绘图，定义名称为"ex1-3"。取消选中▢ 使用缺省模板，然后单击 确定按钮。

2）系统弹出图 12-17b 所示的"新建绘图"对话框，单击 浏览... 按钮，在弹出的"打开"对话框中选取"12-1. prt"作为生成工程图的零件模型，单击 打开 ▼按钮，然后返回"新建绘图"对话框。在指定模板框中选取◉ 空，选定图纸方向为"横向"，大小为"A4"，单击 确定 按钮。

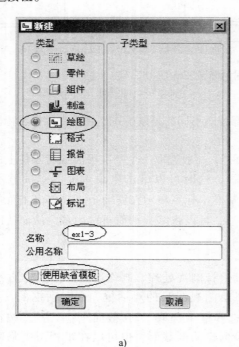

a)

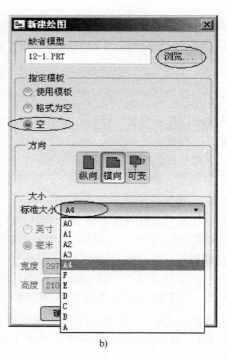

b)

图 12-17　新建工程图文档

2. 生成基本视图

参照 12.1.2 节中的步骤，依次生成主视图、俯视图、左视图和斜轴测视图，如图 12-18 所示。在这里，我们重新设置了环境变量，投影分角设置为"First_angle"，因此生成的视图与图

12-9b 是有区别的。

注：主视图是和斜轴测视图用一般视图生成的，俯视图和左视图是通过添加投影视图来生成的。

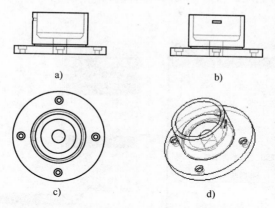

a)　　　　　　　　　　　b)

c)　　　　　　　　　　　d)

图 12-18　生成"12-1. prt"零件模型的基本视图

a）主视图　b）左视图　c）俯视图　d）斜轴测视图

3. 制作剖视图

1）如图 12-19a 所示，用鼠标选中主视图，当该视图周围出现红色图框后，双击鼠标左键；或者用鼠标选中主视图后，然后单击鼠标右键，在弹出的快捷菜单中选择"属性"命令，如图 12-19b 所示。

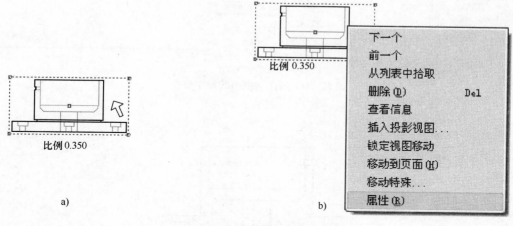

a)　　　　　　　　　　　　　　　　　　　　b)

图 12-19　修改视图属性

2）执行前面的操作后，系统弹出"绘图视图"对话框，执行图 12-20 所示的步骤将主视图作剖视处理，在这里创建了一个沿着 FRONT 面剖开的完全剖截面"A"。将主视图剖视处理后的效果图如图 12-21 所示。在这里也可以在三维模型"12-1. prt"中提前建立一个适合做剖截面的截面，那么就可以直接选择那个截面即可，而不需要在这里专门再建立一个剖截面"A"了。

注：此时已将视图的显示形式改为"消隐"，即不显示隐藏线的形式，主要是为了使图面更整洁。

3）Pro/E 生成的剖视图的注释文字一般不符合我国的制图标准，需要对其进行调整。如图 12-22a 所示，首先在"制图选项卡"中选择"注释"，然后选取剖视图的注释文字"截面

A—A"，单击鼠标右键，在弹出的快捷菜单中选择"属性"选项，系统弹出图 12-22c 所示的"注释属性"对话框，在该对话框可以修改注释文字的内容和文字样式。依照图 12-22c 所示将注释文字中的"截面"二字删除，以符合我国的制图标准。修改注释文字后的主视图如图 12-22d 所示。

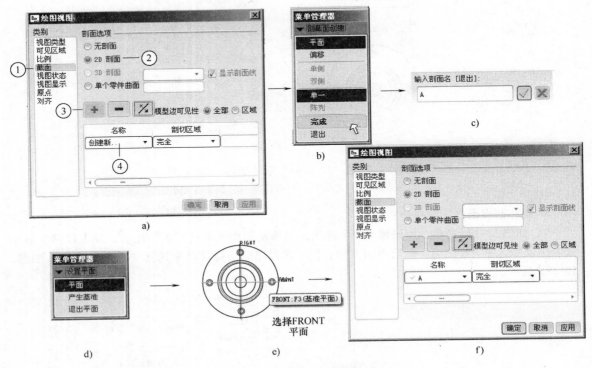

图 12-20　制作剖视图的操作步骤

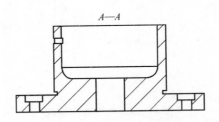

图 12-21　主视图进行剖视处理后的效果图

4）选取注释文字"*A—A*"，用鼠标拖动的方法可以将文字拖动到适当的位置，如图 12-22e 所示。

注：修改完注释文字后，需要在"制图选项卡"中选择"布局"，才能进行下面的操作。

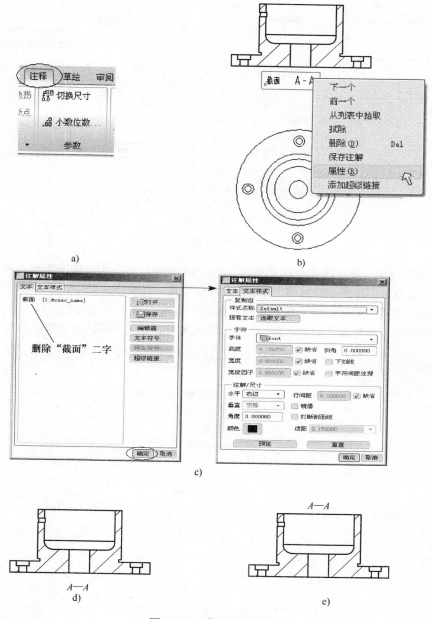

图 12-22　修改注释文字

5）视图调整，包括以下三个方面：

① 在生成基本视图的过程中，视图的位置大致都是确定的，有时候整个图面会出现布局不合理的情况。这时需要对视图进行一定的调整。首先，需要解除"锁定视图移动"，选定需要调整的视图，单击鼠标右键，取消"锁定视图移动"选项，如图 12-23a 所示；然后选取该视图，该视图处显示"✚"符号，单击鼠标左键可以将视图拖动到适当的位置，如图 12-23b 所示。由于各视图之间要保持对齐关系，因此在移动某个视图时，其相关视图也会同时移动。读者可以按照这个方法来移动视图，从而使图面的布局更加合理。

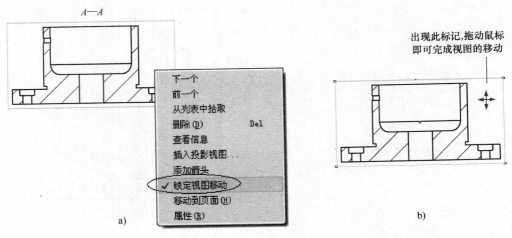

图 12-23　移动视图

② 改变视图比例。通过改变视图比例可以改变视图的大小，从而使图面的布局更加合理。图形窗口左下角显示图样的全局比例，如图 12-24 所示可以修改该比例。此外，双击某一视图后在弹出的"绘图视图"对话框中选择"比例"选项可以改变该视图的比例。但是，只有一般视图和详细视图才可以单独改变视图比例，并且改变比例后，相关视图的比例也会随之改变。

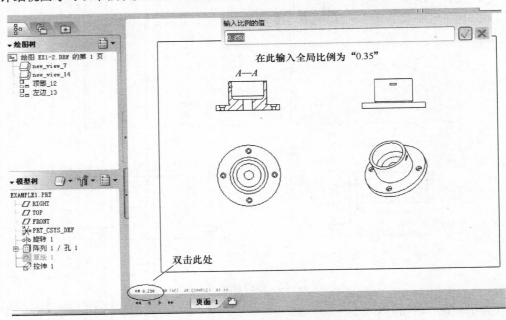

图 12-24　改变图面的全局比例

将图面的全局比例改为"0.35"，将斜轴测视图的比例改为"0.4"，并再次调整视图的位置，调整后的图面如图 12-25 所示。

提示：图样的全局比例如图 12-24 所示，在绘图窗口的左下角，字体很小，需要读者仔细观察才可以看到。

③ 删除视图。用鼠标左键单击选择某一视图，按键盘上的【Delete】键可以将该视图删除；也可以在选择某一视图后，单击鼠标右键，选择"删除"选项。当要删除的视图包含子视图

（如由该视图投影得到的投影视图）时，会出现是否将其全部子视图一并删除的对话框，如果选择"是"选项，则该视图和其全部子视图一并删除。

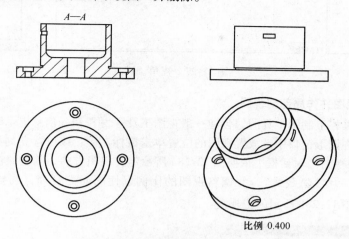

比例 0.400

图 12-25   修改比例并重新调整后的工程图

12.3.3   工程图制作范例二

1. 准备工作

打开文件"ch12 \ 12-2. prt"，图 12-26 所示为该零件的三维模型。为便于生成该零件的工程图，首先在零件的设计界面进行了以下的准备工作：

1）创建三个剖截面，分别为：过 FRONT 面的剖截面 A；过 DTM3 的剖截面 B；过 DTM4 的剖截面 C。

2）定义并保存一个视角"1"，观察方向如图 12-27 所示。

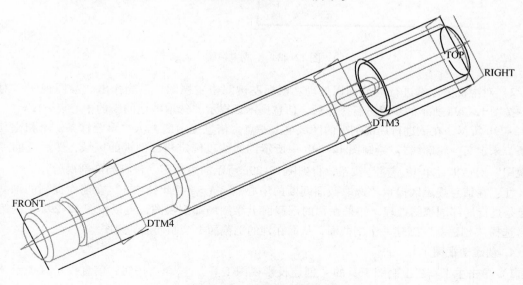

图 12-26   零件的三维模型

2. 新建工程图文档

参照与 12.3.2 节类似的操作，新建名为"ex2. drw"的工程图文档，进入工程图界面。

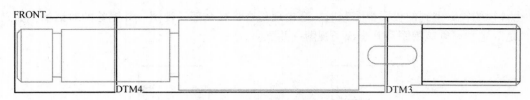

图 12-27　视角 "1"

3. 生成基本视图并作局部剖视图

1）单击主工具栏上制图工具的 "创建一般视图工具" ![按钮]按钮，信息提示区提示 "选取绘制视图的中心点"，在图形窗口中欲放置视图的位置单击鼠标左键，该位置立刻显示零件模型，系统同时弹出 "绘图视图" 对话框，依照图 12-28a 所示定义视图方向，并按照前面介绍的方法设置其 "显示样式" 为 "隐藏线"，并调整视图的比例以使图面更合理，调整视图状态后单击 应用 按钮，得到图 12-28b 所示的主视图。

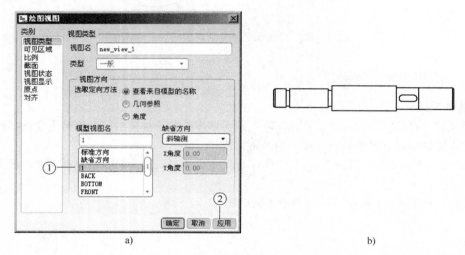

图 12-28　生成主视图

2）对主视图左端进行局部剖视处理。鼠标左键双击主视图，系统弹出 "绘图视图" 对话框。按图 12-29a 所示的步骤进行操作后，信息提示区提示 "选取截面间断的中心点 ＜ A ＞"，如图 12-29b 所示，在欲进行局部剖视的区域单击一点，信息提示区提示 "草绘样条，不相交其他样条，来定义一轮廓线"。绘制图 12-29b 中所示的曲线以确定局部剖视的区域，然后返回 "绘图视图" 对话框，单击 确定 按钮，得到图 12-29c 所示的主视图（进行局部剖视后）。

注：在信息提示区提示 "选取截面间断的中心点 ＜ A ＞"，此处 "A" 在前面提到的剖截面 A 上是进行局部剖视图处理，如果在别的剖截面上绘制局部剖视图，可以按图 12-29a 中的第④步，选择 "创建新" 新建一个剖截面，从而在别的剖截面上绘制局部剖视图。

4. 创建剖视图

1）单击主工具栏上制图工具的 "创建投影视图工具" ![按钮]按钮，信息提示区提示 "选取投影父视图"，单击主视图，信息提示区提示 "选取绘制视图的中心点"，在主视图右侧的适当位置单击鼠标左键，得到图 12-30a 所示的投影视图。

2）双击该投影视图，系统弹出 "绘图视图" 对话框，执行如图 12-30b 所示的操作将该投影视图转化为剖视图，然后单击 关闭 按钮，并调整注释文字和视图的位置得到图 12-30c 所示的

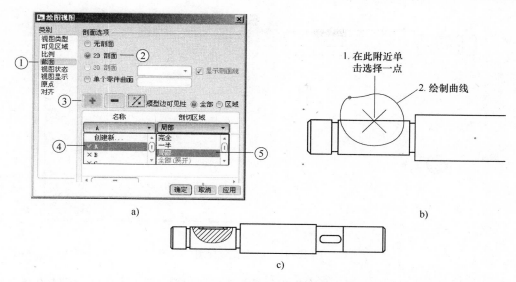

图 12-29　进行局部剖视的主视图

视图。

3）下面通过"旋转视图"制作第二个剖视图。单击主工具栏上制图工具的"创建旋转视图工具" B=■ 旋转 按钮，信息提示区提示"选择旋转界面的父视图"，单击主视图，信息提示区提示"选取绘制视图的中心点"，在主视图下方适当位置单击鼠标左键，系统弹出图 12-31b 所示的"绘图视图"对话框，选取产生旋转视图的剖截面为"C"，单击 确定 按钮，得到图 12-31a 所示的剖视图。

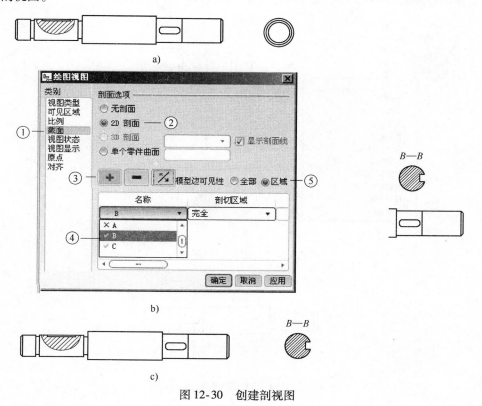

图 12-30　创建剖视图

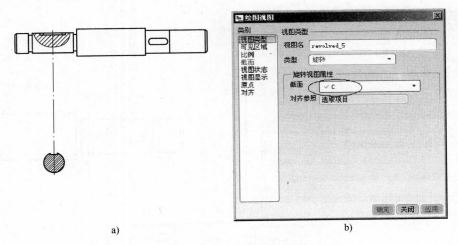

a)   b)

图 12-31 创建旋转视图

4）旋转视图和剖视图的不同之处在于它包括一条标记剖面位置的点画线。选中这条点画线并拖动鼠标可以调整其长度。

5）调整视图。如图 12-32a 所示，选取"$B—B$"剖视图，单击鼠标右键，在弹出的快捷菜单中选择"添加箭头"选项，信息提示区提示"给箭头选出一个截面在其处垂直的视图"，单击鼠标中键取消，单击主视图。这样便在主视图上显示出"$B—B$"剖视图的剖面位置符号，如图 12-32b 所示。剖视图的剖切位置符号和其长度都是可以调整的，选中之后用鼠标拖动即可，读者可以试着将图 12-32b 调整为图 12-33 所示的形状。如果箭头反向选择的话，选择箭头，单击右键，在弹出的快捷菜单中选择"反向材料切除"即可改变箭头的方向。

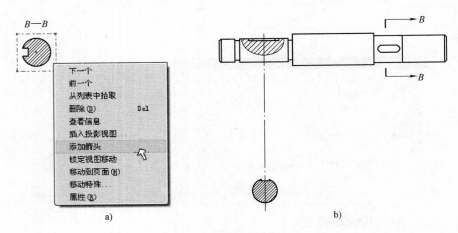

a)   b)

图 12-32 添加剖视图箭头

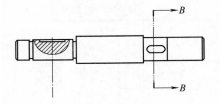

图 12-33 调整视图

5. 创建局部放大图

单击主工具栏上制图工具的"创建详细视图工具" 详细 按钮，信息提示区提示"在一现有视图上选取要查看细节的中心点"，执行图 12-34a 所示的步骤 1，信息提示区提示"草绘样条，不相交其他样条，来定义一轮廓线"，执行步骤 2，绘制一首尾相接的样条曲线，以确定局部放大的位置，单击鼠标中键结束样条曲线的绘制。这时信息提示区提示"选取绘制视图的中心点"，在视图的右下角单击一点，得到图 12-34b 所示的添加局部放大图后的工程图。

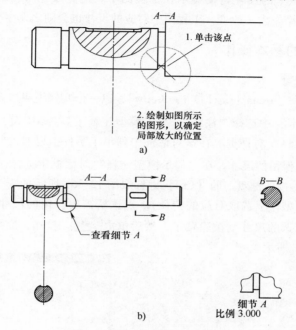

图 12-34 创建局部放大图

6. 视图的细节调整

最后调整视图的比例、位置，检查是否需要添加必要的剖视符号。图 12-35 所示为本范例完成后的工程图，最后保存文件。

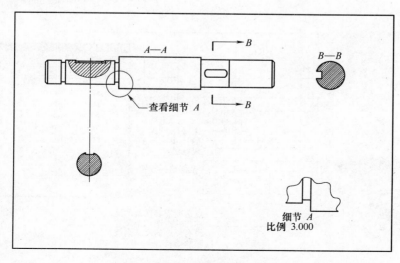

图 12-35 最后完成的工程图

12.4 工程图的尺寸标注

Pro/E 中标注尺寸与二维绘图软件（如 AutoCAD、CAXA 等）中标注尺寸有很大的区别。虽然在 Pro/E 也可以使用标注尺寸工具 手动进行尺寸标注，但是最常用的方法是使用显示模型注释工具 将三维模型上的尺寸自动显示在工程图中。这些尺寸与三维模型是存在继承关系的，因此，一旦三维模型发生了改变，工程图中对应的尺寸也会随之发生变化。

12.4.1 添加尺寸的基本操作

1. 显示模型上的尺寸

1）打开工程图文件"example \ ch11 \ ex3. drw"，以一个实例说明来说明尺寸标注。

2）在"制图选项卡"中选择"注释"，单击模型注释工具 按钮，如图 12-36a 所示，则系统弹出"显示模型注释"对话框。在该对话框中列出了零件上已有的尺寸和基准，用户可以根据自己的需要选择欲保留的尺寸。在"显示模型注释"对话框中选择显示尺寸的选项卡 ，如图 12-36a 所示。然后按住键盘上的【Ctrl】键选取图 12-36b 所示的 3 个特征（可以在各个视图中选取，也可以在模型树上选取对应的特征）。点选所需要保留的尺寸（在图 12-36b 中共点选 12 个尺寸），没有点选的尺寸则被隐藏了，然后单击 确定 按钮，完成尺寸标注。标注完成后的工程图如图 12-36c 所示。

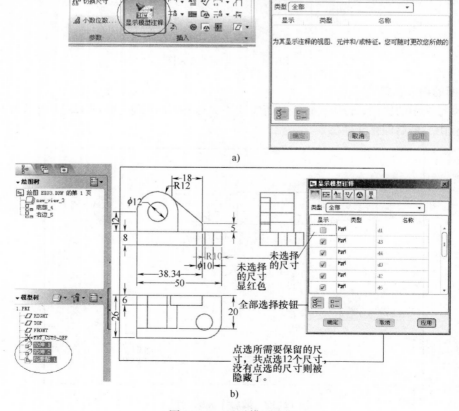

图 12-36 显示模型注释

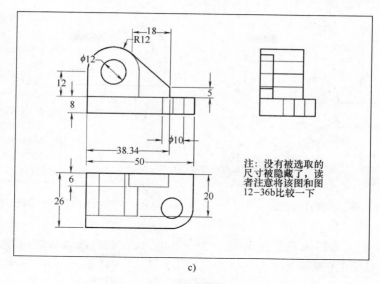

c)

图 12-36　显示模型注释（续）

2. 手动标注尺寸

在"制图选项卡"中选择"注释"，该选项卡下面的大部分命令都是用来手动标注尺寸的，如图 12-37 所示。

"尺寸"：标注一般尺寸，对应图 12-37 中的 ↦ 工具。使用 ⊣⊢ 工具添加的尺寸，能够在工程图中修改其数值，并且模型会随之改变；而使用 ↦ 工具标注的尺寸，其数值不能在工程图中修改，但会随三维模型的改变而改变。

图 12-37　手动标注尺寸工具

"注解"：添加文字注解，可以用来标注技术要求，对应图 12-37 中的 工具。

"表面粗糙度"：标注表面粗糙度，对应图 12-37 中的 ³²√ 工具。

"参照尺寸"：标注参照尺寸，对应图 12-37 中的 工具。

"角拐"：插入引线或尺寸角拐，对应图 12-37 中的 工具。

"几何公差"：标注几何公差，对应图 12-37 中的 工具。

"坐标尺寸"：标注坐标尺寸，对应图 12-37 中的 工具。

"球标注解"：标注球标，对应图 12-37 中的 工具。

实例中选择了几个具有代表性的工具进行了说明，其他的工具读者可以自己了解一下，与二维绘图中的标注类似。

3. 调整尺寸

（1）调整尺寸位置　选取一个尺寸，对应的尺寸加亮显示，如图 12-38 所示，在不同位置拖动鼠标可以调整尺寸、尺寸文字、尺寸线的位置。

（2）编辑尺寸　选取一个尺寸，单击鼠标右键，弹出图 12-39 所示的快捷菜单，通过其中的命令可以对相应的尺寸进行编辑。

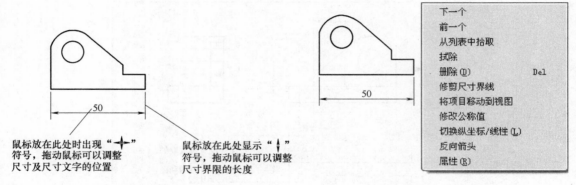

图 12-38　调整尺寸位置　　　　　　　　　　图 12-39　编辑尺寸

（3）整理尺寸　选择工具栏中的 清除尺寸 工具，用来将杂乱无章的尺寸整理整齐。

12.4.2　尺寸标注范例

打开 12.3.3 节中制作的工程图"ex2. drw"，如图 12-35所示（删除了详细视图后），并对该工程图进行尺寸标注。

1. 显示尺寸

1）在"制图选项卡"中选择"注释"，选择模型注释的工具，如图 12-41a 所示，则系统弹出"显示模型注释"对话框。

图 12-40　"清除尺寸"对话框

2）在"显示模型注释"对话框中选择显示尺寸的选项卡，然后选取主视图上的旋转特征（也可以在模型树上选取），如图 12-41b 所示，在画面上显示一些尺寸。点选需要保留的尺寸，需要隐藏的尺寸在图 12-41b 中已经标出（需要隐藏的尺寸不点选即可），单击 确定 按钮，此时的主视图如图 12-42 所示。

注：为了使工程图画面简单一些，在这里只选取了一个特征进行尺寸标注，如果需要标注多个特征，按住键盘上的【Ctrl】键选取即可。

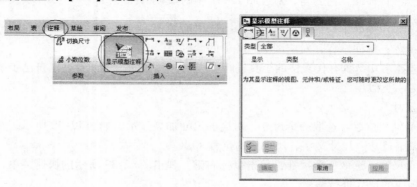

a)

图 12-41　显示模型尺寸

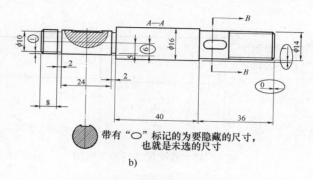

b)

图 12-41 显示模型尺寸（续）

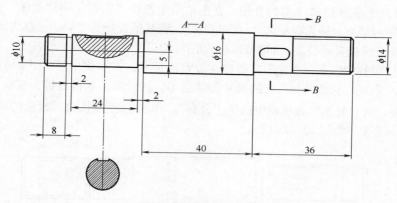

图 12-42 整理后的主视图尺寸

2. 编辑尺寸

1）点选图 12-43 所示的退刀槽处的尺寸，单击鼠标右键，在弹出的快捷菜单中选择"反向箭头"选项，使该尺寸的箭头在外侧显示。

2）再次单击该尺寸，单击鼠标右键，在弹出的快捷菜单中选择"尺寸属性"命令，系统弹出"尺寸属性"对话框，打开"显示"选项卡，如图 12-44 所示，修改尺寸文本后，单击 确定 按钮。

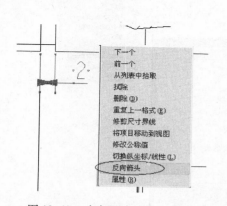

图 12-43 改变尺寸的箭头方向

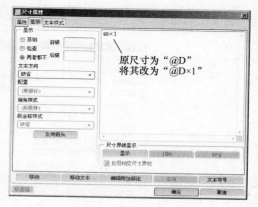

图 12-44 "尺寸属性"对话框

3）对另外一处的退刀槽处的尺寸也做同样处理，修改后的主视图如图 12-45 所示。

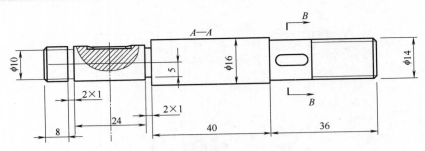

图 12-45 修改尺寸后的主视图

3. 标注尺寸公差

1）标注公差应参照 12.2.3 节的介绍，在主菜单上选择"文件"→"绘图"选项，系统弹出"环境变量"对话框，输入变量名"tol_display"，将其值设定为"yes"，意为允许显示公差。设置完毕后，则尺寸能显示公差，如图 12-46a 所示。

2）按住【Ctrl】键，逐一点选不需要标注公差的尺寸，在本例中尺寸"φ16"需要标注公差，即除了该尺寸以外主视图上所有的尺寸都被选中，然后单击鼠标右键，在快捷菜单中选取"属性"选项卡，在"公差"选项栏中选择"公称"，单击 确定 按钮。所选的尺寸以"公称"显示，即不显示公差，如图 12-46c 所示。

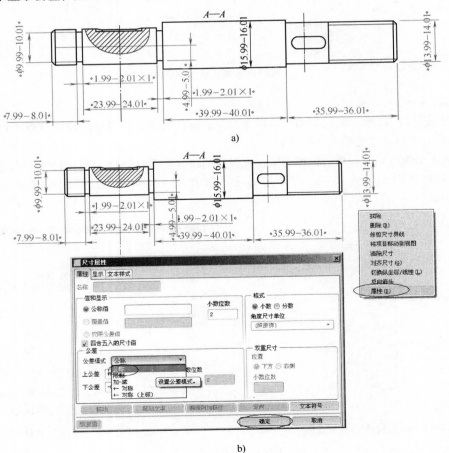

图 12-46 设置公差显示

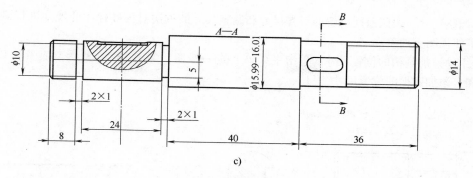

图 12-46　设置公差显示（续）

3）选择尺寸"φ16"，按图 12-46b 所示的方法，单击鼠标右键，在弹出的快捷菜单中选择
"属性"命令，系统弹出"尺寸属性"对话框，打开"属性"选项卡，如图 12-46b 所示，设置
公差显示模式为"＋－对称"及公差值为"0.01"后，单击 确定 按钮。修改后的尺寸如图
12-47 所示。

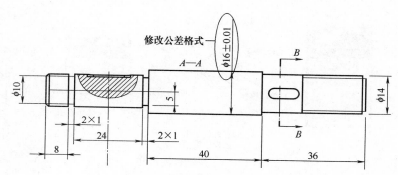

图 12-47　主视图的尺寸显示状态

4）如图 12-48 所示，单击 对齐尺寸按钮，将几个尺寸对齐。对齐尺寸的方法很简单，按
住键盘上的【Ctrl】键，依次选取需要对齐的尺寸，然后单击 对齐尺寸按钮即可。并按照前面
讲解的方法，调整个别尺寸的位置，最后将主视图的各尺寸调整到图 12-47 所示的位置。

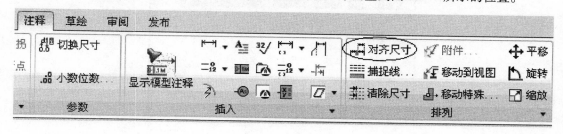

图 12-48　对齐尺寸

4. 标注键槽尺寸

1）在制图选项卡中选择"注释"，单击模型注释的工具 按钮，则系统会弹出"显示模型
注释"对话框。在"显示模型注释"对话框中选择显示尺寸的选项卡 ，然后在 B—B 剖视图
选取图 12-49 所示的键槽特征。点选所需要保留的尺寸，需要隐藏的尺寸在图 12-49 中已经标
出，单击 确定 按钮。

2）调整尺寸。按照前面讲解的对齐尺寸和调整尺寸的方法对已经标注的尺寸进行调整，主要是为了使视图更加美观。

3）手动添加键槽的位置尺寸。单击主菜单上的↦按钮，如图 12-50 所示。依照图 12-51 所示的步骤，添加键槽的位置尺寸"11"。

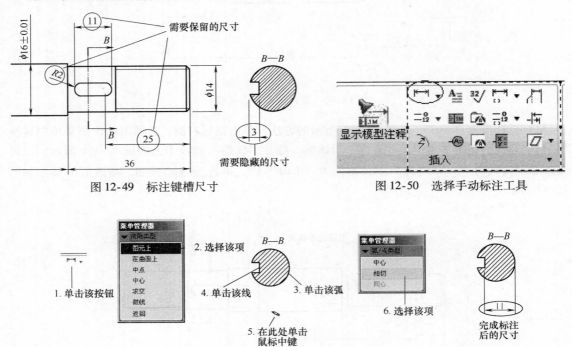

图 12-49　标注键槽尺寸　　　　　　　　　图 12-50　选择手动标注工具

图 12-51　手动标注尺寸

5. 添加中心线

1）在制图选项卡中选择"注释"，选择模型注释的工具按钮，则系统会弹出"显示模型注释"对话框。在"显示模型注释"对话框中选择显示基准的选项卡，如图 12-52 所示。在

图 12-52　显示零件的轴线

主视图中选择旋转特征，单击"显示模型注释"对话框中的 按钮（意为全部选取），然后单击 确定 按钮，三个视图上会分别显示中心线。

2）调整中心线长度。如果需要，可以选中中心线，用拖动的方法来调整其长度。

6. 填写技术要求

在制图选项卡中选择"注释"，选择注解工具 按钮，如图 12-53 所示。在弹出的"菜单管理器"中显示"注解类型"菜单，依次单击图 12-54 所示的各个选项，这时信息提示区提示"选取注解的位置"，并在弹出的"获得点"菜单中单击"选出点"选项，如图 12-55 所示，并在图面的右下方空白处单击鼠标左键。在提示栏中依次输入文字"技术要求"、"1. 未注倒角 C1"，并分别单击 按钮，如图 12-56 所示，从而完成技术要求的标注。最后添加另外一个键槽的尺寸并调整尺寸的位置、整个视图的比例等。至此，该零件的工程图基本绘制完毕，图 12-57 所示为本范例最后的工程图。

图 12-53　选取注解工具

图 12-54　"注解类型"菜单

图 12-55　"获得点"菜单

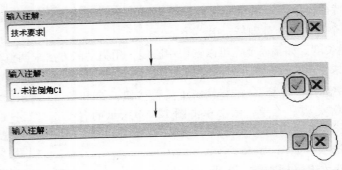

图 12-56　填写注解

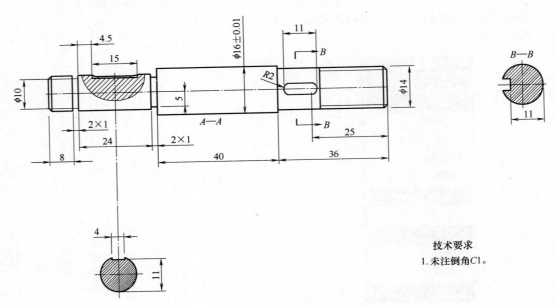

图 12-57　最后的工程图

7. 多页面操作

Pro/E 5.0 针对一个零件的工程图，依绘图者的需要可以同时输出多张图纸。如果想针对一个零件输出多张图纸，当系统进入工程图界面时，在界面的左下角有一个添加新页面的工具按钮，如图 12-58a 所示。单击该按钮就可以增加一张图纸"页面 2"，增加后如图 12-58b 所示。读者可以在这张图纸上按照前面介绍的方法，为零件输出不同视角的视图。单击下面的按钮"页面 1"或者"页面 2"即可在页面之间切换。

至此，采用 Pro/E 5.0 绘制零件工程图讲述已完毕。绘制装配图的工程图的方法和绘制零件装配图的方法基本一致，在这里不再介绍了。

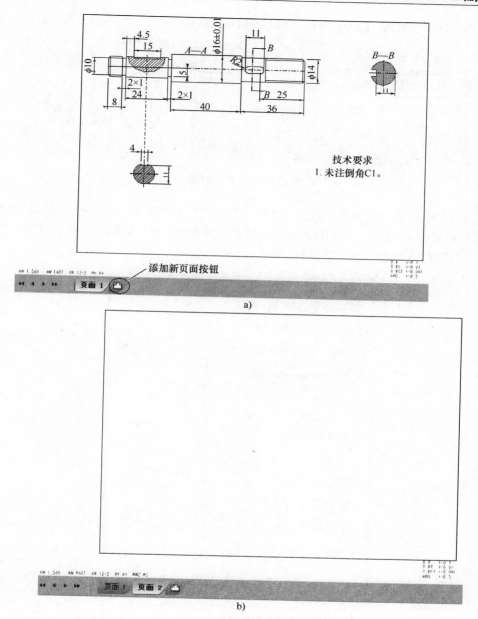

图 12-58　添加新页面

12.5　Pro/E 5.0 工程图的打印与输出

　　完成工程图后需要将图样打印出来才能在现场查看，另外 Pro/E 5.0 作为一种设计软件，需要与其他的设计软件进行数据交流，因此本节主要介绍 Pro/E 5.0 工程图的打印和输出。

12.5.1　Pro/E 5.0 工程图的打印

　　完成工程图后，在制图选项卡中选择"发布"，然后选择"打印/出图"，如图 12-59 所示。打印之前应进行页面设置。页面设置是将有关打印设备、图纸设置、输出选项等进行选择或确定后，而应用于图形。对同一图形，可以应用不同的页面设置，而打印出不同的效果。

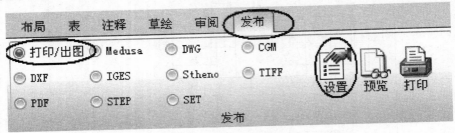

图 12-59　工程图打印

单击图 12-59 中的"设置" 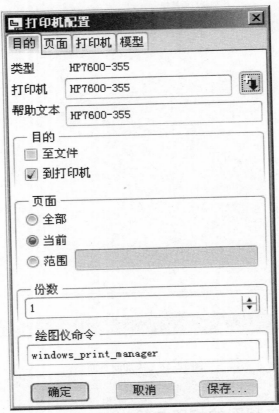 按钮，系统会弹出"打印机配置"对话框。该对话框显示的是当前图样指定的页面设置，也可以对此页面设置进行修改。该对话框中共有"目的""页面""打印机""模型"4 个选项卡，如图 12-60 所示。

图 12-60　"打印机配置"对话框

（1）"目的"　设置打印的主要部分，其中有几个选项，分别介绍如下：

1）类型、打印机：设置打印机，选中计算机配置的打印机即可。

2）帮助文本：用于打印机的文本，一般跟随打印机即可。

3）目的：有两个选项，其中"至文件"为以文件的形式输出，输出格式为".pcf"；"到打印机"意为出图到打印机，即直接打印。

4）页面：设置需要打印的页面，有三个选项。其中"当前"意为打印当前页面；"全部"

意为打印全部页面；"范围"可以选择需要打印的页面。

5）份数：设置打印的份数。

6）绘图仪命令：设置输入打印机的命令，一般按系统默认设置即可。

（2）"页面"　设置页面的格式，其中有几个选项，分别介绍如下：

1）尺寸：选择页面纸张的大小。

2）偏移：设置确定打印区域是相对于可打印区域左下角还是图纸边界进行偏移；如果图形需要在图纸中上、下、左、右偏移，在"X"、"Y"框中输入正值或负值即可。

3）标签：确定是否在出图中包括标签。如果选中"包括"选项，则在出图中包括标签，反之则在出图中不包括标签。

4）单位：设置图纸中图形的单位，一般与前面绘图的单位相同。

（3）"打印机"　设置打印机的信号格式，一般选择默认即可。

（4）模型　设置出图的模型，其中有几个选项，分别介绍如下：

1）出图：包括"出图"和"比例"两个选项。其中"出图"选项是选出出图类型，一般选择"全部出图"即可；"比例"选项是确定图纸的比例因子，直接输入数字即可。

2）层：设置要出图的层，一般选择"全部可见"选项即可。

3）质量：为重叠线检测选取界面质量，一般按默认即可。

为当前图样指定页面设置之后，单击"打印机配置"对话框的"确定"就可进行打印了，直接单击图 12-59 中的"打印"　按钮即可。打印之前如果想预览图形，可以单击"预览"　按钮，进行页面预览。

12.5.2　Pro/E 5.0 工程图的输出

Pro/E 5.0 作为一种设计软件，需要与其他的设计软件进行数据交流，Pro/E 5.0 的工程图文件可以转换为多种格式，如". pdf"、". dwg"、". iges"、". dfx"、"medusa"等，下面以". pdf"和". dwg"为例讲解 Pro/E 5.0 工程图的输出方式。

1. 输出". pdf"格式

完成工程图后，在制图选项卡中选择"发布"，选中"PDF"选项，如图 12-61 所示。输出". pdf"文档之前首先要设置输出格式，单击图 12-61 中的设置　按钮，系统会弹出"PDF 导出设置"对话框。该对话框中共有"一般"、"内容"、"安全"、"说明"四个选项卡。

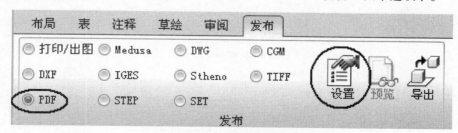

图 12-61　输出 PDF 文档

（1）一般　设置绘图页面范围、颜色、着色图像的分辨率、隐藏线的样式以及 PDF 文档的打印设置。

（2）内容　指定内容，例如，PDF 输出中以书签形式出现的超级链接、层、参数和结构。

（3）安全　限制打开 PDF 文件和查看者执行操作，如打印和复制。

（4）说明　提供 PDF 文档的描述性信息。例如，标题、作者、主题和关键字。

在"PDF 导出设置"对话框中单击"确定"按钮，完成输出 PDF 的设置。完成设置后，单击制图选项卡的"发布"选项中的"导出" 按钮，设定其名称后，即可完成 PDF 文档的输出。

2. 输出".dwg"格式

完成工程图后，在绘图选项卡中选择"发布"，选中"DWG"选项，如图 12-62 所示。输出".dwg"文档之前首先要设置输出格式，单击图 12-62 中的设置按钮 ，系统会弹出"DWG 的导出环境"对话框。首先选择输出".dwg"文件类型的版本，如图 12-63 所示。该对话框中共有"图元""页面""杂项""属性"四个选项卡。

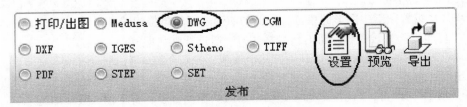

图 12-62　输出 DWG 文档

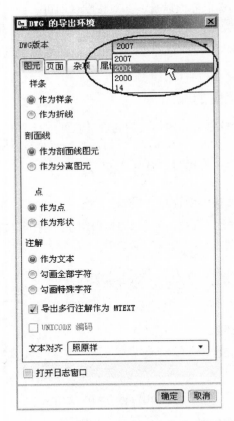

图 12-63　选择输出".dwg"文件类型的版本

（1）图元　对图元进行设置。该选项卡其中有几个选项，分别介绍如下：

1）样条：样条曲线按原样或以折线输出。

2）剖面线：剖面线按原样或分离图元输出剖面线。

3）点：工程图中点按原样或按形状输出。

4）注解：提供文本注解、勾画全部字符或勾画特殊字符。

5）导出多行注解作为 MTEXT（多选框）：用于将 Unicode 字符导出为 DXF 或 DWG 格式的 UNICODE 编码或保持原样。

6）文本对齐：选择文本按原样或按适合形式输出。

（2）页面　设置页面导出选项。该选项卡里面还有四个选项，分别为："当前页面作为模型空间"、"当前页面作为图纸空间"、"所有页面作为图纸空间"和"选取的页面"。

1）当前页面作为模型空间：把当前的页面作为模型空间来导出 DWG 文档。

2）当前页面作为图纸空间：把当前的页面作为图纸空间来导出 DWG 文档。

3）所有页面作为图纸空间：把所有的页面作为图纸空间来导出 DWG 文档。

4）选取的页面：如果选取该项，可以在"页面作为模型空间"下的框中选择页面编号，以选择要导出的页面。在"页面作为图纸空间"下，单击 ▷ 按钮将页面添加到"选定"列或单击 ◁ 按钮从"选定"列中移除页面。

（3）杂项　设置层和组件结构。单击"导出遮蔽的层"（Export Blanked Layers）复选框可在导出中包括遮蔽的层；清除该复选框则不包括遮蔽的层。在"组件结构"（Assembly Structure）下，选取"作为层"（As Layers）或"作为块"（As Blocks）。将组件结构导出为块时，也可选取"排样"和"基于视图"两个选项中的一个或全部。排样（Nested）表示导出到 AutoCAD 时保留 Pro/Engineer 组件和元件层次；基于视图（View based）表示为每个视图创建组件结构块，并将视图块作为每个层次的顶部块。

（4）属性　设置颜色、层、线型、文本字体。

设置各个选项后，最后单击"DWG 的导出环境"对话框中的"确定"按钮以完成设置。完成设置后，单击制图选项卡"发布"选项中的"导出" 按钮，设定其名称后，即可完成 DWG 文档的输出。打印之前如果想预览图形，可以单击"预览" 按钮，进行页面预览。

小结

本章主要介绍了工程图的基本操作；使用系统默认的模板自动生成工程图；不使用系统模板生成工程图，包括：新建工程图文档、创建一般视图工具、添加投影视图、添加斜轴测视图等；视图类型，包括：一般视图、投影视图、详细视图、辅助视图等；视图的可见区域，包括：全视图、半视图、局部视图、破断视图等；Pro/E 环境变量设置，包括：第一视角和第三视角分析、Pro/E 环境变量的概念和修复方法、工程图环境变量设置、装配分解图等；工程图的尺寸标注，包括：显示模型上的尺寸、手动标注尺寸、调整尺寸；Pro/E 5.0 工程图的打印与输出，包括：工程图的打印、以".dwg"格式输出工程图、以".pdf"格式输出工程图。

工程图在整个产品设计过程中一方面体现着设计结果，另一方面也是指导实际生产的重要参考依据。熟练掌握 Pro/E5.0 提供的工程图功能，可以快捷并且准确地将设计完成的三维模型转化为二维空间内的各种视图，以方便工程人员使用。

上机实训题（2 小时）

将前面所画三维图转化为工程图。

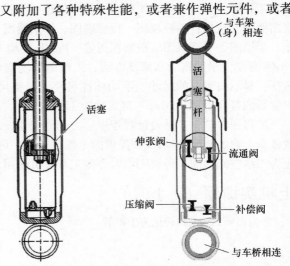

第 13 章

Pro/E 建模实例

【学习要点】
　　1）减振器结构的分析。
　　2）零件三维建模。
　　3）零件的装配。

13.1　机器结构分析

13.1.1　减振器的功能及工作原理

1. 减振器的功能

　　随着汽车车速和车重的提高，对汽车行驶平稳性、舒适性、操纵性及安全性的要求也随之提高。对于悬架系统来说，既要有低刚度、低摩擦的弹性元件，又要保证系统工作可靠，作为阻尼元件，减振器也就成了现代汽车的重要部件。如图 13-1 所示，减振器的主要功能是阻尼悬架的振动，具体地说，它能缓和车辆振动、提高乘坐的舒适性、保护装载货物、减小车架的动载荷，从而延长使用寿命、改善轮胎的贴地性、保证操纵的稳定以及在不平路面上起缓冲作用。随着汽车技术的发展，减振器在原有性能的基础上，又附加了各种特殊性能，或者兼作弹性元件，或者和弹簧连成一体，或者是非悬架用减振器。例如，在烛式悬架中的减振器，既是阻尼元件又是导向元件，称为悬架柱。油气弹簧和橡胶液压弹簧把减振器连成一体，这些悬架采用高度调整和悬架互连较为容易。用于汽车悬架系统以外的减振器有：转向阻尼器、发动机悬置阻尼器、驾驶室悬置阻尼器、车门箱盖等用缓冲器以及座椅减振器等。总之，随着功能和应用范围的扩大，减振器在汽车上的地位越来越重要。

2. 减振器的工作原理

　　减振器的工作原理是：减振器在外力作用下作往复运动，工作缸内液压油流经阻尼阀时产生压力损失，使减振器产生阻尼力，

图 13-1　减振器的结构图

同时将机车振动的部分机械能转变为热能并耗散，从而达到减振的目的。

图 13-2 所示为减振器的拉伸和压缩循环过程。

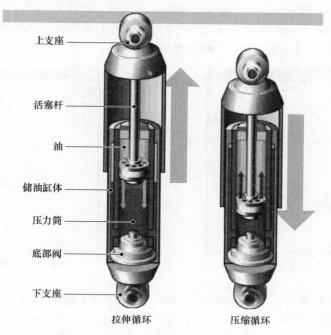

图 13-2　减振器的拉伸和压缩循环过程

13.1.2　减振器的零件分析

　　常见的减振器的零件包括：活塞杆、缸筒、缓冲块、油封、卡帽、储液筒、气缸筒、防尘罩、端盖、橡胶连接等零件组成，如图 13-3 所示。本章主要通过 Pro/E 软件对减振器的常用零件进行建模，并进一步了解零件建模的常用命令与步骤。

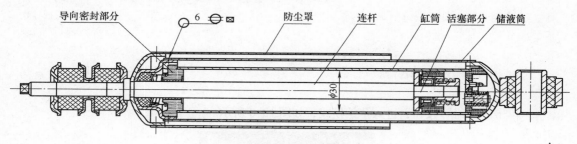

图 13-3　减振器的零件组成

13.2　零件三维建模

13.2.1　回转体的建模

1. 创建活塞杆及活塞

1）在工具栏中单击 ▢ 按钮，打开"新建"对话框，如图 13-4 所示，在其中选择"零件"、

"实体"单选按钮,在"名称"文本框中输入"huo-sai-gan",取消选择"使用缺省模板"复选框。

2)单击"确定"按钮,打开"新文件选项"对话框,如图 13-5 所示,在"模板"选项区域中选择"mmns_part_solid"选项,这表示此零件模型为实体零件,其单位为 mm·N·s。单击"确定"按钮后打开图 13-6 所示的零件设计界面。

图 13-4　新建零件文档图

图 13-5　单位选择

3)开始选择草绘平面,单击 按钮,在显示区中选择 FRONT 基准面作为草绘平面,如图 13-7 所示,默认系统设定的 RIGHT(右)基准面为参照面,其方向为右。

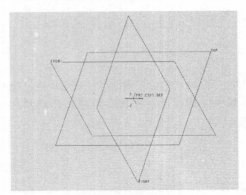

图 13-6　零件设计界面

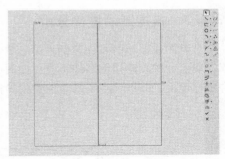

图 13-7　草绘选取

4)单击"草绘"按钮,进入草绘模式,如图 13-8 所示。

图 13-8　草绘参照选取

5) 使用工具栏中的 ＼ 按钮, 绘制活塞杆及活塞的轮廓线, 如图 13-9 所示。由于该零件是旋转轴对称图形, 所以只要画出活塞杆截面的一半。后续利用旋转功能就可以快速画出三维零件图。

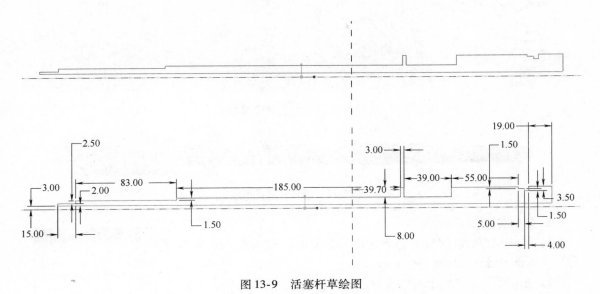

图 13-9　活塞杆草绘图

6) 单击右侧工具栏的 ✔ 按钮, 返回操作界面。

7) 单击"旋转" ⚙ 按钮, 或选择顶部菜单栏的"插入"→"旋转"命令, 进入旋转拉伸的操作界面, 如图 13-10 所示。

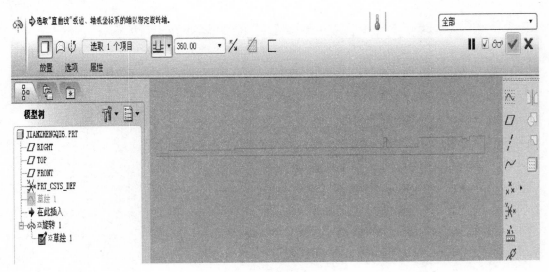

图 13-10　创建旋转特征

8) 选择图中 X 轴作为旋转轴, 旋转角度输入 360°, 如图 13-11 所示。最后单击 ✔ 按钮, 完成活塞杆及活塞的零件图, 如图 13-12 所示。

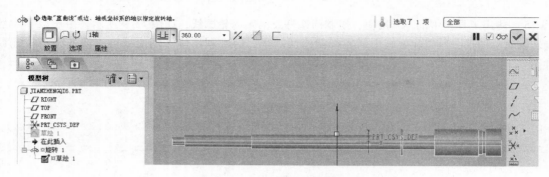

图 13-11　活塞杆旋转角度输入

图 13-12　活塞杆零件形状

2. 创建缓冲块

1）新建文件的步骤与创建活塞杆及活塞的步骤一致，在"名称"文本框中输入"huan-chong-kuai"。

2）单击右边工具栏中的  按钮，如图 13-13 所示，在显示区中选择 RIGHT 基准面作为草绘平面。

3）单击"草绘"按钮，进入草绘模式，如图 13-14 所示。单击工具栏中的 ○ 按钮，选择中心作为圆心，画出一个圆，直径为50mm。单击 ✓ 按钮，返回操作界面。

图 13-13　草绘参照面选取

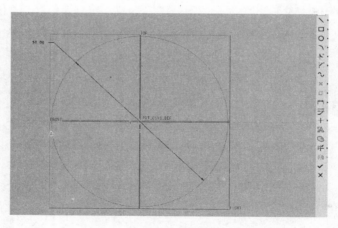

图 13-14　草绘图

4）单击操作界面中的 ⬭ 按钮，进入拉伸的操作界面，如图 13-15 所示。选择"拉伸为实体" □ 按钮，拉伸距离为 67mm，单击 ✓ 按钮，完成缓冲块零件的原材料零件图，如图 13-16 所示。

5）选择 FRONT 基准面作为草绘平面，单击 按钮，如图 13-17 所示。

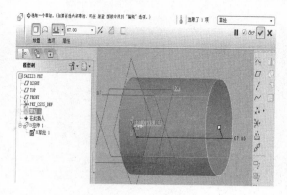

图 13-15　拉伸特征

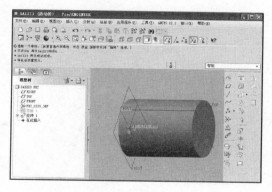

图 13-16　缓冲块原材料零件形状

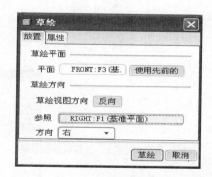

图 13-17　草绘参照面选取

6）单击"草绘"按钮，进入草绘模式。利用工具栏中的 ⌒ 按钮、\ 按钮和 ⌒ 按钮，画出多段线如图 13-18 所示。单击 ✔ 按钮，返回操作界面。

7）单击"旋转" ✿ 按钮，进入旋转拉伸的操作界面，选择图中 X 轴作为旋转轴，旋转角度输入 360°，单击"移除材料" ✎ 按钮，如图 13-19 所示。最后单击 ✔ 按钮，完成缓冲块的零件图，如图 13-20 所示。

3. 创建外筒

1）新建文件的步骤与创建活塞杆及活塞的步骤一致，在"名称"文本框中输入"wai-tong"。

2）单击右边工具栏中的 ⌄ 按钮，在显示区中选择 RIGHT 基准面作为草绘平面。

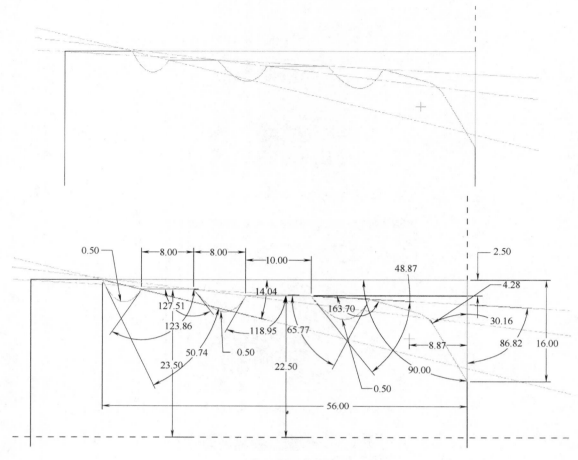

图 13-18　草绘图

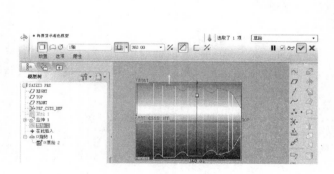

图 13-19　旋转移除特征

图 13-20　缓冲块零件形状

3）单击"草绘"按钮，进入草绘模式，如图 13-21 所示。单击工具栏中的 ○ 按钮，选择中心作为圆心，画出一个圆，直径为 90mm，然后单击 ✓ 按钮，返回操作界面。

4）单击操作界面中的 ⬡ 按钮，进入拉伸的操作界面，如图 13-22 所示，单击"拉伸为实体" ☐ 按钮，拉伸距离为 302mm，单击 ✔ 按钮，完成外筒的原材料零件图，如图 13-23 所示。

5）选择 FRONT 基准面，单击 ⬚ 按钮。

6）单击"草绘"按钮，进入草绘模式。在圆柱的最右端处，单击工具栏中的 ↘ 按钮，画出图 13-24 所示的线段。然后单击 ✔ 按钮，返回操作界面。

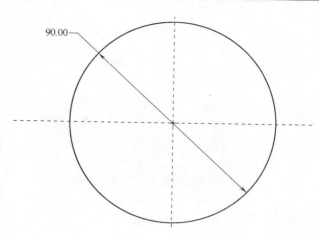

图 13-21　草绘图

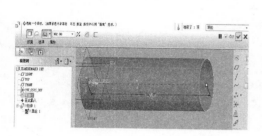

图 13-22　拉伸特征

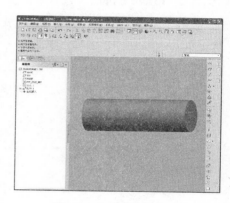

图 13-23　拉伸后的形状

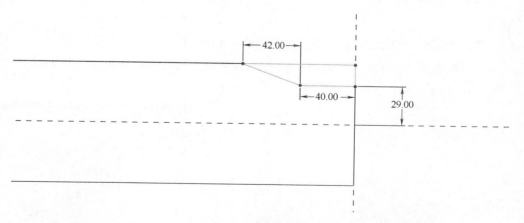

图 13-24　草绘图

7）单击"旋转" ∞ 按钮，进入旋转拉伸的操作界面，选择图中 X 轴作为旋转轴，旋转角度输入 360°，单击"移除材料" ◢ 按钮，如图 13-25 所示。最后单击 ✔ 按钮，如图 13-26 所示。

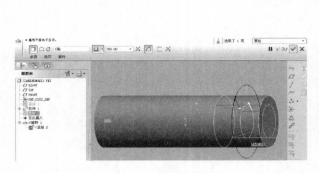

图 13-25　拉伸移除特征

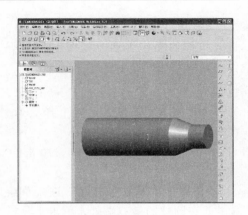

图 13-26　移除后的形状

8）选择 FRONT 基准面，单击 按钮。

9）单击"草绘"按钮，进入草绘模式。利用工具栏中的 按钮，画出图 13-27 所示的线段。然后单击 按钮，返回操作界面。

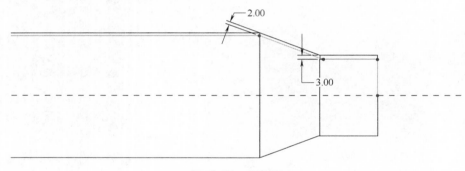

图 13-27　草绘图

10）单击"旋转" 按钮，进入旋转拉伸的操作界面，选择图中 X 轴作为旋转轴，旋转角度输入 360°，单击"移除材料" 按钮，如图 13-28 所示。最后单击 按钮，完成外筒零件的绘制，如图 13-29 所示。

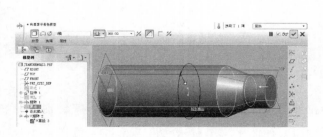

图 13-28　旋转移除

图 13-29　外筒零件的形状

4. 创建防尘罩

1) 新建文件的步骤与创建活塞杆及活塞的步骤一致,在"名称"文本框中输入"fang-chen-zhao"。

2) 单击右边工具栏中的 按钮,在显示区中选择 FRONT 基准面作为草绘平面。

3) 单击"草绘"按钮,进入草绘模式。单击工具栏中的 按钮,画出图 13-30 所示的线段,然后单击 按钮,返回操作界面。

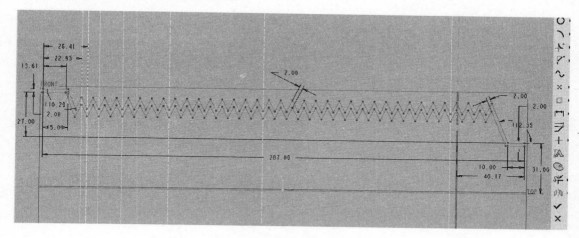

图 13-30 草绘图

4) 单击"旋转" 按钮,进入旋转拉伸的操作界面,选择图中 X 轴作为旋转轴,旋转角度输入 360°,如图 13-31 所示。最后单击 按钮,完成防尘罩零件的绘制,如图 13-32所示。

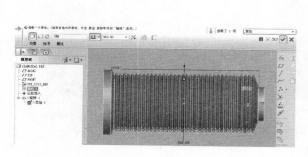

图 13-31 旋转特征

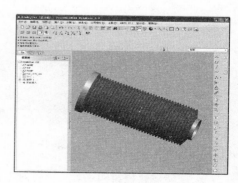

图 13-32 防尘罩零件的形状

5. 创建橡胶连接

1) 新建文件的步骤与创建活塞杆及活塞中的步骤一致,在"名称"文本框中输入"xiang-jiao-lian-jie"。

2) 单击右边工具栏中的 按钮,在显示区中选择 FRONT 基准面作为草绘平面。

3) 单击"草绘"按钮,进入草绘模式。单击工具栏中的 按钮,画出图 13-33 所示的线段,然后单击 按钮,返回操作界面。

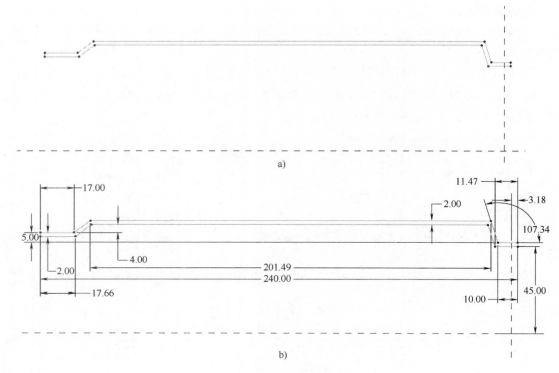

a)

b)

图 13-33　草绘图

4）单击"旋转" ⊕ 按钮，进入旋转拉伸的操作界面，选择图中 X 轴作为旋转轴，旋转角度输入 360°，如图 13-34 所示。最后单击 ✔ 按钮，完成橡胶连接的绘制，如图 13-35 所示。

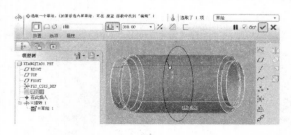

图 13-34　旋转特征

图13-35　橡胶连接零件的形状

6. 回转体建模实例练习——轮对零件

1）打开名为"lun-dui.dxf"的文件，如图 13-36 所示。

2）该轮对为轴对称图形，因此只需要二分之一线段就可以，在 Pro/E 中利用旋转命令，就可以直接生成三维模型。用鼠标左键框选轮对的上半部分，然后单击 ✍ 按钮，或者在命令栏里直接输入"e"，然后回车，所得线段如图 13-37 所示，最后单击"保存" 🖫 按钮。

3）运行 Pro/E 程序，在工具栏中单击 🗋 按钮，打开"新建"对话框如图 13-4 所示，在其中选择"零件""实体"单选按钮，在"名称"文本框中输入"lun-dui"，取消选择"使用缺省模板"复选框。

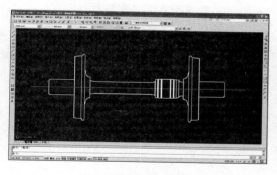

图 13-36　轮对二维图

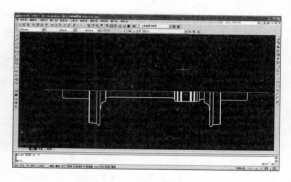

图 13-37　轮对二分之一图

4）单击"确定"按钮，打开"新文件选项"对话框，如图 13-5 所示，在"模板"选项区域中选择"mmns_part_solid"选项，这表示此零件模型为实体零件，其单位为 mm·N·s。单击"确定"按钮后打开图 13-6 所示的零件设计界面。

5）单击菜单栏中的"插入"按钮，选择"共享数据"展开栏中的"自文件"，如图 13-38 所示，弹出"打开"对话框，选择"lun-dui.dxf"文件，单击"打开"按钮，如图 13-38 所示，接着弹出"选择实体选项和放置"对话框，保持默认设置，最后单击"确定"按钮。由 Auto-CAD 文件导入到 Pro/E 软件的图形，如图 13-39 所示。

图 13-38　导入 CAD 文件

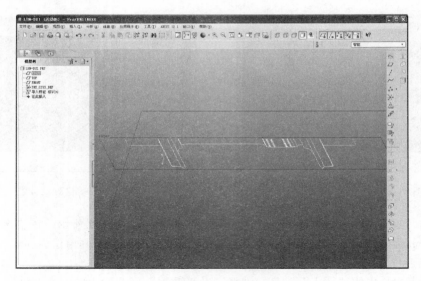

图 13-39　导入 CAD 图

6）单击 按钮，在显示区中选择 FRONT 基准面作为草绘平面。

7）单击"草绘"按钮，进入草绘模式。

8）单击工具栏中的 按钮，弹出"类型"对话框，如图 13-40 所示，选择"环"单选按钮，选择轮对最外面的轮廓线，然后单击"确定"按钮。然后单击工具栏中的 按钮，把不需要的线段删除，留下图 13-41 所示的线段，最后单击 ✔ 按钮，返回操作界面。

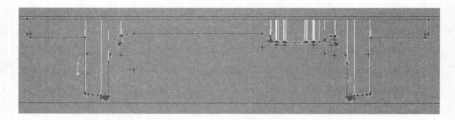

图 13-40　类型选项 　　　　　　　　　　　　　　　　图 13-41　草绘图

9）单击"旋转" 按钮，进入旋转拉伸的操作界面，选择图中的 X 轴作为旋转轴，旋转角度输入 360°，如图 13-42 所示。最后单击 ✔ 按钮，轮对的三维模型就创建成功了，如图 13-43 所示。

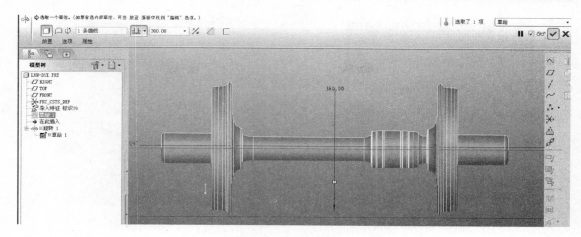

图 13-42　旋转特征

图 13-43　轮对的三维模型

13.2.2　非回转体的建模

1. 创建缸筒（工作缸）

1）新建文件的步骤与 13.2.1 节的步骤一致，在"名称"文本框中输入"gang-tong"。

2）单击右边工具栏中的 按钮，弹出图 13-44 所示的"草绘"对话框，在显示区中选择 RIGHT 基准面作为草绘平面。

3）单击"草绘"按钮，进入草绘模式，如图 13-45 所示。单击工具栏中的 ◯ 按钮，选择中心作为圆心，画出一个圆，直径为 38mm。然后单击 ✓ 按钮，返回操作界面。

4）单击操作界面中的 按钮，或选择顶部菜单栏的"插入"→"拉伸"命令，进入拉伸的操作界面，如图 13-46 所示。选择"拉伸为实体" 按钮，拉伸距离为 298mm，单击 ✓ 按钮，完成缸筒零件的原材料零件图，如图 13-47 所示。

图 13-44　草绘参照选取

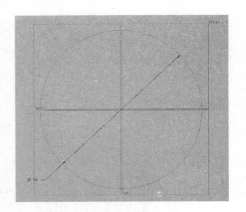

图 13-45　缸筒底面草绘图

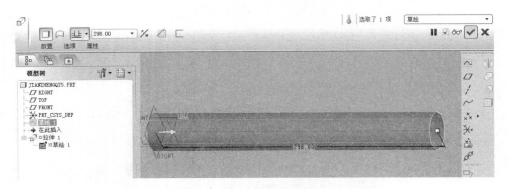

图 13-46　拉伸特征

图 13-47　缸筒原材料零件图

5）选择拉伸的底面作为草绘平面，单击 ⬡ 按钮，弹出"草绘"对话框，选择参照面，如图 13-48 所示。

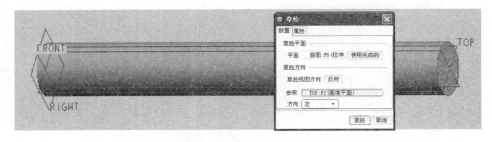

图 13-48　草绘参照面选取

6）单击"草绘"按钮，进入草绘模式。单击工具栏中的 ◯ 按钮，选择中心作为圆心，画出两个圆，再次单击 ＼ 按钮，画出几条半径与两圆相交，利用 ⚒ 按钮删除一些线段，最后需要的草绘图形如图 13-49 所示。单击 ✔ 按钮，返回操作界面。

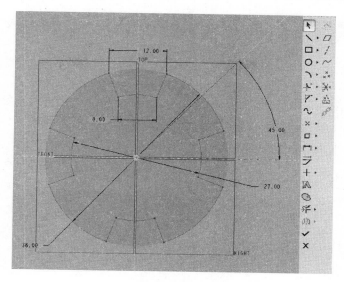

图 13-49　草绘图

7）单击操作界面中的 按钮，选择"拉伸为实体" 按钮和"移除材料" 按钮，拉伸距离为 6mm，如图 13-50 所示。单击 按钮，移除后零件图如图 13-51 所示。

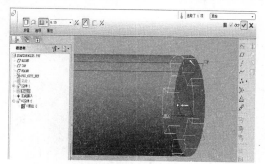

图 13-50　拉伸移除特征

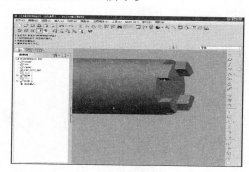

图 13-51　移除后零件图

8）选择图 13-52 所示的底面作为草绘平面，单击 按钮，弹出"草绘"对话框。

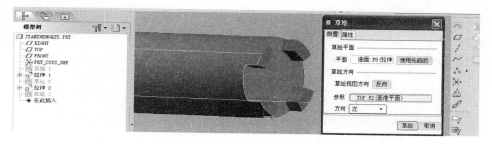

图 13-52　草绘参照面选取

9）单击"草绘"按钮，进入草绘模式。单击工具栏中的 按钮，选择中心作为圆心，画出两个圆，再单击 按钮，画出几条半径与两圆相交，利用 按钮删除一些线段，最后需要的草绘图形如图 13-53 所示。单击 按钮，返回操作界面。

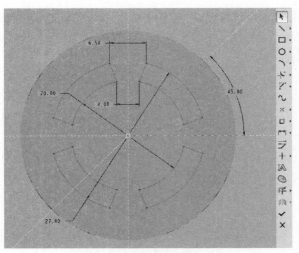

图 13-53　草绘图

10）单击操作界面中的 按钮，选择"拉伸为实体" 按钮和"移除材料" 按钮，拉伸距离为 5mm，如图 13-54 所示。然后单击 按钮，移除零件图如图 13-55 所示。

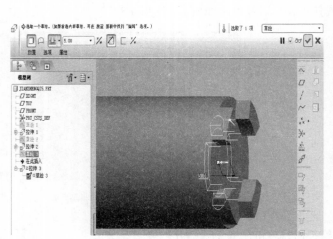

图 13-54　拉伸移除特征

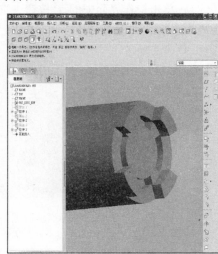

图 13-55　移除零件图

11）缸筒的中心是空心的，所以要进行拉伸移除材料操作。选择 FRONT 基准面作为草绘平面，如图 13-56 所示，弹出"草绘"对话框。

图 13-56　草绘参照面选取

12）单击"草绘"按钮，进入草绘模式。单击工具栏中的 \ 按钮，画出几条线段如图 13-57 所示。单击 ✔ 按钮，返回操作界面。

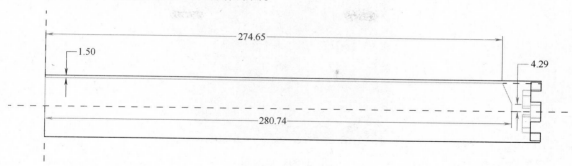

图 13-57　草绘图

13）单击"旋转" ✪ 按钮，进入旋转拉伸的操作界面，选择图中 X 轴作为旋转轴，旋转角度输入 360°，单击"移除材料" ⬦ 按钮，如图 13-58 所示。最后单击 ✔ 按钮，完成缸筒的零件图，如图 13-59 所示。

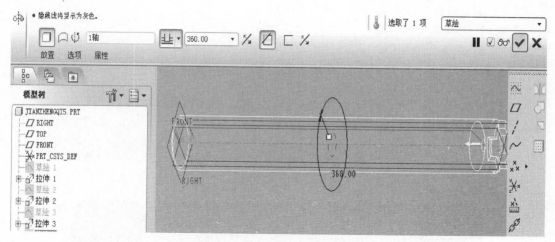

图 13-58　旋转移除特征

图 13-59　缸筒零件形状

2. 创建储液筒

1）新建文件的步骤与 13.2.1 节中的步骤一致，在"名称"文本框中输入"chu-ye-tong"。

2）单击右边工具栏中的 ⬛ 按钮，在显示区中选择 RIGHT 基准面作为草绘平面。

3）单击"草绘"按钮，进入草绘模式，如图 13-60 所示。单击工具栏中的 〇 按钮，选择中心作为圆心，画出一个圆，直径为 52mm，然后单击 ✔ 按钮，返回操作界面。

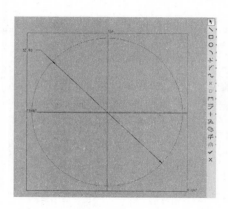

图 13-60　草绘图

4）单击操作界面中的⬚按钮，进入拉伸的操作界面，如图 13-61 所示，选择"拉伸为实体"⬚按钮，拉伸距离为 345mm，单击✓按钮，完成储液筒的原材料零件图，如图 13-62 所示。

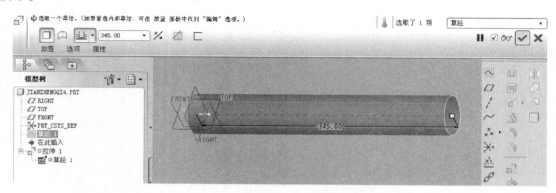

图 13-61　拉伸特征

图 13-62　储液筒原材料零件图

5）选择 FRONT 基准面作为草绘平面，单击⬚按钮。

6）单击"草绘"按钮，进入草绘模式。在圆柱的最左端处，利用工具栏中的﹨▸按钮和⌐▸按钮，画出图 13-63 所示的草绘图。然后单击✓按钮，返回操作界面。

7）单击"旋转"⬚按钮，进入旋转拉伸的操作界面，选择图中 X 轴作为旋转轴，旋转角度输入 360°，单击"移除材料"⬚按钮，如图 13-64 所示。最后单击✓按钮，完成储液筒的零件图，如图 13-65 所示。

8）单击⬚按钮，选择图 13-66 所示的底面作为草绘平面。

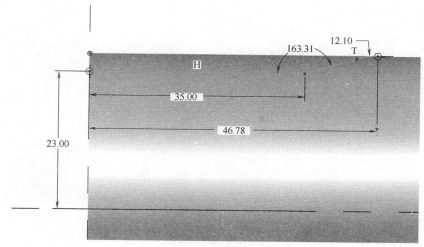

图 13-63 草绘图

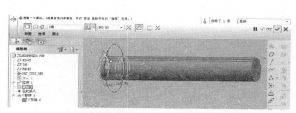

图 13-64 旋转移除特征

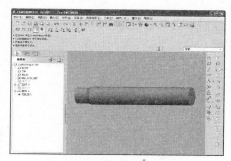

图 13-65 储液筒的零件图

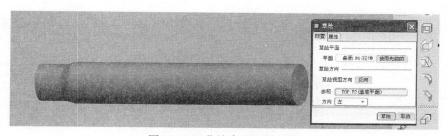

图 13-66 草绘参照面的选取

9）单击"草绘"按钮，进入草绘模式，如图 13-67 所示。单击工具栏中的 ○ 按钮，选择中心作为圆心，画出一个圆，直径为 58mm，然后单击 ✔ 按钮，返回操作界面。

10）单击操作界面中的 按钮，选择"拉伸为实体" □ 按钮，拉伸距离为 60mm，如图 13-68 所示。然后单击 ✔ 按钮，拉伸后的形状如图 13-69 所示。

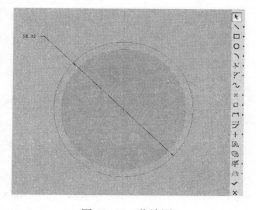

图 13-67 草绘图

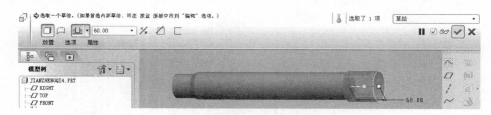

图 13-68　拉伸特征

图 13-69　拉伸后的形状

11）选择 FRONT 基准面作为草绘平面，单击 ⟨⟩ 按钮。

12）单击"草绘"按钮，进入草绘模式。在圆柱的右端处，利用工具栏中的 ＼ 按钮和 ＼ 按钮，画出图 13-70 所示的草绘图。然后单击 ✔ 按钮，返回操作界面。

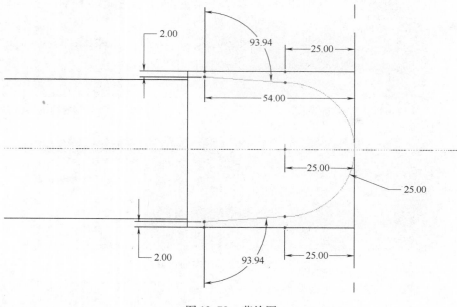

图 13-70　草绘图

13）单击操作界面中的 ⟨⟩ 按钮，选择"拉伸为实体" ⟨⟩ 按钮、⟨⟩ 按钮和"移除材料" ⟨⟩ 按钮，拉伸距离为 58mm，如图 13-71 所示。然后单击 ✔ 按钮，拉伸后的形状如图 13-72 所示。

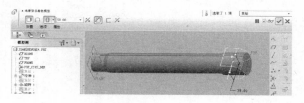

图 13-71　拉伸特征

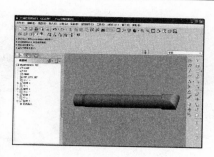

图 13-72　拉伸后的形状

14）创建 DTM1 基准面。单击 FRONT 基准面，再次单击 ▱ 按钮，如图 13-73 所示，平移距离为 19mm，单击"确定"按钮。

15）选择 DTM1 基准面，单击 ⌂ 按钮，弹出"草绘"对话框，如图 13-74 所示。

图 13-73　创建基准面

图 13-74　草绘参照面的选取

16）单击"草绘"按钮，进入草绘模式。在圆柱的右端处，利用工具栏中的 ＼ 按钮和 ＼ 按钮，画出图 13-75 所示的草绘图。然后单击 ✔ 按钮，返回操作界面。

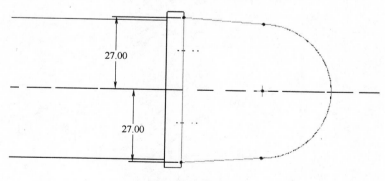

27.00

27.00

图 13-75　草绘图

17）单击操作界面中的 ⬚ 按钮，选择"拉伸为实体" ▭ 按钮、⬛ 按钮和"移除材料" ▱ 按钮，如图 13-76 所示。然后单击 ✔ 按钮，移除后的形状如图 13-77 所示。

18）单击"镜像" ◫ 按钮，选择 FRONT 基准面作为镜像平面，如图 13-78 所示。然后单击 ✔ 按钮，镜像后的形状如图 13-79 所示。

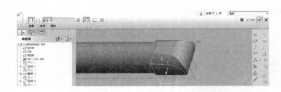

图 13-76　拉伸移除特征

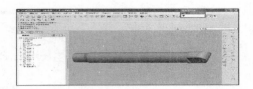

图 13-77　移除后的形状

图 13-78　镜像平面选取

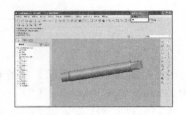

图 13-79　镜像特征

19）选择图 13-80 所示的侧平面作为草绘平面，单击 按钮，弹出"草绘"对话框。

图 13-80　草绘平面选取

20）单击"草绘"按钮，进入草绘模式。单击工具栏中的 ○ 按钮，画出一个圆，直径为 15mm，如图 13-81 所示，然后单击 ✔ 按钮，返回操作界面。

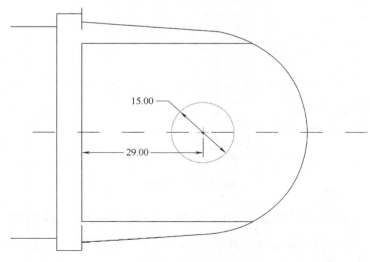

15.00

29.00

图 13-81　草绘图

21）单击操作界面中的 按钮，选择"拉伸为实体" 按钮、 按钮和"移除材料"

按钮，如图 13-82 所示。然后单击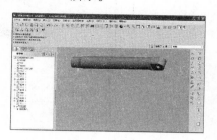按钮，移除后的形状如图 13-83 所示。

图 13-82　拉伸移除特征

图 13-83　移除后形状

22）单击"倒圆角"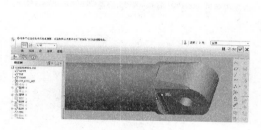按钮，如图 13-84 所示，按下【Ctrl】键选取红色的两个平面，单击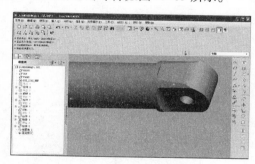按钮，恒定半径输入 4.95mm。然后单击✓按钮，倒圆角后的零件如图 13-85 所示。

图 13-84　倒圆角平面选取

图 13-85　倒圆角后的零件

23）参照步骤 21），在对称边倒圆角，如图 13-86 所示。

图 13-86　倒圆角形状

24）选择 FRONT 基准面作为草绘平面，单击❖按钮。

25）单击"草绘"按钮，进入草绘模式。利用工具栏中的＼按钮，画出图 13-87 所示的线段。然后单击✓按钮，返回操作界面。

26）单击"旋转"❖按钮，进入旋转拉伸的操作界面，选择图中 X 轴作为旋转轴，旋转角度输入 360°，单击"移除材料"⟋按钮，如图 13-88 所示。最后单击✓按钮，移除后的形状如图 13-89 所示。

图 13-87　草绘图

图 13-88　拉伸移除特征　　　　　　　图 13-89　移除后的形状

27）选择图 13-90 所示的平面作为草绘平面，单击 按钮，弹出"草绘"对话框。

28）单击"草绘"按钮，进入草绘模式。单击工具栏中的 ○ 按钮，画出两个圆，如图 13-91所示，然后单击 ✔ 按钮，返回操作界面。

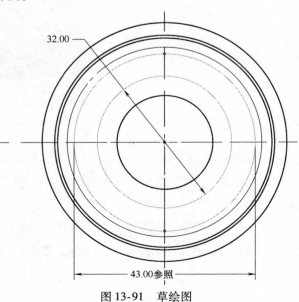

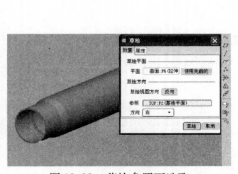

图 13-90　草绘参照面选取　　　　　　图 13-91　草绘图

29）单击操作界面中的 按钮，选择"拉伸为实体" 按钮，拉伸距离为 1mm，如图 13-92 所示。然后单击 按钮，这样储液筒的完整零件图就完成了，如图 13-93 所示。

图 13-92　拉伸特征

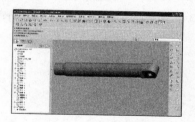

图 13-93　储液筒零件形状

3. 创建气缸筒

1）新建文件的步骤与 13.2.1 节中的步骤一致，在"名称"文本框中输入"qi-gang-tong"。

2）单击右边工具栏中的 按钮，在显示区中选择 RIGHT 基准面作为草绘平面。

3）单击"草绘"按钮，进入草绘模式，如图 13-94 所示。单击工具栏中的 按钮，选择中心作为圆心，画出一个圆，直径为 120mm，然后单击 按钮，返回操作界面。

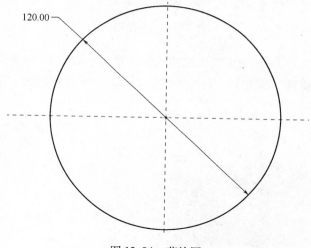

图 13-94　草绘图

4）单击操作界面中的 按钮，进入拉伸的操作界面，如图 13-95 所示，选择"拉伸为实体" 按钮，拉伸距离为 212mm，单击 按钮，完成气缸筒的原材料零件图，如图 13-96 所示。

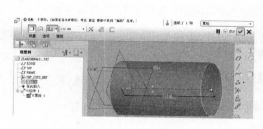

图 13-95　拉伸特征

图 13-96　拉伸后的形状

5）选择 RIGHT 基准面作为草绘界面，单击 ⬒ 按钮。

6）单击"草绘"按钮，进入草绘模式，单击工具栏中的 ◯ 按钮，圆心选择中心，画出图 13-97 所示一个圆，直径为 116mm，然后单击 ✔ 按钮，返回操作界面。

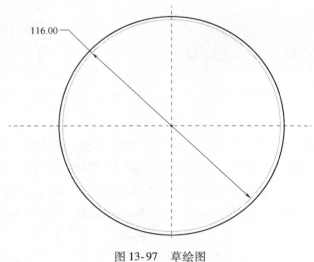

图 13-97　草绘图

7）单击操作界面中的 ⬠ 按钮，进入拉伸的操作界面，如图 13-98 所示，选择"拉伸为实体" ◻ 按钮和"移除材料" ⬚ 按钮，拉伸距离为 212mm，单击 ✔ 按钮，完成气缸筒的零件图，如图 13-99 所示。

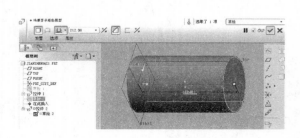

图 13-98　拉伸移除特征

图 13-99　气缸筒零件的形状

4. 创建端盖

1）新建文件的步骤与 13.2.1 节中的步骤一致，在"名称"文本框中输入"duan-gai"。

2）单击右边工具栏中的 ⬒ 按钮，在显示区中选择 RIGHT 基准面作为草绘平面。

3）单击"草绘"按钮，进入草绘模式。单击工具栏中的 ◯ 按钮，画出一个圆，如图 13-100 所示，然后单击 ✔ 按钮，返回操作界面。

4）单击操作界面中的 ⬠ 按钮，进入拉伸的操作界面如图 13-101 所示，选择"拉伸为实体" ◻ 按钮，拉伸距离为 93mm，单击 ✔ 按钮，拉伸后的形状如图 13-102 所示。

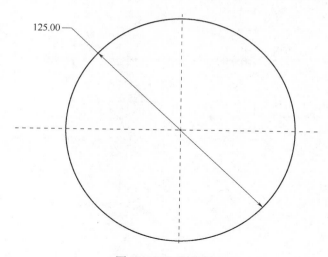

图 13-100　草绘图

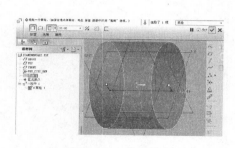

图 13-101　拉伸特征

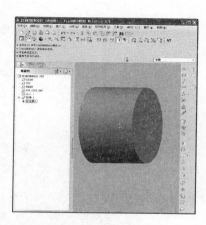

图 13-102　拉伸后的形状

5）选择 FRONT 基准面作为草绘界面，单击 ⌢ 按钮。

6）单击"草绘"按钮，进入草绘模式。利用工具栏中的 ＼ˎ 按钮，画出图 13-103 所示的线段。然后单击 ✓ 按钮，返回操作界面。

7）单击"旋转" ⊕ 按钮，进入旋转拉伸的操作界面，选择图中 X 轴作为旋转轴，旋转角度输入 360°，单击"移除材料" ⬚ 按钮，如图 13-104 所示，最后单击 ✓ 按钮，移除后的形状如图 13-105 所示。

8）选择 FRONT 基准面作为草绘平面，单击 ⌢ 按钮。

9）单击"草绘"按钮，进入草绘模式。利用工具栏中的 ＼ˎ 按钮，画出图 13-106 所示的线段。然后单击 ✓ 按钮，返回操作界面。

10）单击"旋转" ⊕ 按钮，进入旋转拉伸的操作界面，选择图中 X 轴作为旋转轴，旋转角度输入 360°，单击"移除材料" ⬚ 按钮，如图 13-107 所示，最后单击 ✓ 按钮，移除后的形状如图 13-108 所示。

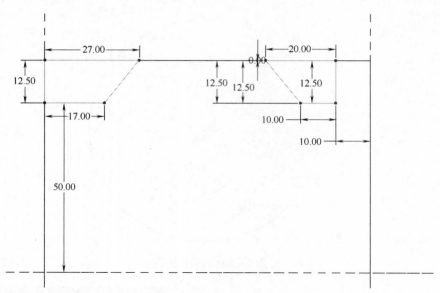

图 13-103　草绘图

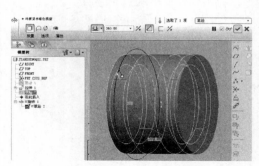

图 13-104　旋转移除特征

图 13-105　移除后的形状

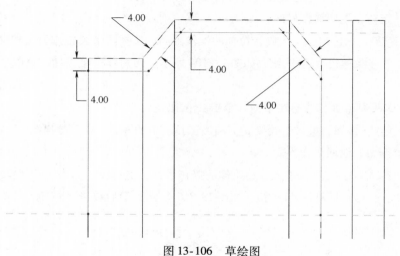

图 13-106　草绘图

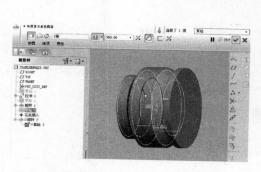

图 13-107　旋转移除特征

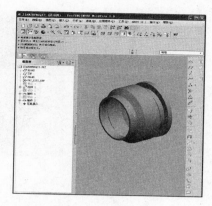

图 13-108　移除后的形状

11）单击 按钮，如图 13-109 所示，单击需要插入孔的曲面，如图 13-109 所示的曲面，选择 按钮，输入孔径为 3mm，再选择 按钮，在图中选择孔钻至指定曲面（即内表面曲面），最后单击 按钮，钻孔后的形状如图 13-110 所示。

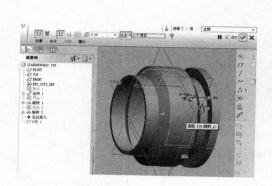

图 13-109　插入孔特征

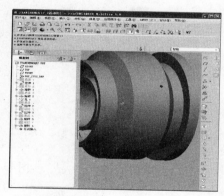

图 13-110　钻孔后的形状

12）选择图 13-111 所示的底面作为草绘平面，单击 按钮，弹出"草绘"对话框。

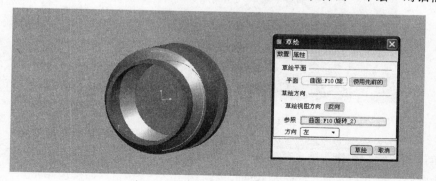

图 13-111　草绘参照面的选取

13）单击"草绘"按钮，进入草绘模式，如图 13-112 所示。单击工具栏中的 按钮，选择中心作为圆心，画出一个圆，直径为 75mm，然后单击 按钮，返回操作界面。

图 13-112　草绘图

14）单击操作界面中的 按钮，选择"拉伸为实体" 按钮和"移除材料" 按钮，拉伸距离为 18mm，如图 13-113 所示，然后单击 按钮。

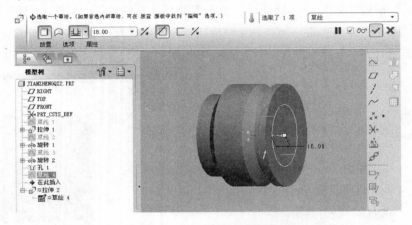

图 13-113　拉伸移除特征

15）选择图 13-114 所示的曲面 F13 作为草绘平面，单击 按钮，弹出"草绘"对话框。

图 13-114　草绘参照面的选取

16）单击"草绘"按钮，进入草绘模式，如图 13-115 所示。单击工具栏中的 按钮，选择中心作为圆心，画出一个圆，直径为 70mm，然后单击 按钮，返回操作界面。

17）单击操作界面中的 按钮，选择"拉伸为实体" 按钮，拉伸距离为 85mm，如图 13-116 所示，然后单击 按钮。

18）选择 FRONT 基准面作为草绘界面，单击 按钮。

图 13-115　草绘图

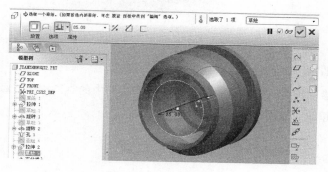

图 13-116　拉伸特征

19）单击"草绘"按钮，进入草绘模式。利用工具栏中的 ＼ ▸ 按钮，画出图 13-117 所示的线段，然后单击 ✔ 按钮，返回操作界面。

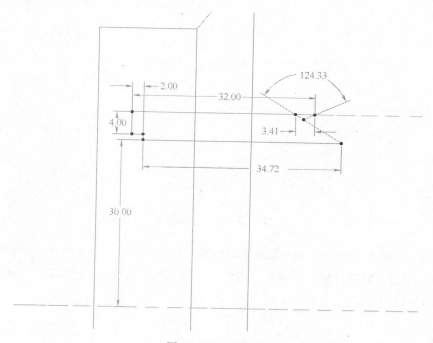

图 13-117　草绘图

20）单击"旋转"  按钮，进入旋转拉伸的操作界面，选择图中 X 轴作为旋转轴，旋转角度输入 360°，单击"移除材料" 按钮，如图 13-118 所示，最后单击 按钮。

图 13-118　旋转移除特征

21）选择 FRONT 基准面作为草绘平面，单击 按钮。

22）单击"草绘"按钮，进入草绘模式。利用工具栏中的 按钮，画出图 13-119 所示的线段。然后单击 按钮，返回操作界面。

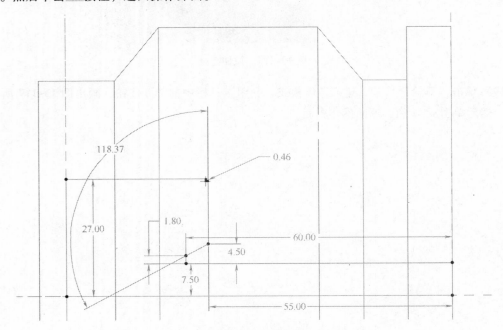

图 13-119　草绘图

23）单击"旋转" 按钮，进入旋转拉伸的操作界面，选择图中 X 轴作为旋转轴，旋转角度输入 360°，单击"移除材料" 按钮，如图 13-120 所示。最后单击 按钮，完成端盖零件的绘制，如图 13-121 所示。

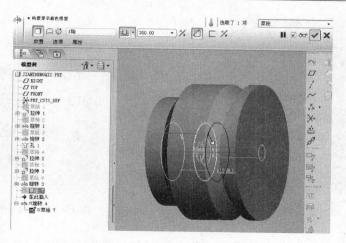

图 13-120 旋转移除特征

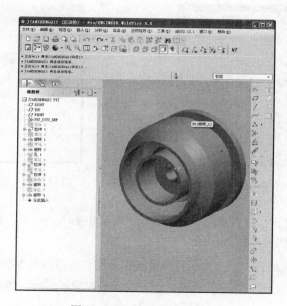

图 13-121 端盖零件的形状

13.2.3 标准件的建模

1. 创建油封

1）新建文件的步骤与 13.2.1 中的步骤一致，在"名称"文本框中输入"you-feng"。

2）单击右边工具栏中的 按钮，在显示区中选择 RIGHT 基准面作为草绘平面。

3）单击"草绘"按钮，进入草绘模式如图 13-122 所示。单击工具栏中的 ○ 按钮，选择中心作为圆心，画出一个圆，直径为 43mm，然后单击 ✓ 按钮，返回操作界面。

4）单击操作界面中的 按钮，进入拉伸的操作界面，如图 13-123 所示。选择"拉伸为实体" □ 按钮，拉伸距离为 30mm，单击 ✓ 按钮，完成油封的原材料零件图，如图 13-124 所示。

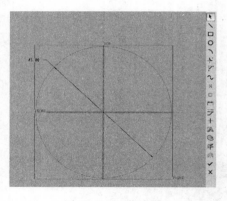

图 13-122　草绘图

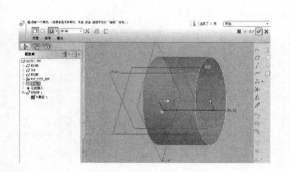

图 13-123　拉伸特征

5）选择 TOP 基准面作为草绘平面，单击 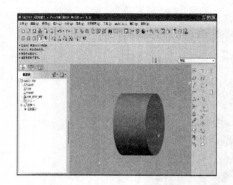 按钮，弹出"草绘"对话框，如图 13-125 所示。

图 13-124　油封原材料零件形状

图 13-125　草绘参照面选取

6）单击"草绘"按钮，进入草绘模式。利用工具栏中的 ＼按钮，画出图 13-126 所示的草绘图。单击 ✔ 按钮，返回操作界面。

7）单击"旋转" ✛ 按钮，进入旋转拉伸的操作界面，选择图中 X 轴作为旋转轴，旋转角度输入 360°，如图 13-127 所示。最后单击 ✔ 按钮，完成油封的零件图，如图 13-128 所示。

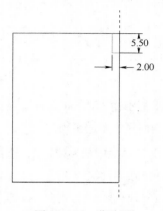

图 13-126　草绘图

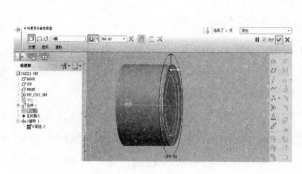

图 13-127　旋转移除特征

2. 创建卡帽

1）新建文件的步骤与 13.2.1 节中的步骤一致，在"名称"文本框中输入"ka- mao"。

2）单击右边工具栏中的 按钮，在显示区中选择 RIGHT 基准面作为草绘平面。

3）单击"草绘"按钮，进入草绘模式，如图 13-129 所示。单击工具栏中的 ○ 按钮，选择中心作圆心，画出一个圆，直径为 46mm，然后单击 ✓ 按钮，返回操作界面。

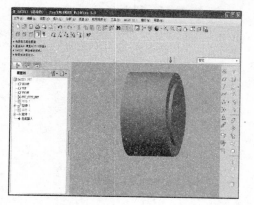

图 13-128　油封零件形状

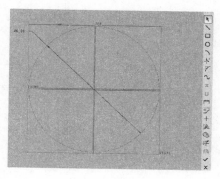

图 13-129　草绘图

4）单击操作界面中的 按钮，进入拉伸的操作界面，如图 13-130 所示，选择"拉伸为实体" 按钮，拉伸距离为 34mm，单击 ✓ 按钮，完成卡帽的原材料零件图，如图 13-131 所示。

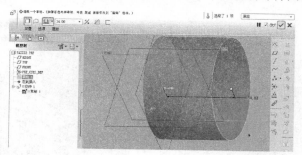

图 13-130　拉伸特征

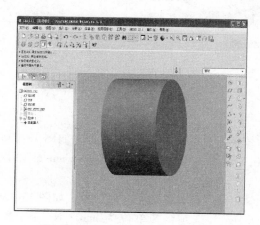

图 13-131　卡帽原材料零件形状

5）选择 FRONT 基准面作为草绘平面，单击 按钮。

6）单击"草绘"按钮，进入草绘模式。利用工具栏中的 按钮，画出图 13-132 所示的线段，然后单击 按钮，返回操作界面。

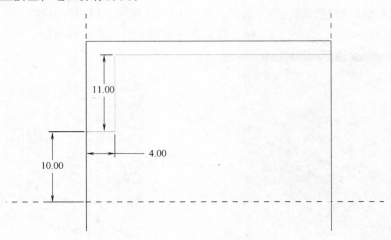

图 13-132　草绘图

7）单击"旋转" 按钮，进入旋转拉伸的操作界面，选择图中 X 轴作为旋转轴，旋转角度输入 360°，单击"移除材料" 按钮，如图 13-133 所示，最后单击 按钮，完成卡帽的零件图，如图 13-134 所示。

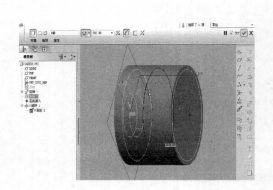

图 13-133　旋转移除特征

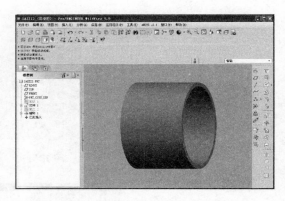

图 13-134　卡帽零件形状

13.3　零件的装配

1）在工具栏中单击 按钮，打开"新建"对话框，如图 13-135 所示，在其中选择"组件"、"设计"单选按钮，在"名称"文本框中输入"jian-zhen-qi"，取消选择"使用缺省模板"复选框。

2）单击"确定"按钮，打开"新文件选项"对话框，如图 13-136 所示，在"模板"选项区域中选择"mmns_asm_design"选项，其单位为 mm·N·s。单击"确定"按钮后打开图 13-137所示的预作图界面。

图 13-135　"新建"对话框

图 13-136　单位选择

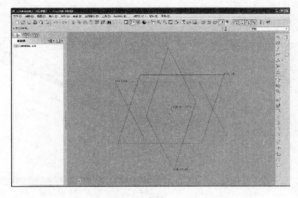

图 13-137　预作图界面

3）单击"工程特征"工具栏中的"装配"按钮，系统弹出"打开"对话框，选择 13.2.1 节中创建的"huo-sai-gan. prt"文件，单击"打开"按钮，将文件添加到装配环境中。

4）在打开的"元件放置"操控板中设置约束类型为坐标系，如图 13-138 所示，然后单击"完成"按钮。此时减振器的原点坐标和装配的原点坐标重合。

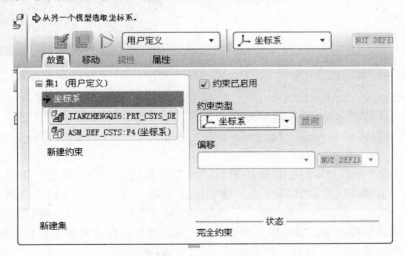

图 13-138　约束

5）单击"工程特征"工具栏中的"装配" <img_1 /> 按钮，系统弹出"打开"对话框，选择13.2.1节中创建的"huan-chong-kuai.prt"零件，单击"打开"按钮，将零件添加到装配环境中。

6）在打开的"元件放置"操控板中单击"放置"按钮，打开"放置"下滑面板，设置约束类型为对齐，在绘图区选取缓冲块的A_2轴和活塞杆的A_1轴，如图13-139所示。然后单击"移动"按钮，打开"移动"下滑面板，运动类型选择"平移"，如图13-140所示，在绘图区单击鼠标左键，移动鼠标的同时缓冲块会跟着平移，移动到适合的位置再单击鼠标左键确定，最后，单击操控板中的"完成" <img_1 /> 按钮，完成活塞杆和缓冲块的装配，装配效果如图13-141所示。

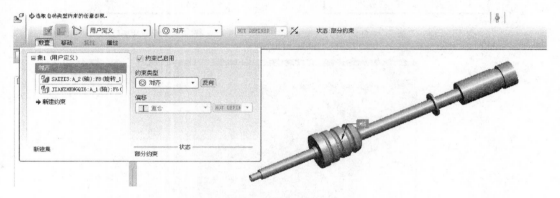

图 13-139 放置选项

图 13-140 移动选项

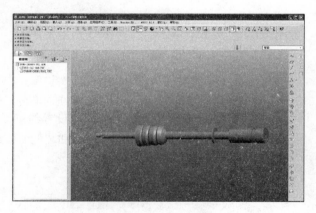

图 13-141 装配效果

7）单击"工程特征"工具栏中的"装配" <img_1 /> 按钮，系统弹出"打开"对话框，选择13.2.2节中创建的"gang-tong.prt"零件，单击"打开"按钮，将零件添加到装配环境中。

8）在打开的"元件放置"操控板中单击"放置"按钮，打开"放置"下滑面板，设置约束类型为对齐，在绘图区选取缸筒的A_1轴和活塞杆的A_1轴，如图13-142所示。然后单击"移动"按钮，打开"移动"下滑面板，运动类型选择"平移"，如图13-140所示，在绘图区单击鼠标左键，移动鼠标的同时缓冲块会跟着平移，移动到适合位置再单击鼠标左键确定，最后，单击操控板中的"完成" <img_1 /> 按钮，装配效果如图13-143所示。

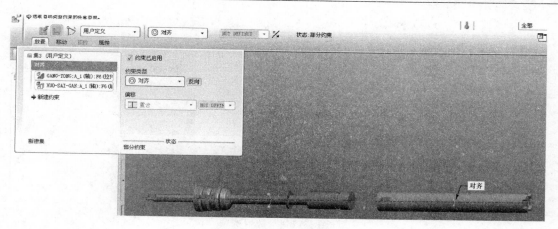

图 13-142　放置选项

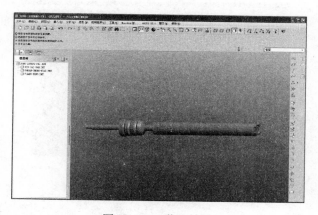

图 13-143　装配效果

9）单击"工程特征"工具栏中的"装配" 按钮，系统弹出"打开"对话框，选择 13.2.2 节中创建的"chu-ye-tong. prt"零件，单击"打开"按钮，将零件添加到装配环境中。

10）在打开的"元件放置"操控板中单击"放置"按钮，打开"放置"下滑面板，设置约束类型为对齐，在绘图区选取储液筒的 A_1 轴和缸筒的 A_1 轴。

11）单击下滑面板中的"新建约束"按钮，在"约束类型"下拉列表中选择"曲面上的边"选项，选取储液筒的边和缸筒的底面曲面，如图 13-144 所示。最后，单击操控板中的"完成" 按钮，装配效果如图 13-145 所示。

12）单击"工程特征"工具栏中的"装配" 按钮，系统弹出"打开"对话框，选择 13.2.3 节中创建的"you-feng. prt"零件，单击"打开"按钮，将零件添加到装配环境中。

13）在打开的"元件放置"操控板中单击"放置"按钮，打开"放置"下滑面板，设置约束类型为对齐，在绘图区选取储液筒的 A_1 轴和油封的 A_1 轴。

14）单击下滑面板中的"新建约束"按钮，在"约束类型"下拉列表中选择"配对"选项，选取油封的平面和储液筒的平面，如图 13-146 所示。最后，单击操控板中的"完成" 按钮，装配效果如图 13-147 所示。

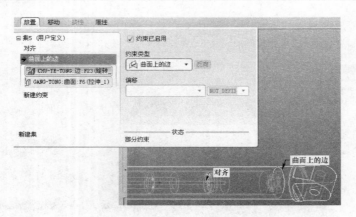

图 13-144　放置选项

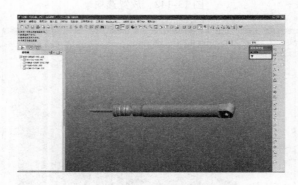

图 13-145　装配效果

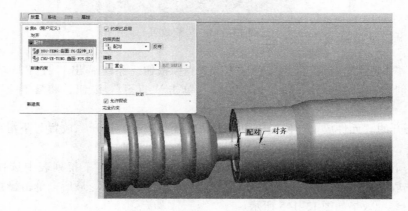

图 13-146　放置选项

15）单击"工程特征"工具栏中的"装配" 按钮，系统弹出"打开"对话框，选择 13.2.3 节中创建的"ka-mao. prt"零件，单击"打开"按钮，将零件添加到装配环境中。

16）在打开的"元件放置"操控板中单击"放置"按钮，打开"放置"下滑面板，设置约束类型为对齐，在绘图区选取卡帽的 A_1 轴和储液筒的 A_3 轴。

17）单击下滑面板中的"新建约束"按钮，在"约束类型"下拉列表中选择"配对"选项，选取卡帽的平面和储液筒的平面，如图 13-148 所示。最后，单击操控板中的"完成" 按钮，装配效果如图 13-149 所示。

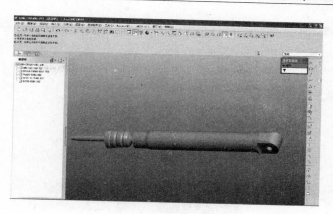

图 13-147 装配效果

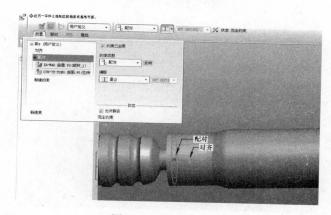

图 13-148 放置选项

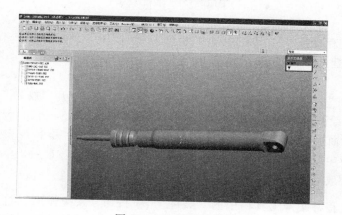

图 13-149 装配效果

18）单击"工程特征"工具栏中的"装配" 按钮，系统弹出"打开"对话框，选择
13.2.1 节中创建的"wai- tong. prt"零件，单击"打开"按钮，将零件添加到装配环境中。

19）在打开的"元件放置"操控板中单击"放置"按钮，打开"放置"下滑面板，设置约
束类型为对齐，在绘图区选取外筒的 A_1 轴和储液筒的 A_1 轴。

20）单击下滑面板中的"新建约束"按钮，在"约束类型"下拉列表中选择"配对"选
项，选取外筒的平面和储液筒的平面，如图 13-150 所示。最后，单击操控板中的"完成" ✔按

钮，装配效果如图 13-151 所示。

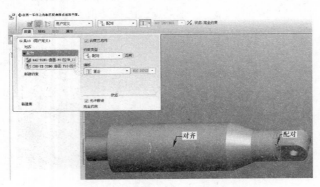

图 13-150　放置选项

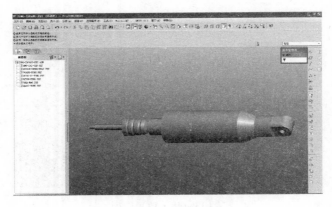

图 13-151　装配效果

21）单击"工程特征"工具栏中的"装配" 📷 按钮，系统弹出"打开"对话框，选择 13.2.1 节中创建的"fang-chen-zhao. prt"零件，单击"打开"按钮，将零件添加到装配环境中。

22）在打开的"元件放置"操控板中单击"放置"按钮，打开"放置"下滑面板，设置约束类型为对齐，在绘图区选取防尘罩的 A_1 轴和缸筒的 A_1 轴。

23）单击下滑面板中的"新建约束"按钮，在"约束类型"下拉列表中选择"直线上的点"选项，选取防尘罩上的顶点和外筒的边，如图 13-152 所示。最后，单击操控板中的"完成" ✔ 按钮，装配效果如图 13-153 所示。

24）单击"工程特征"工具栏中的"装配" 📷 按钮，系统弹出"打开"对话框，选择 13.2.1 节中创建的"xiang-jiao-lian-jie. prt"零件，单击"打开"按钮，将零件添加到装配环境中。

25）在打开的"元件放置"操控板中单击"放置"按钮，打开"放置"下滑面板，设置约束类型为对齐，在绘图区选取橡胶连接的 A_1 轴和储液筒的 A_1 轴。

26）单击下滑面板中的"新建约束"按钮，在"约束类型"下拉列表中选择"曲面上的边"选项，选取橡胶连接的边和外筒曲面，如图 13-154 所示。最后，单击操控板中的"完成" ✔ 按钮，装配效果如图 13-155 所示。

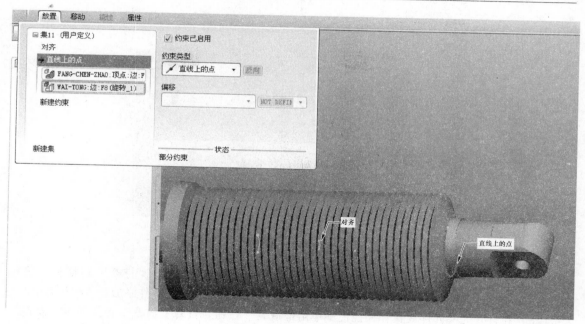

图 13-152　放置选项

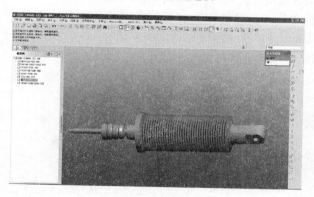

图 13-153　装配效果

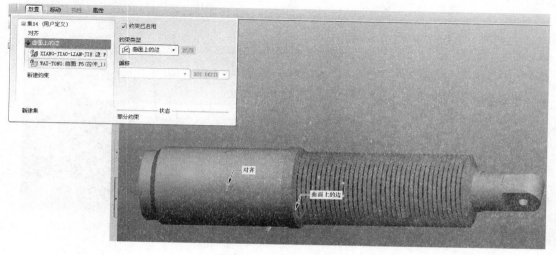

图 13-154　放置选项

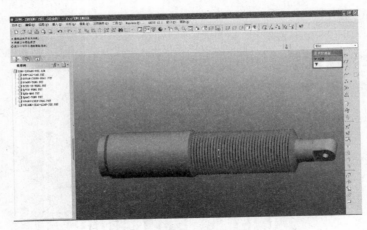

图 13-155 装配效果

27）单击"工程特征"工具栏中的"装配" 按钮，系统弹出"打开"对话框，选择 13.2.2 节中创建的"qi-gang-tong. prt"零件，单击"打开"按钮，将零件添加到装配环境中。

28）在打开的"元件放置"操控板中单击"放置"按钮，打开"放置"下滑面板，设置约束类型为对齐，在绘图区选取气缸筒的 A_1 轴和储液筒的 A_1 轴。

29）单击下滑面板中的"新建约束"按钮，在"约束类型"下拉列表中选择"曲面上的边"选项，选取防尘罩的边和气缸筒曲面，如图 13-156 所示。最后，单击操控板中的"完成" 按钮，装配效果如图 13-157 所示。

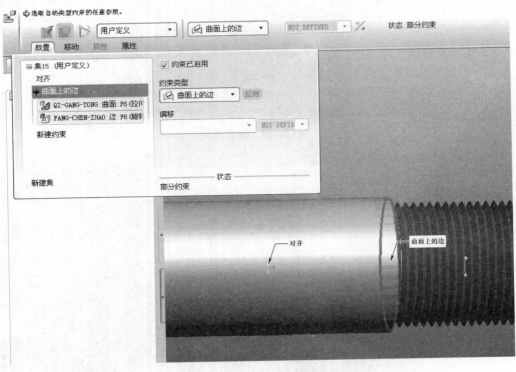

图 13-156 放置选项

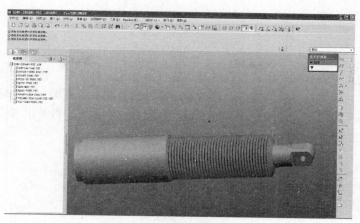

图 13-157　装配效果

30）单击"工程特征"工具栏中的"装配" 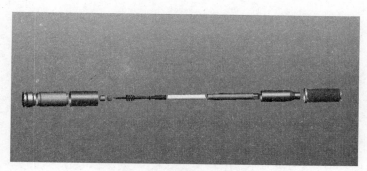 按钮，系统弹出"打开"对话框，选择
13.2.2 节中创建的"duan- gai. prt"零件，单击"打开"按钮，将零件添加到装配环境中。

31）在打开的"元件放置"操控板中单击"放置"按钮，打开"放置"下滑面板，设置约
束类型为对齐，在绘图区选取端盖的 A_1 轴和外筒的 A_1 轴。然后单击"移动"按钮，打开
"移动"下滑面板，运动类型选择"平移"，如图 13-140 所示。在绘图区单击鼠标左键，移动鼠
标的同时缓冲块会跟着平移，移动到适合的位置再单击鼠标左键确定，最后，单击操控板中的
"完成" ✔ 按钮。

32）减振器的分解图如图 13-158 所示，总装配图如图 13-159 所示。至此，减振器的制作全
部完成。

图 13-158　减振器分解图

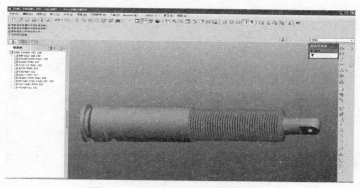

图 13-159　减振器的总装配效果图

小结

  本章主要介绍了减振器各个零件设计的基本方法和步骤，对草绘、拉伸、旋转、倒角等这些功能键的应用有了进一步的加强和掌握。同时对于零件的装配有了更深一步的理解。

  本章结合工程实际例子完整地把零部件的设计过程介绍给读者，以便读者在今后的学习和工作中能够独立解决问题。

参 考 文 献

[1] 李捷，杨建伟. 中文 AutoCAD 实用教程（AutoCAD2009 版）[M]. 北京：机械工业出版社，2009.

[2] 管殿柱. 计算机绘图（AutoCAD 版）[M]. 北京：机械工业出版社，2008.

[3] 陈英. 基于 Pro/E 的 CAD/CAM 技术 [M]. 北京：机械工业出版社，2009.

[4] 凤舞. Pro/ENGINEER 完全自学手册 [M]. 上海：上海科学普及出版社，2009.